T0255253

Fintech-Lexikon

Rainer Alt • Stefan Huch

Fintech-Lexikon

Begriffe für die digitalisierte Finanzwelt

Rainer Alt
Institut für Wirtschaftsinformatik
Universität Leipzig
Leipzig, Deutschland

Stefan Huch
Fakultät Wirtschaftswissenschaften
Hochschule Hof
Hof, Deutschland

ISBN 978-3-658-32960-0 ISBN 978-3-658-32961-7 (eBook)
https://doi.org/10.1007/978-3-658-32961-7

Die Deutsche Nationalbibliothek verzeichnet diese Publikation in der Deutschen Nationalbibliografie; detaillierte bibliografische Daten sind im Internet über http://dnb.d-nb.de abrufbar.

Springer Gabler

Lektorat/Planung: Guido Notthoff
Springer Gabler ist ein Imprint der eingetragenen Gesellschaft Springer Fachmedien Wiesbaden GmbH und ist ein Teil von Springer Nature.
Die Anschrift der Gesellschaft ist: Abraham-Lincoln-Str. 46, 65189 Wiesbaden, Germany

Vorwort

Der Einsatz von Informationstechnologie (IT) im Finanzbereich ist nicht neu. Vielmehr zählen Finanzdienstleister infolge der Informationsintensität von Finanzdienstleistungen seit Mitte des 20. Jahrhunderts zu den frühzeitigen Anwendern von IT und haben große IT-Abteilungen aufgebaut. Gleichzeitig gelten die von den Banken und Versicherungen entwickelten IT-Lösungen weiterhin als „monolithisch" und damit wenig flexibel und innovativ. Wichtige Veränderungen sind seit mittlerweile etwa zehn Jahren unter dem Begriff der „Financial technology" bzw. „Fintech" zu beobachten und haben die Finanzbranche sprichwörtlich „aufgeweckt". Seitdem hat ein tiefgreifender Transformationsprozess in der über mehrere Jahrzehnte veränderungsarmen Finanzbranche stattgefunden. Gegenüber dem bestehenden Einsatz von IT kommen mit dem Schlagwort „Fintech" Akzente hinzu, die sich insbesondere mit der digitalen Transformation und Start-up-Unternehmen verbinden lassen.

Allerdings repräsentiert „Fintech" ein emergentes Wissensgebiet, das inhaltlich nicht scharf umrissen ist. Dies führte zur Frage, welche Begrifflichkeiten in einem Lexikon enthalten sein sollen und welche nicht. So besteht einerseits das Risiko, zu stark bankfachliche oder informatikbezogene Begrifflichkeiten zu berücksichtigen, wie dies bei neuen Anlageformen wie Exchange Traded Funds oder Kryptowährungen der Fall ist. Andererseits haben gerade die Kryptowährungen ein starkes Wachstum erfahren: waren es Ende des Jahres 2019 erst 2000 Kryptowährungen, so waren es im September des Jahres 2021 bereits über 12.000. Das Lexikon verfolgt daher einen pragmatischen Ansatz bezüglich der Abwägung bankfachlicher und technologischer Inhalte entlang der Erfahrungen der Autoren in Wissenschaft und Praxis. So haben wir uns bei den zahlreichen Kryptowährungen an den Top30 Kryptowährungen bezogen auf ihre Marktkapitalisierung laut Coinmarketcap zu Beginn der Jahre 2020 und 2021 orientiert (s. Anhang).

Wie in Abb. 1 dargestellt, präsentiert sich das Themengebiet „Fintech" als Schnittmenge der drei Wissensgebiete Finanzwirtschaft, (Wirtschafts-)Informatik und Innovationsmanagement. Demzufolge haben Begrifflichkeiten aus diesen drei Bereichen im Lexikon Berücksichtigung gefunden. Letztlich bleibt die Auswahl jedoch subjektiv und alle nicht berücksichtigten relevanten Begriffe gehen ebenso zu unseren Lasten wie nicht vollständig auszuschließende Fehler bei den Beschreibungen. Für diese Fälle danken wir bereits an dieser Stelle für eine Rückmeldung und sichern eine entsprechende Berücksichtigung bei einer folgenden Auflage zu. Gedankt sei abschließend

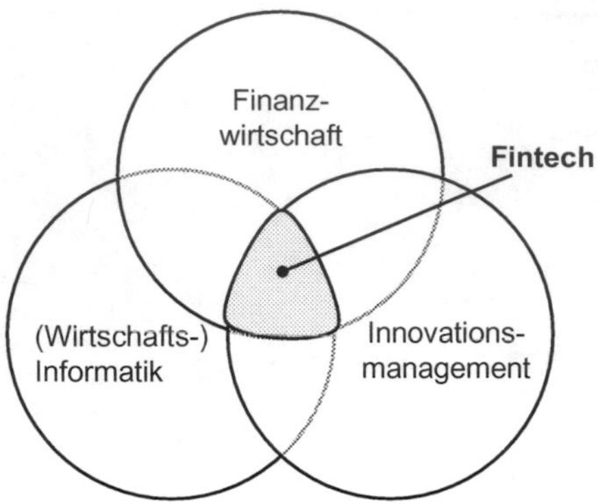

Abb. 1 Verortung von Fintech

auch Guido Notthoff, Maximilian Then und Cornelia Wollmann für das Lektorat sowie Christoph Jahntz für die Unterstützung beim Layout.

Leipzig, Deutschland — Rainer Alt
Merseburg, Deutschland — Stefan Huch
September 2021

Inhaltsverzeichnis

Abkürzungen

Abkürzung	**Schlagwort im Lexikon**
2FA	Zwei-Faktor-Authentifizierung
ACH	Automated Clearing House
AES	Advanced Encryption Standard
AI	Artificial Intelligence
AIS	Account Information Service
AISP	Account Information Service Provider
AMM	Automated Market Maker
AML	Anti-Money Laundering
API	Application Programming Interface
AR	Augmented Reality
ARPU	Average Revenue per User
ASIC	Application-specific Integrated Circuit
ATM	Automated Teller Machine
ATP	Alternative Trading Platforms
BaaS	Blockchain-as-a-Service
BaFin	Bundesanstalt für Finanzdienstleistungsaufsicht
BACS	Bankers' Automated Clearing System
BBAN	Basic Banking Account Number
BCC	Bitcoin Cash
BFT	Byzantine Fault Tolerance
BIAN	Banking Industry Architecture Network
BIC	Bank Identifier Code, Business Identifier Code
BIN	Bank Identification Number
BIP	Bitcoin Improvement Proposal
BLE	Bluetooth Low Energy
blockDAG	Block Directed Acyclic Graph
BLZ	Bankleitzahl
BMC	Business Model Canvas
BNPL	Buy Now Pay Later
BoT	Banking of Things
BPO	Business Process Outsourcing
BSV	Bitcoin SV
CAM	Crypto Asset Management
CAVE	Cave Automatic Virtual Environment
CBDC	Central Banks Digital Currency
CDO	Chief Digital Officer

CFD	Contracts for Difference
CFT	Combating the Financing of Terrorism
CIR	Cost-Income Ratio
CJ	Customer Journey
CLI	Cross-Ledger Interoperability
CPS	Cyber-physical System
CTF	Counter Terrorist Financing
CUSIP	Committee on Uniform Securities Identification Procedures
DAG	Directed Acyclic Graph
DAI	Distributed Artificial Intelligence
DAM	Digital Asset Management
DApp	Decentralized Application
DAO	Decentralized Autonomous Organisation
DeFi	Decentralized Finance
DEX	Decentralized Exchange
DID	Decentralized Identifier
DLT	Distributed Ledger Technology
DMA	Digital Markets Act, Direct Market Access
DNS	Domain Name System
DPA	Digital Personal Assistant
DPoS	Delegated Proof-of-Stake
DRaaS	Disaster-Recovery-as-a-Service
DSA	Digital Services Act
DSGVO	Datenschutzgrundverordnung
DVA	Digital Voice Assistant
E-Banking	Electronic Banking
E-Bill	Electronic Bill
E-Business	Electronic Business
E-Cash	Electronic Cash
E-Commerce	Electronic Commerce
E-Health	Electronic Health
E-Market	Electronic Market
E-Payment	Electronic Payment
E-Venture	Electronic Venture
E-Wallet	Electronic Wallet
EA	Enterprise Architecture
EBA	Europäische Bankenaufsichtsbehörde, European Banking Authority
EBICS	Electronic Banking Internet Communication Standard
EBPP	Electronic Bill Presentment and Payment
ECBS	European Committee for Banking Standards
ECDSA	Eliptic Curve Digital Signage Algorithm
EDI	Electronic Data Interchange
EEA	Enterprise Ethereum Alliance
eID	Electronic Identity
eIDV	Electronic Identity Verification
EMD	E-Money Directive
EPI	European Payments Initiative

ERC	Ethereum Request for Comments
ERP	Enterprise Resource Planning
ETF	Exchange Traded Fund
ETL	Extract Transform Load
ETP	Exchange Traded Product
EZB	Europäische Zentralbank
F2F	Face-to-Face
FIBO	Financial Industry Business Ontology
FIGI	Financial Instrument Global Identifier
FinTS	Financial Transaction Services
FIX	Financial Information Exchange
FX	Foreign Exchange
GDPR	General Data Protection Regulation
HBCI	Home Banking Computer Interface
HCE	Host Card Emulation
HFT	High Frequency Trading
I4.0	Industrie 4.0
ICO	Initial Coin Offering
IDM	Identity Management
IEO	Initial Exchange Offering
IF	Interchange Fee
IIN	Issuer Identification Number
IMPS	Immediate Payment Service
IoT	Internet-of-Things
IOTA	Internet-of-Things Iota
IPA	Intelligent Personal Assistant
IPI	International Payment Instruction
IPO	Initial Public Offering
IS	Informationssystem
ISIN	International Securities Identification Number
ISO	International Organization for Standardization
IT	Informationstechnologie
ITIN	International Token Identification Number
IVA	Intelligent Virtual Assistant
JSON	JavaScript Object Notation
KBA	Knowledge-based Authentication
KID	Key Information Documents
KMU	Kleine und mittlere Unternehmen
KPI	Key Performance Indicator
KYC	Know-your-Customer
LBS	Location-based Service
LTV	Loan-to-Value
M2M	Machine-to-Machine
MB	Megabyte
MC	Mass Customization
MDL	Mutual Distributed Ledger
MDP	Multi-Dealer Platform
MIF	Multilateral Interchange Fee

MiFID	Markets in Financial Instruments Directive
ML	Machine Learning, maschinelles Lernen
MSC	Merchant Service Charge
MSP	Multi-Sided Platform
MTF	Multilateral Trading Facility
MVCC	Multiversion Concurrency Control
NEFT	National Electronic Funds Transfer
NFC	Near Field Communication
NFT	Non-Fungible Token
NLP	Natural Language Processing
NPV	Net Present Value
NSIN	National Securities Identifying Number
O2O	Online-to-Offline
OKR	Objectives and Key Results
OLTP	Online Transaction Processing
OS	Operating System
OTC	Over-the-Counter
OTP	One-Time Password
P2P	Peer-to-Peer
PAIN	Payment Instruction
PAN	Primary Account Number
PAYD	Pay-as-you-Drive
PAYU	Pay-as-you-Use
PBFT	Practical Byzantine Fault Tolerance
PCI	Payment Card Industry
PDI	Pure Digital Insurer
PFM	Personal Finance Management
PIMS	Personal Information Management System
PIS	Payment Initiation Service
PISP	Payment Initiation Service Provider
PoA	Proof-of-Activity, Proof-of-Authority
PoB	Proof-of-Burn
PoC	Proof-of-Capacity, Point-of-Contact, Proof-of-Concept
PoET	Proof-of-Elapsed Time
PoI	Proof-of-Importance, Point-of-Interaction
PoP	Point-of-Purchase
PoR	Proof-of-Reserve
PoS	Point-of-Sale, Proof-of-Stake
PoSS	Point-of-Sales-Selection
PoW	Proof-of-Work
PSD2	Payment Services Directive 2
PSP	Payment Service Provider
QR-Code	Quick Response Code
RDA	Robotic Desktop Automation
REST	Representational State Transfer
RFID	Radio Frequency Identification
RO	Retained Organization
ROI	Return on Investment

RoPDE	Return on Product Development Expense
RPA	Robotic Process Automation
RPC	Remote Procedure Call
RTGS	Real Time Gross Settlement System
SaaS	Software-as-a-Service
SaFE	Scaled Agile Framework
SCA	Strong Customer Authentication
SCP	Stellar Consensus Protocol
SCT	SEPA Credit Transfer
SDD	SEPA Direct Debit
SDP	Single Dealer Platform
SEDOL	Stock Exchange Daily Official List
SEO	Search Engine Optimization
SEPA	Single European Payments Area
SIC	Swiss Interbank Clearing
SLA	Service Level Agreement
SME	Small and Medium-sized Enterprise
SDK	Software Development Kit
SDN	Software-defined Networking
SOA	Serviceorientierte Architektur
SPAC	Special Purpose Acquisition Company
SPoC	Single Point of Contact
SPoF	Single Point of Failure
SPoT	Single Point of Truth
SSI	Self-Sovereign Identity
SSO	Single Sign-on
STP	Straight Through Processing
STO	Security Token Offering
TAP	Technical Acceptance Provider
TARGET	Trans-European Automated Real-time Gross Settlement Express Transfer
TCO	Total Cost of Ownership
TDAG	Transaction-based Directed Acyclic Graph
TGE	Token Generating Event
TIPS	TARGET Instant Payment Settlement
TPA	Token Purchase Agreement
TPI	Third Party Issuer
TPP	Third Party Provider
TPPSP	Third Party Payment Service Providers
TPS	Transactions per Second
TSP	Token Service Provider
UNIFI	Universal Financial Industry Message Scheme
URI	Unified Resource Identifier
UX	User Experience
VAS	Value-added Service
VC	Venture Capital
W3C	World Wide Web Consortium
WKN	Wertpapierkennnummer

WBTC	Wrapped Bitcoin
WETH	Wrapped Ether
WIF	Wallet Import Format
WoC	Wisdom of Crowds
XRP LCP	XRP Ledger Consensus Protocol
XS2A, XSTA	Access-to-Account
ZAG	Zahlungsdiensteaufsichtsgesetz
ZKP	Zero Knowledge Proof

Abbildungsverzeichnis

Tabellenverzeichnis

A – D

Aave
Als Teil der →Decentralized Finance dient die →Kryptowährung zur Koordination der Transaktionen auf einem dezentralen Kreditmarktplatz. Über Aave können Nutzer Kredite vergeben (→Crowdlending) und →Lending Pools mit verschiedenen weiteren →Kryptowährungen (z. B. →ETH, →DAI) bilden sowie einen Tausch von Vermögenswerten (→Digital Asset) und Sicherheiten durchführen. Aave-Token bauen auf dem →ERC-20-Token der →Ethereum-Blockchain auf und bilden wiederum die Grundlage für weitere dezentrale →Plattformen wie etwa →Uniswap.

Accelerator
Beschreibt ein oftmals mehrmonatiges und mehrstufiges Programm einer als Accelerator oder auch →Inkubator bezeichneten Organisation, die →Start-up-Unternehmen in ihrer frühen Unternehmensentwicklung unterstützt bzw. „beschleunigt". Ähnlich dem „regulatorischen Sandkasten" (→Regulatorische Sandbox) erhalten ausgewählte →Start-up-Unternehmen Vorteile wie die Bereitstellung von Räumlichkeiten (→Co-Working Spaces), technische Ausrüstung, oder den Zugang zu Netzwerken und Coaching-Seminaren. Im Gegenzug erhalten Acceleratoren von den geförderten →Start-up-Unternehmen eine künftige Gewinnbeteiligung, Vorkaufsrechte, Minderheitenanteile etc.

Access-to-Account (XSTA, XS2A)
Zugang für Drittparteien (→TTP), welcher dem Geschäftsmodell vieler →Fintech-Unternehmen zugrunde liegt. Er dient beispielsweise der Abwicklung von Finanztransaktionen und der Analyse der damit erhobenen kundenspezifischen Transaktionsdaten. Mehrheitlich ist damit auch der Zugang zu Kundenkonten bezeichnet, den Banken Drittparteien im Zusammenhang mit →PSD2 gewähren müssen. Verantwortlich für die Entwicklung von Standards (sog. Regulatory Technical Standards, RTS) in Bezug auf Sicherheit, Authentifizierung und Kommunikation ist die →Europäische Bankenaufsichtsbehörde (EBA). Im →Vier-Ecken-Modell erhalten dadurch z. B. Anbieter von Kontoinformations- (→AISP) und Zahlungsdiensten (→PISP) direkten Zugang zum Emittenten (s. Abb. 1). Diese Dienstleister dringen in das bisher geschlossene System der Banken ein und eröffnen damit den Weg zu →Multi-Bank-Dienstleistungen.

Account Information Service (AIS)
Die in der Richtlinie über →Zahlungsdienste (→PSD2) definierten Kontoinformationsdienste verschaffen ihren Nutzern zu einem bestimmten Zeitpunkt einen Überblick über ihre finanzielle Situation. Sie konsolidieren dazu Informationen von einem oder mehreren Zahlungsempfängern von einem oder mehreren Zahlungsdienstleistern (→PSP). Anbieter von AIS

R. Alt, S. Huch, *Fintech-Lexikon*, https://doi.org/10.1007/978-3-658-32961-7_1

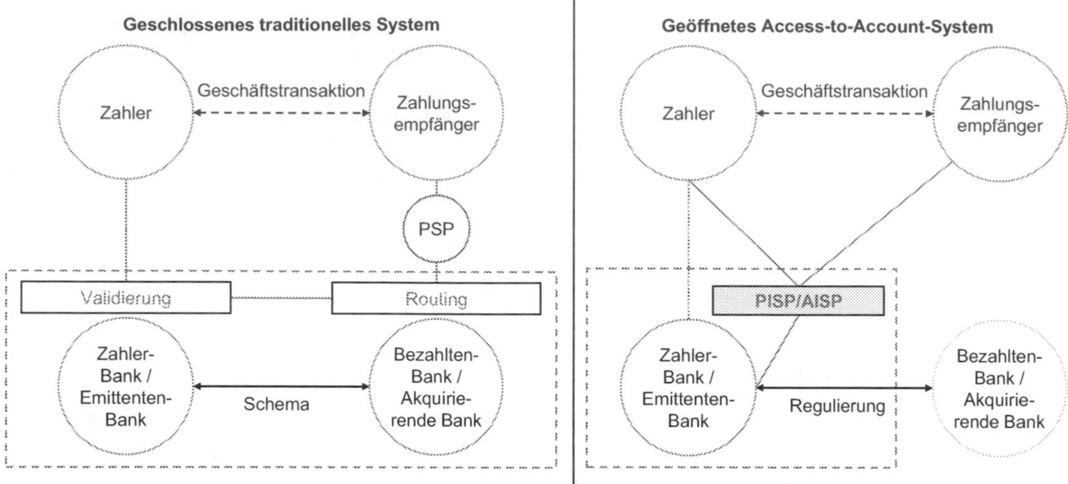

Abb. 1 Access-to-Accounts-Ansatz in PSD2

(→AISP) sind hauptsächlich →Fintech-Unternehmen, aber auch Primär- bzw. Hausbanken. Mit Zustimmung des Kontoinhabers ist es möglich, Konten verschiedener Banken auf →Online-Banking-Plattformen oder Personal-Finance-Management-Lösungen (→PFM) zu kombinieren (→Multi-Bank).

Account Information Service Provider (AISP)
Anbieter von Kontoinformationsdiensten (→AIS) gewährleisten den Zugriff auf Konten (→XSTA) und sind in der Richtlinie über →Zahlungsdienste (→PSD2) definiert.

Acquiring Bank/Acquirer
Die abrechnende bzw. eine Zahlung annehmende Bank agiert im →Vier-Ecken-Modell sowohl als technischer als auch als wirtschaftlicher Dienstleister am →Point-of-Sale (POS), wobei sie in ein Vertragsverhältnis zwischen Händler und Bank tritt. Mit Hilfe von Kooperationsvereinbarungen mit den Kartenanbietern (z. B. →EMV) gewährleisten Acquirer die Akzeptanz und Abwicklung von Transaktionen im Namen des Händlers, indem sie wirtschaftliche und technische Daten an die beteiligten Banken bzw. Finanzinstitute und die Kartenanbieter weiterleiten. Der Acquirer ermöglicht somit dem Händler, Kartenzahlungen zu akzeptieren. Weiterhin sind Acquirer in alle kartenbezogenen Transaktionen des jeweils von ihnen verantworteten Zahlungsverfahrens involviert und stellen häufig auch die notwendige Hard- und Software am POS für den Händler zur Verfügung. Acquirer akquirieren zudem im Kreditkartenumfeld als Finanzdienstleister die Handelsunternehmen im Namen der Kreditkartenunternehmen. Dazu stellen sie eine Verbindung zu deren Bank (→Issuer) her und autorisieren die Zahlung. Handelt es sich beim Acquirer und →Issuer um die gleiche Institution, dann sind dies sog. →On-Us-Transaktionen. Acquirer können auch als →Integrator agieren und neben Kreditkarten auch die Verbindung zu weiteren Bezahlformen (z. B. Rechnung, PayPal, →Kryptowährung, →elektronische Zahlungen) anbieten. Der skalenelastische Markt der Acquirer hat in den vergangenen Jahren eine starke Konzentration erfahren, wodurch mit der dänischen Nets Group und der französischen Worldline zwei dominante Unternehmen entstanden sind.

Advanced Encryption Standard (AES)
Bei symmetrischen Verschlüsselungsverfahren (→Kryptografie) wie AES sind die zum Ver- und Entschlüsseln verwendeten Schlüssel im Gegensatz zu →asymmetrischen Verschlüsselungsverfahren (→RSA) identisch. AES ver- und ent-

schlüsselt Daten blockweise mit Hilfe eines Schlüssels, der eine Länge von 128 (AES-128), 192 (AES-192) oder 256 (AES-256) Bit aufweisen kann. Gegenüber dem vorher verwendeten und auf 56 Bit beschränkten Data Encryption Standard (DES) weist AES eine höhere Sicherheit auf, die im Finanzbereich von hoher Bedeutung ist.

Agent
Im bankfachlichen Zusammenhang anzutreffender Begriff für Vertreter bzw. Bevollmächtigte von Finanzdienstleistern (z. B. Clearing Agent bei →CSM, Paying Agent bei Zahlstellen oder allgemein Bank Agent als Bankvertreter). Aus technologischer Sicht findet sich der Begriff für intelligente Softwareagenten und damit für Software mit Funktionalitäten der künstlichen Intelligenz (→KI), die etwa als →Chatbot bei der Kundenberatung unterstützt. Ebenso sind Agenten auf →digitalen Marktplätzen für die Identifikation und den Vergleich von Angeboten sowie für die Verhandlung mit Anbietern (z. B. bezüglich Preis, Lieferbedingungen, Zahlungsmodalitäten) im Einsatz.

Aggregator
Auf der Bündelung von Leistungen beruhendes Intermediär-Geschäftsmodell (→Intermediation), das häufig →Fintech-Lösungen zugrunde liegt. Ähnlich dem →Broker-Modell vermittelt ein Aggregator zwischen Anbietern konkurrierender und/oder komplementärer Leistungen einerseits und Kunden andererseits, um damit einem breiteren Kundenbedürfnis zu entsprechen. Während Broker jedoch als reine Leistungsvermittler auftreten, nehmen Aggregatoren als Zwischenhändler Besitz von den vermittelten Leistungen und setzen die Preise fest. Ein klassisches Beispiel des Aggregator-Modells sind digitale Supermärkte wie etwa Amazon oder Banken, die Leistungen kooperierender Versicherungen anbieten (→E-Commerce). Sind diese digitalen Dienstleistungen auch mit digitalisierten physischen Ressourcen (sog. →Smart Products) verbunden, etwa bei elektronischen Bezahldiensten bei Parkdiensten für Fahrzeuge, dann findet sich dafür auch der Begriff des →Smart Service oder →Mobility Services.

Agile Organisation
Eine Organisationsform, die sich durch einen hohen Reifegrad bezüglich der Dimensionen →Digitalisierung und Transformationsmanagement auszeichnet und ein Kernmerkmal von →Start-up- bzw. →Fintech-Unternehmen bildet. Die →Agilität soll zu einer hohen Reaktionsfähigkeit auf sich verändernde Rahmenbedingungen führen, wie sie aus der Dynamik technologie-basierter Innovationszyklen resultiert. Ziel ist einerseits die Fähigkeit zur →digitalen Transformation von →Kundenerlebnissen, Prozessen und →Geschäftsmodellen sowie andererseits, agile Veränderungsstrukturen und -prozesse aufzubauen, die explorative Vorgehensweisen, schnelle Lernprozesse sowie Selbststeuerung und -organisation im Sinne eines „agilen Mindsets" erlauben.

Agilität
Ein Vorgehen in Entwicklungsprojekten, das auf eine schnelle, flexible und kundenorientierte Umsetzung in kleineren Zeitabschnitten abzielt. Agilität ist als eine Form des Lean-Management zu verstehen und vielseitig anwendbar. Agile Prinzipien haben sich insbesondere bei der Entwicklung von →IT-Anwendungen (z. B. →Front- und →Backend-Anwendungen) etabliert und finden sich in Konzepten wie etwa →Scrum oder Kanban wieder. Wie in Abb. 2 dargestellt, zielt die agile Vorgehensweise darauf ab, dass nicht Kosten und Zeit flexibel sind, sondern die (Projekt-)Ziele und die Qualität. Demgegenüber gilt im klassischen Vorgehen das Ziel als stabil, was dazu führt, dass die Zielerreichung zusätzliche Kosten- und Zeitbudgets erfordert. Dies führt gerade bei größeren Projekten zu den häufig beobachtbaren Zeit- und Kostenüberschreitungen.

Airdrop
Analog Helikoptergeld bezeichnet Airdrop das Verschenken von →Coins bereits bestehender oder neuer →Kryptowährungen. Dies kann zur Bindung aktiver Kunden, zur Gewinnung neuer Kunden und im Zuge von Marketing-Aktionen bei der Einführung neuer →Kryptowährungen oder nach einem →Fork stattfinden.

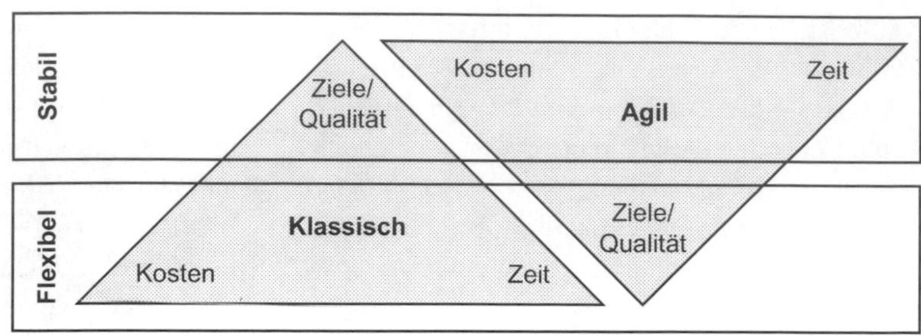

Abb. 2 Zielgrößen bei klassischem und agilem Vorgehen

Algorithmic Banking/Algo Banking
Einsatz von Verfahren der künstlichen Intelligenz (→KI) zur Unterstützung bzw. Ausführung von Bankprozessen. Dies umfasst etwa die Kundenberatung (→Robo-Advisory) oder die Prüfung der Kreditwürdigkeit eines Antragsstellers mit Hilfe von →Algorithmen und unter Hinzuziehung seiner Social-Media-Aktivitäten (→Social Data). Mitunter sind dadurch keine historischen Daten des Antragstellers für den Entscheidungsprozess notwendig. Eine im Wertpapierhandel verbreitete Form ist das →Algorithmic Trading.

Algorithmic Trading/Algo Trading
Ein seit der →Digitalisierung von Börsenplätzen (→elektronische Börse) ab den 1980er-Jahren eingesetztes Verfahren der künstlichen Intelligenz (→KI) im Bankenbereich. Es charakterisiert automatisierte Handelssysteme, die größere Portfolios verwalten und abhängig von Regeln und Kursentwicklungen an der Börse Aufträge platzieren. Es führt zum Hochfrequenzhandel (→HFT), wenn die Systeme zur Realisierung geringer Arbitrage in schneller Folge Kauf- und Verkaufsorders tätigen.

Algorithmisierung
Bezeichnet den Einsatz von Algorithmen (→Algorithmus) in Geschäftsprozessen. Diese stellen eine Erweiterung digitalisierter Prozesse dar und erhalten mittels der Analyse von Daten und den auf Basis strukturierter Daten gewonnenen Informationen die Fähigkeit, sich selbstständig anzupassen bzw. zu lernen und damit Entscheidungen zu verbessern. Ist beispielsweise ein „intelligentes" Fahrzeug in einen Unfall involviert, kann es die bisher gewonnenen Daten (n in Abb. 3) durch neue Informationen in das Netzwerk des Automobilherstellers übertragen und alle übrigen Fahrzeuge erhalten die Information, dass sie in dieser Situation künftig frühzeitiger bremsen müssen, d. h., es entstehen durch diese Schlussfolgerungen neue Daten (n+1 in Abb. 3), die das sog. Labeling wiederum für die maschinelle Verarbeitung kennzeichnet. Ähnlich erfolgt eine Algorithmisierung in Prozessen der Kreditvergabe oder des Beschwerdemanagements.

Algorithmus
Beschreibt ein Vorgehen oder eine Vorschrift zur Lösung komplexer Probleme oder einer Klasse von Problemen, die so präzise formuliert ist, dass sie ein künstliches System bearbeiten kann. Algorithmen sind mathematisch formulierte Rechenvorschriften oder in Programmcodes verankerte logische Bedingungen, welche die Berechnung und/oder Auswertung von Daten bestimmen (z. B. „If-Then"-Regeln). Algorithmen finden sich insbesondere in Lösungen mit künstlicher Intelligenz (→KI) wieder und erlauben insbesondere bei standardisierten bzw. geringkomplexen Finanzprozessen, wie sie häufig bei →Fintech-Lösungen anzutreffen sind, einen hohen Automatisierungsgrad.

Alipay
Chinesischer Anbieter eines mobilen Bezahlsystems, das seit seiner Einführung im Jahr 2004 zahlreiche Erweiterungen vom reinen Online-Bezahlsystem hin zum dominanten mobilen Bezahlsystem (→Mobile Payment) erfahren hat. Bis Ende September 2020 hatte Alipay 731 Millionen aktive Nutzer und gilt damit als größtes mobiles Bezahlsystem weltweit. Der →Zahlungsdienst ist seit dem Jahr 2014 Teil der chinesischen Ant Group, einer Tochtergesellschaft der heute noch zu 30 % daran beteiligten Alibaba Gruppe. Alipay

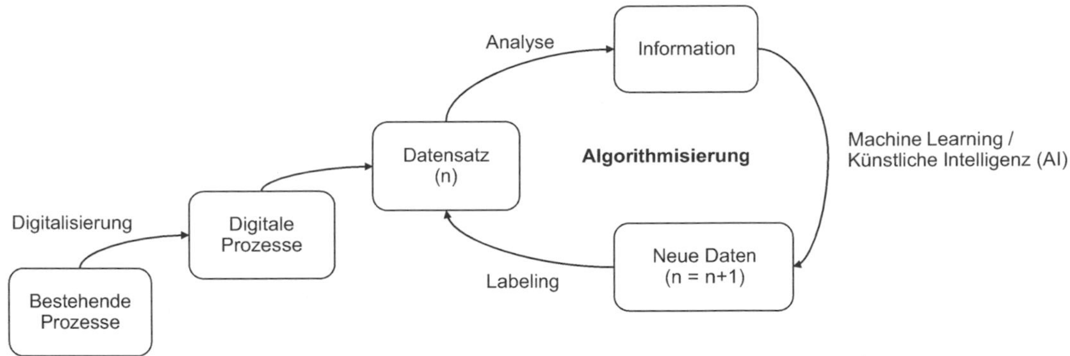

Abb. 3 Beispielhafte Darstellung der Algorithmisierung

verwendet eine →mobile Wallet und kommt auf den →E-Commerce-Plattformen (insbesondere jenen von Alibaba wie Taobao und TMall) ebenso zum Einsatz wie bei Carsharing-, Essens- oder Mobilitätsdiensten. Die Bezahlung kann über Kreditkartenabrechnung, Lastschrift oder →P2P-Verfahren erfolgen. Erfolgt dies zwischen Alipay-Nutzern, so ist kein klassischer Finanzdienstleister erforderlich. Zudem fungiert Alipay als Vermittler zu Anbietern von Versicherungen sowie Anlage- und Kreditprodukten (→Microfinance), deren Leistungen Konsumenten beispielsweise zur Finanzierung der über zahlreichen Plattformen gekauften primären Güter (→E-Commerce) verwenden können. Als Wettbewerbsvorteil gilt neben den zahlreichen Angeboten (→Liquidität) das auf künstlicher Intelligenz (→KI) und →Big Data beruhende Verfahren zur Beurteilung der Kreditwürdigkeit. Ein wichtiger Wettbewerber von Alipay ist →WeChat Pay der Tencent-Gruppe.

Allfinanz

Die auch als →Bancassurance bezeichneten Dienstleistungen sind Bündel aus bank- und versicherungsfachlichen Leistungen. Das Konzept beruht auf einer gesamtheitlichen Sicht der Finanzwirtschaft („Finanzdienstleistungen aus einer Hand") und geht von Synergien zwischen den beiden Leistungsbereichen aus. So könnten Kunden bei Abschluss einer Hypothekenfinanzierung auch gleichzeitig eine Schaden- oder Hausratsversicherung abschließen oder Lebensversicherungen in ihr Anlageportfolio integrieren. Entsprechende Allfinanz-Lösungen sind bereits in den 1990er-Jahren entstanden und haben Kooperationen, Joint Ventures und Zusammenschlüsse von Banken und Versicherungen hervorgebracht. So hat beispielsweise im Jahr 1997 die Credit Suisse die Winterthur-Versicherung übernommen, diese 2006 jedoch aufgrund einer defizitären Allfinanz-Strategie wieder an den französischen Axa-Versicherungskonzern veräußert. Als Gründe für das Scheitern der frühen Allfinanz-Konzepte gelten die geringe Bereitschaft der Kunden, sämtliche finanzwirtschaftlichen Leistungen einem Institut zu übertragen ebenso wie die getrennten Abläufe und Systeme im →Backend bei den Anbietern. Sowohl mit dem Übergang zu technikaffineren →Generationen als auch mit modulartig aufgebauten →Anwendungssystemen (→API-Banking) haben Allfinanz-Ansätze mit der →Fintech-Evolution eine zweite „Welle" erfahren. So finden sich heute Kooperationen zwischen UBS und Swiss Re zur Lebensversicherung für Immobilienbesitzer, zwischen der Schweizerischen Raiffeisen Bank und der Mobiliar Versicherung für Leistungen zum Immobilienbesitz oder zwischen →Fintech-Unternehmen wie dem Versicherungs-Start-up-Unternehmen Smile und der →Smartphone-Bank Neon. Dagegen haben N26 und der →Robo-Advisory-Dienst Clark ihre Zusammenarbeit Mitte 2020 nach drei Jahren wieder eingestellt. Als wesentliches Motiv der Kooperation hat sich die unterschiedliche Kontakthäufigkeit von Bank- und Versicherungsdienstleistungen gezeigt: Während Kunden häufig ihr Bankkonto im →Online Banking prüfen, finden Kontakte zur Versicherung

i. d. R. nur im Leistungs- bzw. Schadensfalle statt. Durch die Kooperation mit einer Bank können Versicherer zwar von einer höheren Kundeninteraktionsfrequenz profitieren, begeben sich hierfür aber in eine Abhängigkeit von der Bank bzw. der genutzten →digitalen Plattform. Ebenso wie Banken, bieten daher auch Versicherungsunternehmen →PFM-Lösungen an.

Altcoin
Alternative →Coins sind →Kryptowährungen, die aus Splits (→Blockchain Split) der „Urwährung" →Bitcoin entstanden sind. Obgleich Altcoins zur Abgrenzung neuer →Kryptowährungen von →Bitcoin dienen, so haben diese mitunter dennoch viele Gemeinsamkeiten im →Konsensmechanismus, der →Wallet-Funktion oder der Handelbarkeit über →Kryptobörsen. Bekannte und verbreitete Altcoins sind etwa →Bitcoin Cash, →Eos, →Iota, →Monero oder →Xrp. Eine Motivation zur Entstehung von Altcoins ist das Streben nach einer möglichst hohen Privatheit bzw. Anonymität bei →elektronischen Zahlungen auf Basis von →Kryptowährungen wofür sich auch der Begriff der →Privacy Coins etabliert hat.

Alternative Credit Scoring
Bezeichnet die Nutzung öffentlich zugänglicher Verbraucherinformationen, um verlässliche Risikoprofile von Kreditanwärtern zu erstellen. Gegenüber dem traditionellen, auf Zahlungs- und Kredithistorie aufbauendem Kreditscoring, verwenden Anbieter wie Fico zum Beispiel persönliche Daten aus sozialen Netzwerken (→Social Data) oder Online-Profilen. Ebenso kommen transaktionsbezogene Daten aus vergangenen Einkäufen, ausstehenden Zahlungen, Einkommens- oder Bankinformationen zum Einsatz. Ziel ist Kredite auch Personen zu vermitteln, die keine Bankkonten bzw. -beziehung(en) besitzen.

Alternative Financing
Gegenüber Finanzierungsmöglichkeiten im traditionellen Finanzsystem, wie etwa über Banken, Börsen oder außerbörsliche Kapitalmärkte (→OTC), haben sich alternative Instrumente etabliert. Besonders interessant sind diese für Projekte oder Geschäfte mit geringerem Kapitalvolumen zur Finanzierung innovativer oder kreativer Projekte, da hier häufig eine Vielzahl von Kleininvestoren Kapitalgeber sind. Zu den Beispielen zählen →Crowdfunding und →Crowdinvesting.

Alternative Lending
Digitale Kreditvergabe, die oftmals über eine digitale Plattform und außerhalb des traditionellen Bankensektors stattfindet. Besonders relevant ist dies für kleine und mittelständische Unternehmen (→KMU), Personen mit geringem Einkommen (z. B. Studentenkredite) oder Personen in Schwellenländern ohne Zugang zum Bankensystem. Alternative Lending lässt sich in die Segmente →Crowdlending (für Unternehmen) und →P2P-Lending (für Privatpersonen) unterteilen.

Alternative Trading Platform (ATP)
Ähnlich einer →elektronischen Börse bringen alternative Handelsplattformen Käufer und Verkäufer von Wertpapieren bzw. Assets zusammen, um Transaktionen abzuwickeln. Da es sich um privatwirtschaftliche betriebene Märkte handelt, definieren sie die Handels- bzw. Preisbestimmungsregeln selbst und weisen häufig eine geringere Transparenz über das Marktgeschehen auf. Obgleich sie gegenüber offiziellen Börsen weniger reguliert sind, unterliegen sie dennoch nationalen Aufsichtsbehörden, wie etwa der SEC (U.S. Securities and Exchange Commission) bei alternativen Wertpapierplattformen in den USA. In den USA finden sich auch die Begriffe des Alternative Trading Systems (ATS), während in Europa der Begriff der Multilateral Trading Facility (→MTF) verbreitet ist. Zu den etablierten ATP zählen die Systeme großer Banken (z. B. Credit Suisse, Deutsche Bank, J.P. Morgan, Goldman Sachs oder UBS) aber auch jene von Dienstleistern wie Dealerweb oder Instinet. Ebenso gelten die jüngeren →Kryptowährungs-Handelsplattformen (→Kryptobörse) als ATP, sind aber zumindest bislang weitgehend unreguliert.

Alternative Währung
Währungen, die nicht durch Nationalbanken einzelner Länder gedeckt sind und – mit Ausnahe von →Bitcoin in El Salvador – zumindest bislang nicht als gesetzlich anerkannte Zahlungsmittel

fungieren. Zu den Beispielen zählen →Ethereum Coins, →Ripple Coins und →Bitcoins, aber auch lokale Währungen wie der „Chiemgauer".

Ambient Intelligence
Ähnlich dem →Pervasive Computing geht die Umgebungsintelligenz von einer verbreiteten bzw. „allgegenwärtigen" Präsenz von →Informationstechnologie aus. Dazu zählen mobile Technologien und →Wearables ebenso wie das Internet der Dinge (→IoT), die sich in verschiedenen Assistenzszenarios (z. B. betreutes Wohnen, Personal Trainer, Smart Home) oder auch Vertriebsszenarios (z. B. personalisierte Werbung in der Bankfiliale) wiederfinden. Bestandteil derartiger Szenarios sind häufig digitale Dienste (→Smart Service), welche die nutzungsbasierte Verrechnung bzw. Bezahlung (→PAYU) umfassen.

Anti-Money Laundering (AML)
Um Geldwäsche zu vermeiden, sollen bei Einzahlungen bzw. Überweisungen von Geldbeträgen ab einer bestimmten Höhe Prüfungen erfolgen, die eine Ermittlung der Herkunft der Vermögenswerte sowie eine Identifikation der wirtschaftlich Berechtigten (→KYC) erlauben. Zur Regelung haben zahlreiche Länder entsprechende Richtlinien erlassen. In Deutschland etwa setzt das Geldwäschegesetz (GwG) die Geldwäscherichtlinie der EU um. Danach sind beispielsweise seit dem Jahr 2020 Barzahlungen nur noch bis zu einem Betrag von 2000 Euro möglich, ohne einer Geldwäsche-Prüfung zu unterliegen. Ebenso sind innerhalb der EU-Staaten grenzüberschreitende Bargeldbeträge über 10.000 Euro anzumelden. Mit der Änderungsrichtlinie der vierten EU-Geldwäscherichtlinie (Directive EU 2018/843) treffen die Regelungen auf sog. →Krypto-Verwahrgeschäfte zu, wodurch auch →digitale Währungen wie →Bitcoin der Geldwäsche-Prüfung unterliegen. Derartige →Compliance-Prüfungen haben Finanzdienstleister traditionell in ihren eigenen →Anwendungssystemen implementiert, jedoch etablieren sich zunehmend auch externe Dienstleister mit Leistungsangeboten in diesem →Regtech-Segment (z. B. der estnische Anbieter Salv).

Anwendungssystem
Teil eines Informationssystems (IS), das aus einem Hard- und einem Softwaresystem besteht (s. Abb. 4). Letzteres umfasst die Basissoftware wie etwa das →Betriebssystem und die Dienstprogramme (z. B. Compiler, Gerätetreiber) sowie die Anwendungssoftware, die Funktionalitäten für verschiedene Anwendungszwecke enthält. Dies können allgemeine Funktionen wie E-Mail oder Webbrowser sowie branchen- bzw. sektorbezogene Anwendungsfunktionen sein, zu welchen auch →Kernbankensysteme zählen. Ziel betriebswirtschaftlicher Anwendungssysteme ist ein hoher Automationsgrad von Geschäftsabläufen und ein hoher Integrationsgrad zwischen den betrieblichen Funktionalbereichen, sodass sie viele Aufgaben ohne die Interaktion mit den Nutzern bearbeiten können. Beispielsweise finden beim Kauf von Wertpapieren oder der Belastung von Kundenkonten parallele Buchungen auf den Konten im Rechnungswesen des Finanzdienstleisters statt. Für Anwendungssysteme mit einem hohen Grad an Nutzerinteraktion trifft daher auch der Begriff des Informationssystems zu. Für den Begriff des Anwendungssystems finden sich häufig die synonym verwendeten Begriffe Anwendung, →Applikation oder System. Der Betrieb von Anwendungssystemen kann sowohl →On-Premise als auch virtuell (→Virtualisierung) in Form des →Cloud Computing sowie zentralisiert auf einer →Plattform oder dezentral auf einer verteilten Infrastruktur (→DLT) stattfinden. Unter letzterem Fall findet sich die Bezeichnung der dezentralisierten Anwendungen (→DApp), die auf den jüngeren →Blockchain-Frameworks (→Blockchain x.0) lauffähig sind.

API-Banking
Bezeichnet den Einsatz von Applikationsschnittstellen (→API) zur Kopplung digitaler Dienste im und mit dem Finanzbereich. Im ersten Falle liegt die umfassende Verbindung modularer →Anwendungssysteme den Konzepten des →Open Banking und des →Plattform Banking zugrunde. Gegenüber dieser Vernetzung im Finanzbereich stellt die Anbindung digitaler Finanzdienste einen zweiten Bereich des API-Banking dar. Abb. 5 zeigt dazu das Bei-

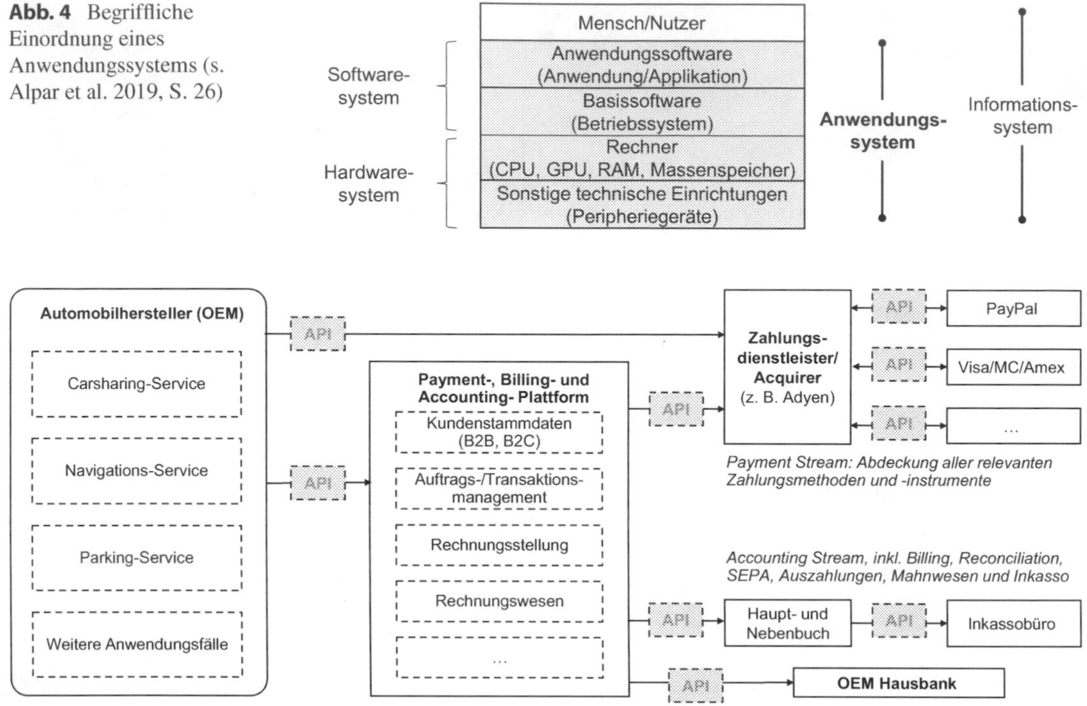

Abb. 4 Begriffliche Einordnung eines Anwendungssystems (s. Alpar et al. 2019, S. 26)

Abb. 5 API-Anbindung von Finanzdiensten bei einem Automobilhersteller

spiel eines Automobilherstellers, der über →API verschiedene →Zahlungsdienste an seine Plattform anschließt, die dann Master- und Transaktionsdaten im Bereich Finanzen weiterverarbeiten. Es lässt sich auch als eine Form der Auslagerung (→Outsourcing) von Finanzfunktionen des Automobilherstellers interpretieren.

App Economy
Für die wirtschaftliche Nutzung von mobilen →Applikationen verwendeter Überbegriff, der sich auf alle Aspekte der damit verbundenen →Ökosysteme bezieht. Dazu zählen die Ausrichtung und Konstruktion dieser →Ökosysteme selbst, die →Geschäftsmodelle in diesen →Ökosystemen oder die damit verbundenen Effekte (z. B. →Netzwerkeffekt). Nachdem →Apps zur Distribution →digitale Plattformen wie etwa Appstores verwenden, findet sich häufig auch der synonym gebrauchte Begriff der „Platform Economy" (→Plattform).

Application-specific Integrated Circuit (ASIC)
Anwendungsspezifische Schaltkreise bzw. Rechenhardware zeichnen sich dadurch aus, dass sich der Befehlssatz der Hardware auf bestimmte Anwendungszwecke (z. B. Grafik, Datei-, Rechenoperationen) konzentriert. Gegenüber den für viele Zwecke einsetzbaren Zentralprozessoren (Central Processing Unit, CPU) sind ASIC zwar weniger universell verwendbar, dafür jedoch in ihrem Bereich leistungsfähiger und durch das Weglassen nicht dafür benötigter Funktionen tendenziell kostengünstiger. Der auf die 1960er-Jahre und das Konzept der Reduced Instruction Set Computer (RISC) zurückgehende ASIC-Ansatz hat jüngst mit der Verbreitung von →künstlicher Intelligenz (z. B. für →Deep Learning) und kryptografischen Berechnungen (z. B. für →Konsensmechanismen wie →PoW) an Bedeutung gewonnen. So setzen →Miner und →Mining-Pools entsprechende ASIC-Hardware ein, während sich alternative →Konsensmechanismen wie etwa →Proof-of-Stake als ASIC-resistente Verfahren bezeichnen.

Application Programming Interface (API)
Bezeichnet eine Funktionsschnittstelle einer Anwendungssoftware (→Anwendungssystem), wodurch Anwendungsprogramme direkt bzw. medienbruchfrei (→Medienbruch) interagieren und Daten austauschen können. Gegenüber einer Datenschnittstelle, welche den Zugriff auf eine Datenbank erlaubt, lassen sich über die Funktionsschnittstellen Befehle mit entsprechenden Parametern und Daten an die Software schicken und darüber dort Funktionen auslösen. Das Konzept ist seit langem bei der Modularisierung und Integration von →Anwendungssystemen bekannt, da es einerseits die Komplexität großer (sog. monolithischer) Systeme reduziert und andererseits die Möglichkeit schafft, flexibel spezialisierte Systeme innerhalb und außerhalb des Unternehmens einzubinden. APIs bilden daher ein zentrales Element in den gegenwärtigen Entwicklungen zum →API-Banking, →Banking-as-a-Service, →Plattform Banking oder →Open Banking. Die Entwicklung treiben zudem Regulierungen wie etwa →PSD2, wonach Banken standardisierte APIs zum Zugriff auf Konten diskriminierungsfrei anbieten müssen. Sie ermöglichen damit Finanzdienstleistern wie →Fintech-Unternehmen den Zugriff auf die Banksysteme, um darüber Transaktionsdaten auszulesen und auf dieser Basis eigene Dienstleistungen (z. B. →Multi-Bank-Funktionalitäten) anzubieten. Grundsätzlich können alle Marktteilnehmer APIs anbieten, im Finanzbereich ist jedoch abhängig vom Tätigkeitsfeld eine Zulassung durch die →BaFin notwendig. Ein Beispiel einer mittels der →REST-Technologie umgesetzten API zeigt Abb. 6 für die Abfrage eines Wechselkurses in der Höhe von 100 US-Dollar in Euro bei der →Neo- bzw. →Smartphone-Bank Revolut. Es enthält den Funktionsaufruf (Request) und die einzelnen übertragenen Datenfelder mit ihren Beschreibungen. Die Rückmeldung (Antwort) ist im →JSON-Format dargestellt.

Applikation (App)
Die Abkürzung „App“ leitet sich vom englischen „Application“ (→Anwendungssystem) ab und hat sich als Bezeichnung für Anwendungssoftware bei Desktop-Computern und mobilen Geräten etabliert. Bei letzteren, also Smartphones oder Tablets, findet auch die Bezeichnung „Mobile Apps“ Verwendung, die häufig im Funktionsumfang limitiert und auf den jeweiligen Nutzer bezogen bzw. individualisiert ist. Ist die Anwendungslogik der App auf einem Server implementiert, wird von einer Webanwendung gesprochen.

Appstore
Kurzform für eine digitale Vertriebsplattform von Anwendungssoftware bzw. →Applikationen (Apps). Die elektronische →Plattform verfügt typischerweise über einen elektronischen Katalog in den eine Vielzahl von Lösungsanbietern ihre Applikationen einstellen, sodass die Nutzer diese suchen, bestellen und auf ihre Geräte herunterladen können. Durch das Aufeinandertreffen von vielen Anbietern und vielen Nachfragern lassen sich Appstores als →digitale Marktplätze verstehen. Das Appstore-Prinzip findet sich zunehmend auch in den Konzepten von →Kernbankensystemen, welche das Konzept des →Open Banking verfolgen.

Architektur 4.0
Zahlreiche →Fintech-Unternehmen definieren sich weniger als Unternehmen der Finanzwirtschaft, sondern stärker als Technologieunternehmen. Dies bedeutet eine Umkehr der Bedeutung der →Informationstechnologie in diesen Unternehmen, die sich von einer den Fachbereichen nachgelagerten Unterstützungsfunktion hin zu einer zentralen und strategisch relevanten Unternehmensfunktion entwickelt hat. Als Treiber der →Innovation bilden neue →Informationstechnologien wie etwa →Big Data, →Blockchain, →IoT und →KI den „Grundstein“ der →digitalen Transformation. Aus Sicht der →Unternehmensarchitektur bedeutet dies einen höheren →Digitalisierungsgrad und orientiert sich nicht mehr nur an der elektronischen Unterstützung interner Abläufe durch integrierte →Anwendungssysteme (z. B. →ERP, →Kernbankensystem), sondern an der Unterstützung von →Geschäftsmodellen im unternehmensübergreifenden Kontext. Zu den Beispielen zählen →datengetriebene Produkte und Services (→Smart Product, →Smart Service). Ansätze der Architektur 4.0

Anfrage (Request)	GET https://b2b.revolut.com/api/1.0/rate?from=USD&&to=EUR&amount=100 Felder: from (Ausgangswährung im ISO-Ländercode), to (Zielwährung im ISO-Ländercode), amount (Wechselbetrag in Dezimalzahl)	

Rückmeldung (Response)	{
	"from": {
	"amount": 100,
	"currency": "USD"
	},
	"to": {
	"amount": 78.9,
	"currency": "EUR"
	},
	"rate": 0.789,
	"fee": {
	"amount": 0.85,
	"currency": "EUR"
	},
	"rate_date": "2019-01-16T13:01:47.229Z"
	}
		Felder:
		from-Objekt: Daten über Ausgangswährung mit Betrag (dezimal) und ISO-Ländercode
		
		to-Objekt: Daten über Zielwährung mit Betrag (dezimal) und ISO-Ländercode
		
		rate: Wechselkurs (dezimal)
		fee-Objekt: Wechselgebühr (dezimal) und mit ISO-Ländercode
		
		rate_date: Datum für vorgeschlagenen Wechselkurs in ISO-Datums-/Zeitformat

Abb. 6 Beispiel einer API der Smartphone-Bank Revolut für eine Wechselkursabfrage (s. Revolut 2020)

bauen auf bestehenden →Artefakten und Werkzeugen der →Wirtschaftsinformatik auf und zielen u. a. auf eine abgestimmte Gestaltung von technologischen (z. B. →Anwendungssystemen, Infrastrukturen wie →DLT), organisatorischen (z. B. unternehmensübergreifende Geschäftsprozesse) und strategischen (z. B. →Ökosysteme, →Geschäftsmodelle) Aspekten.

Artefakt

Ein Artefakt (lat. „künstliches Gebilde") bezeichnet ein mit einem bestimmten Werkzeug hergestelltes Modell. Im Kontext der →Digitalisierung finden sich zahlreiche Artefakte, die das Ergebnis gestaltungsorientierten Arbeitens bzw. Forschens darstellen (z. B. Geschäfts-, Prozess- und Architekturmodelle oder Softwarecode). Zur Modellerstellung und -weiterentwicklung finden sich zahlreiche Modellierungssprachen (z. B. BPMN, UML), die sich mit Entwicklungswerkzeugen (z. B. ARIS, Signavio) IT-basiert dokumentieren lassen. Beispielsweise finden sich die Modelle in →RPA-Technologien, welche sie als Vorlage für die automatisierte Ausführung von Prozessen nutzen.

Artificial Intelligence (AI)

→Künstliche Intelligenz (KI).

Asymmetrische Verschlüsselung

Ein kryptografisches Verschlüsselungsverfahren, bei dem Sender und Empfänger nicht wie bei symmetrischen Verschlüsselungsverfahren (→Advanced Encryption Standard) den gleichen Schlüssel verwenden, sondern ein öffentlicher (→Public Key) und ein privater (→Private Key) Schlüssel zum Einsatz kommen. Das bekannteste Verfahren ist →RSA, das bei den aktuell bekannten Rechnerarchitekturen als sicher gilt. Ein in →Blockchain-Netzwerken verwendetes Verfahren ist →ECDSA. Neuere Entwicklungen, wie die Quantenrechnertechnologie (→Quantencomputer), sollen allerdings die auf Primzahlenberechnungen beruhende →Kryptografie innerhalb kurzer Rechenzeiten lösbar machen.

Atomic Swap

Bezeichnet im Umfeld der →Kryptowährungen den direkten Transfer von →Coins zwischen den Nutzern („Wallet-to-Wallet") nach dem →P2P-Modell, d. h. ohne den Einsatz von Intermediären wie etwa →Kryptobörsen. Das Verfahren bedingt eine hohe →Interoperabilität der →DLT-Technologien und gilt als disruptiv (→Disruption) für den Zahlungsverkehr.

Augmented Reality (AR)
Verfahren der AR erweitern die Realitätswahrnehmung, indem sie die reale Umgebung um nutzerspezifische Informationen anreichern bzw. überlagern. Dies erfolgt typischerweise durch die Visualisierung in Head-up-Displays (HuD) oder durch spezielle interaktive Brillen (→Wearable), die beispielsweise beim Einkauf den Produktpreis oder zusätzliche Produktinformationen (etwa Finanzierungsinformationen oder die Entwicklung des Kontostandes bei einem angenommenen Kauf des Produktes) einblenden. Viele Banken und vor allem die →Big-Tech-Unternehmen treiben AR-Projekte (→Metaverse) voran, da sie aufgrund des hohen Interaktionsgrades und der Immaterialität in der Finanzbranche darin ein großes Potenzial erwarten.

Authentifizierung
Bestandteil der →Identitätsprüfung, wobei eine Prüfung der im Rahmen der →Authentisierung bereitgestellten Daten stattfindet. Während die →Authentisierung auf Seiten des Kunden erfolgt, findet die Authentifizierung beim Leistungsanbieter statt. So authentifiziert etwa die Bank den Kunden für das →E-Banking. Obgleich damit die begriffliche Trennschärfe sinkt, subsummieren zahlreiche Begriffsverständnisse die Authentifizierung vereinfachend als Teil der anschließend erfolgenden →Authentisierung. Im Kontext von →Kryptowährungen hat sich für die Authentifizierung der Begriff „Know-your-Customer" (→KYC) etabliert.

Authentisierung
Verfahren der Identitätsprüfung, wobei nachzuweisen ist, dass eine Person tatsächlich die Person ist, für die sie sich ausgibt. Übliche Authentisierungsverfahren sind die Passwörter bzw. Identifikationsnummern (z. B. →PIN on Glass), Ausweisdokumente oder biometrische Merkmale (z. B. Fingerabdruck). Zur anbieterübergreifenden und damit kundenorientierten Nutzung mehrerer Angebote haben sich Dienste für das →Identitätsmanagement herausgebildet, mit denen Kunden bei mehreren Anbietern eine →Authentifizierung (→KYC) und →Autorisierung vornehmen können.

Automated Clearing House (ACH)
Ein elektronisches Netzwerk von nationalen Verrechnungsstellen bzw. Girozentralen zum Clearing von Zahlungsaufträgen (z. B. Lastschriften, Überweisungen) zwischen Dienstleistern im nationalen sowie internationalen Zahlungsverkehr. Clearing (→CSM) umfasst dabei den elektronischen Austausch (→EDI) der Zahlungen und das Nettostellen der Zahlungen. Die Verrechnung der Aufträge erfolgt nach dem Batch- bzw. Stapelverfahren nicht in Echtzeit (→Echtzeitverarbeitung), sondern zu definierten Zeitpunkten (z. B. mehrmals untertägig) und unterscheidet sich auch dadurch vom →RTGS-Verfahren. Ursprünglich war der ACH-Begriff mit der elektronischen Verarbeitung von Schecks in den USA verbunden, die Laufzeiten für die Abwicklung eines Zahlungsauftrages von drei bis vier Tagen hatte. Heute ist der Begriff auch international gebräuchlich und die Systeme sind leistungsfähiger (typischerweise Zahlungsabwicklung bis zum nächsten Tag, t+1). Ein Beispiel eines ACH für →SEPA-Zahlungen ist das Step2-System, das wiederum zur Verrechnung die Zentralbankkonten der teilnehmenden Finanzdienstleister im TARGET-System verwendet. Anbieter von →Zahlungsdiensten im →Fintech-Bereich greifen über Schnittstellen (→API) auf die Leistungen von ACH zu. Zahlreiche Länder weltweit besitzen ACH-Systeme zur direkten elektronischen Abwicklung von Zahlungen. Im deutschsprachigen Raum agieren u. a. die Deutsche Bundesbank, die Swiss Interbank Clearing (SIC) und die Österreichische Nationalbank als ACH. In Großbritannien ist es →BACS und in den USA u. a. das ACH der Federal Reserve Bank. Gegenüber dem ACH-Ansatz mit vernetzten nationalen Hubs, unterscheiden sich jüngere dezentrale Ansätze auf Basis der Distributed-Ledger-Technologie (→DLT, z. B. →Ripple) und versprechen geringere Transaktionslaufzeiten und -kosten. Allerdings weisen sie zumindest gegenwärtig noch keine gleichermaßen hohen Transaktionsraten (→TPS) auf.

Automated Market Maker (AMM)
In dezentralisierten Finanzsystemen (→Decentralized Finance) verwendete Bezeichnung für

die Bereitsteller von →Liquidität (→Liquidity Pool). Analog Wertpapierhändlern bzw. Marktmachern im klassischen Börsenhandel, stellen im dezentralisierten Handel die Nutzer Angebote in Form von →Token bereit, die ein →Smart Contract bündelt und bei entsprechender Nachfrage automatisch ausführt. Damit bilden AMM eine Alternative zu den aus dem zentralisierten Börsenhandel bekannten Auftragsbüchern (→Order Book).

Automated Teller Machine (ATM)
Geldautomaten haben sich in den 50 Jahren ihres Bestehens von reinen Geldausgabegeräten zu umfassenden →Self-Service-Stationen entwickelt. Diese Form der Kundeninteraktion können auch →Fintech-Unternehmen nutzen, insbesondere wenn sie dies mit innovativen →Kryptowährungen verbinden. Eine Auflistung von →Bitcoin-ATMs findet sich etwa bei https://coinatmradar.com/.

Autorisierung
Auch als →Legitimation bezeichnet, handelt es sich dabei um die dritte Prüfungsstufe nach erfolgter →Authentisierung und →Authentifizierung. Dabei prüft der Leistungsanbieter, ob die Person zur Nutzung der Dienste (z. B. zum Kauf von Wertpapieren) berechtigt ist. Eine nachgelagerte Prüfung ist im Finanzbereich häufig die Bonitätsprüfung. Dienstleister wie die Europäische Bankenaufsichtsbehörde (→EBA) mit myBank haben Lösungen für die elektronische Autorisierung entwickelt.

Average Revenue per User (ARPU)
Der durchschnittliche Umsatz je Nutzer bildet eine zentrale Metrik im →Business Case von →Fintech-Geschäftsmodellen (→Geschäftsmodell) und insbesondere von →Plattform-basierten Geschäftsmodellen.

B3i
Der im Jahr 2016 von 21 Unternehmen aus dem Versicherungsbereich (z. B. Aegon, Allianz, Generali, Swiss Re, Zurich) gegründeten Initiative zum Einsatz von →Blockchain-Technologien gehören im Jahr 2021 etwa 40 Teilnehmer (z. B. Software- und Beratungsunternehmen wie MSG und TCS) an. Der erste Anwendungsbereich betrifft mit B3i Re die Abbildung von Verträgen zu Katastrophenschäden (sog. Schadenexzedentenrückversicherung bzw. Catastrophe Excess of Losses, Cat XoL) zwischen Versicherungs- und Rückversicherungsunternehmen. Ein zweiter, für das Jahr 2021 geplanter Anwendungsfall, soll das Forderungsmanagement (Claims Management) betreffen. Aus technologischer Sicht baut die B3i Fluidity-Plattform auf →Corda auf.

Backend
Bezeichnet die Logik zur Ausführung fachlicher Funktionalitäten und ergänzt das →Frontend, welches sich auf die Nutzerinteraktion konzentriert. Ein Beispiel für eine Backend-Technologie sind Transaktionsinfrastruktur von →Kernbankensystemen sowie die →Blockchain-Frameworks. Die Nutzung von Backends erfolgt typischerweise über Schnittstellen (→API).

Backoffice
Bezeichnet die „hinter“ dem →Front- und dem →Middleoffice angesiedelten Geschäftsprozesse bei Finanzdienstleistern. Backoffice-Prozesse sind häufig gleichförmig und treten in Volumenbereichen, wie etwa dem Zahlungsverkehr, auf. Zur Automatisierung haben sich seit den 1960er-Jahren bei Banken die →Kernbankensysteme etabliert und insbesondere seit Beginn des 21. Jahrhunderts sind verstärkt Ansätze zur Auslagerung (→Outsourcing) von Backoffice-Aufgaben aufgekommen, da es sich dabei für die wenigsten Banken um Kernprozesse handelt und die spezialisierten Dienstleister durch Bündelung von Transaktionsvolumina mehrerer Akteure in stärkerem Maße Skaleneffekte realisieren können. Ein Beispiel ist die Bildung von →Transaktionsbanken.

BaFin
Die Bundesanstalt für Finanzdienstleistungsaufsicht verantwortet die Aufsicht über Banken und Finanzdienstleister, Versicherer und den Wertpapierhandel in Deutschland. Sie ist eine selbstständige Anstalt des öffentlichen Rechts und unterliegt wiederum der Rechts- und Fachaufsicht des Bundesministeriums der Finanzen. Die BaFin ver-

gibt Lizenzen zur Durchführung von Finanzdienstleistungen, wozu insbesondere die Banklizenz nach §32 des Kreditwesengesetzes und die Lizenz für Zahlungsdienste nach §8 des Zahlungsdiensteaufsichtsgesetzes (→ZAG) zählen. Die Behörde finanziert sich aus Gebühren und Umlagen der beaufsichtigten Institute und Unternehmen. Die vielfältigen →Fintech-Geschäftsmodelle können, je nach Ausgestaltung, eine Erlaubnis der BaFin erfordern, z. B. im Zahlungsverkehr, der Finanzierung oder im Portfoliomanagement. Obgleich seitens der BaFin zahlreiche Einschätzungen und Stellungnahmen zu Entwicklungen im →Fintech-Bereich vorliegen (z. B. →Blockchain, →Robo-Advisory), erfordert eine verbindliche Einschätzung häufig eine Einzelfallprüfung.

Baking
In →Proof-of-Stake-basierten →Kryptowährungen anzutreffende alternative Bezeichnung für die Validierung und das Hinzufügen von Datenblöcken in einer →Blockchain. In →PoW-basierten Systemen findet sich dafür der Begriff des →Mining. Beispielsweise kann ein Teilnehmer im →Tezos-System ab einem Besitz von 10.000 XTZ als „Baker" agieren und wird mit steigendem Besitz an →Coins mit höherer Wahrscheinlichkeit dafür ausgewählt (und entlohnt).

Bancassurance
→Allfinanz.

Bank Identification Number (BIN)
→Issuer Identification Number (IIN).

Bank Identifier Code (BIC)
→Business Identifier Code (BIC).

Bank-as-a-Service
Teilweise synonym mit →Plattform Banking verwendeter Begriff zur Charakterisierung von Anbietern von →Open-Banking-Lösungen, der auch als Grundlage für Strategien der →Embedded Finance gilt. Im Mittelpunkt steht dem →SaaS-Modell die Verwendung eines zentralen Quellcodes für alle Kunden. Ein Beispiel sind die →Start-up-Unternehmen Mambu oder Banksapi.

Bankenplattform
→Open Banking.

Bankers' Automated Clearing System (BACS)
→ACH zur Verarbeitung der in Großbritannien stattfindenden Zahlungstransaktionen. Das System umfasst die Abwicklung, das Clearing und Settlement von Zahlungen (→CSM), u. a. mittels des britischen →Zahlungsdienstes Bacs Direct Credit.

Bankinformatik
Angewandte Wissenschaftsdisziplin, die sich als Unterbereich der →Wirtschaftsinformatik mit der Anwendung von Technologien zur automatisierten Verarbeitung bankbetrieblicher Daten sowie zur Durchführung von Bankgeschäften befasst.

Banking 2.0
Weiterentwicklung des Bankgeschäftes auf Basis der →Digitalisierung und →Algorithmisierung ausgewählter Geschäftsfelder. Unter der Bezeichnung ist häufig auch das Entstehen von →Fintech-Unternehmen sowie von →Fintech Lösungen subsumiert, insbesondere der höhere Stellenwert der →digitalen Transformation sowie das Verfolgen kundenorientierter und offener Lösungen (→Open Banking) im Bankenbereich. Kennzeichnend für das Banking 2.0 ist, dass es alle Kundengruppen abdeckt und sich in vier Themenbereiche aufgliedern lässt: Online- und Offline-Kanäle, digitalisierte Prozesse (→Smart Processes) und intelligente (bzw. der künstlichen Intelligenz (→KI) zugrundeliegende) Daten (s. Abb. 7).

Banking Industry Architecture Network (BIAN)
Der im Jahr 2008 ins Leben gerufene Non-Profit-Zusammenschluss von etwa 60 Banken, Softwareanbietern und akademischen Einrichtungen zielt auf die gemeinsame Entwicklung fachlicher und technischer Bankmodule ab. Durch die anbieterübergreifende Definition derartiger Services (→Web Services) soll eine Reduktion der Wartungskosten, eine flexiblere Anpassung an Änderungen sowie die Auslagerung von Prozessen

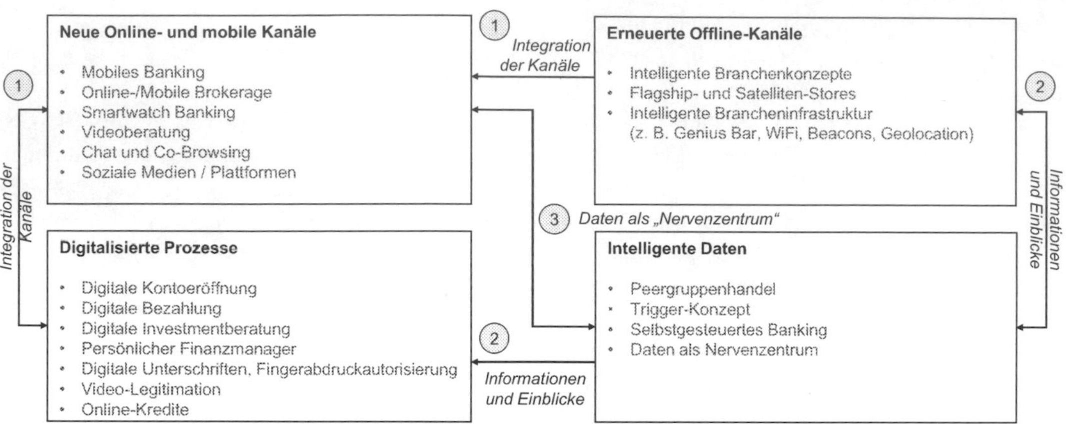

Abb. 7 Themenfelder im Banking 2.0

(→Outsourcing) im Banking erreichbar sein. Mittels vereinbarter Diensteschnittstellen (→API) sollen Applikationsfunktionalitäten unterschiedlicher Softwarehersteller und Diensteanbieter (→TPP) interoperabel gestaltet sein (→Open Banking). BIAN repräsentiert damit einen breit abgestützten Standard für bankfachliche Services, der gegenwärtig in der neunten Version (BIAN Service Landscape Version 9.0, Stand 10.2020) vorliegt und Module in den Bereichen Reference Data, Sales & Service, Operations & Execution, Risk & Compliance, Cross Product Operations sowie Business Support umfasst. Ein weiteres →Artefakt von BIAN ordnet die Services mit dem M4Bank-Modell entlang einer generischen Wertschöpfungskette im Bankenbereich und ist damit ähnlich aufgebaut wie das →Bankmodell.

Banking Innovation
Bezeichnet →Innovationen im Bankenbereich und lässt sich als Ausprägung des →Fintech-Begriffs für das bankfachliche Umfeld interpretieren. Gegenüber dem →Fintech-Begriff stehen die unterschiedlichen Facetten der →Innovation und weniger der →Start-up-Charakter der Unternehmen im Vordergrund. Zur Strukturierung der Banking Innovations bieten sich die Objekte der Innovation sowie die in der →Wirtschaftsinformatik etablierten Gestaltungsebenen (z. B. Strategie, Organisation, Informationssystem) an. Eine Übersicht mit exemplarischen Banking Innovations zeigt Tab. 1 im Stichwort →Innovation.

Banking of Things (BoT)
Bezeichnet die Verknüpfung von →IoT-Technologien mit bankfachlichen Prozessen. Dies ist beispielsweise der Fall, wenn Maschinen zur Bestellung von Ersatz- oder Wartungsteilen mit Bestell- und Bezahlfunktionen verbunden sind und Banken damit auch Dienstleistungen zur Bewirtschaftung der Maschinen (z. B. Kalkulation des Wiederbeschaffungszeitpunkts, Abschreibungen) erbringen können. Ähnliche Dienstleistungen sind mit der Verbreitung von →Wearables auch im Konsumentenbereich vorstellbar und könnten etwa zu Kooperationen von Banken mit Gesundheitsanbietern führen. Ebenso sind weitere strategische Geschäftsfelder, wie etwa im Bereich einer sicheren Verwahrung personenbezogener Daten (→IDM), für Banken möglich.

Bankleitzahl (BLZ)
Im Jahre 1970 von der Deutschen Bundesbank initiierte Identifikationsnummer für Banken und Kreditinstitute in Deutschland. Sie besteht aus acht numerischen Stellen in Deutschland und in einer Variante mit fünf numerischen Stellen auch in Österreich. Seit der Einführung von →SEPA bildet die BLZ einen Bestandteil der →IBAN. Die ersten drei Ziffern der in Abb. 8 dargestellten BLZ kennzeichnen die Ortsnummer mit einer regionalen Kennung in den nach Bundesländern organisierten acht Clearing-Gebieten in Deutschland. Die vierte Ziffer spezifiziert die Zugehörigkeit zu einer bestimmten Bankengruppe

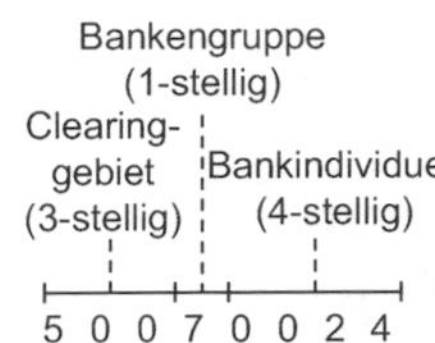

Abb. 8 Aufbau der Bankleitzahl

(z. B. Bundesbank, Sparkassen, Volksbanken, Privatbanken) und die verbleibenden vier Stellen belegen die jeweiligen Institute individuell. Abb. 8 zeigt die BLZ für die Deutsche Bank mit Sitz in Hessen (Clearing-Gebiet 500 für Frankfurt am Main) und der Bankengruppe (7 für Deutsche Bank und Tochterinstitute).

Banklizenz

Diese Zertifizierung durch die →BaFin regelt die Zulassung von Banken und Finanzdienstleistern sowie von Zahlungs- und E-Geldinstituten. Während die Vollbanklizenz die Durchführung aller Bankengeschäfte umfasst, konzentriert sich die Teilbanklizenz nur auf bestimmte Aktivitäten wie etwa den Wertpapierhandel oder die Zahlungsabwicklung. Abhängig von den angebotenen Leistungen beurteilt die →BaFin, ob ein →Fintech-Unternehmen dafür eine schriftliche Erlaubnis benötigt. Die Erlaubnis zum Betreiben eines Einlagenkreditinstituts erteilt die Europäische Zentralbank (→EZB) in Abstimmung mit der →BaFin als nationaler Aufsichtsbehörde. Grundlage hierfür sind die §§ 32, 33 Kreditwesengesetz (KWG) in Verbindung mit Artikel 4 Abs. 1 der SSM-Verordnung (Single Supervisory Mechanism). →Fintech-Anbieter, wie etwa Revolut, illustrieren dabei den internationalen Charakter, da die →Smartphone-Bank über einen Sitz in Großbritannien und eine Banklizenz aus Litauen verfügt. Für →Start-up-Unternehmen im →Fintech-Bereich haben zudem einige Länder spezielle Lizenzen erarbeitet, die erleichterte Anforderungen vorsehen (z. B. die sog. Fintech-Bewilligung der Schweizerischen Finanzmarktaufsicht →Finma). Weitere Regulierungen existieren für →Kryptowährungen (z. B. die Anwendung der Geldwäsche-Richtlinie auf →digitale Währungen bzw. →Krypto-Verwahrgeschäfte in Deutschland seit 2020) oder →elektronisches Geld (z. B. die →E-Money-Richtlinie der EU).

Bankmodell

Das →Referenzmodell für Finanzdienstleister im Bankenbereich liefert eine prozessorientierte Sicht auf sämtliche Funktionsbereiche von Universal- und Privatbanken (Abweichungen finden sich bei Investmentbanken). Es zeigt in der horizontalen Dimension die Geschäftsbereiche einer Bank (Zahlungs-, Anlage und Kreditgeschäft) und in der vertikalen Dimension die Führungs-, Leistungs- und Unterstützungsprozesse (s. Abb. 9). Leistungsprozesse wiederum bestehen aus Vertriebsprozessen einerseits und Transaktionsprozessen andererseits, wobei sich letztere in die eigentliche Transaktionsabwicklung sowie transaktionsbezogene und transaktionsübergreifende Prozessbereiche weiter untergliedern lassen. Insbesondere bei der Transaktionsabwicklung und den transaktionsbezogenen Prozessen ergeben sich Unterschiede entlang der horizontalen Geschäftsbereiche, sodass Prozessvarianten entstehen, die sich wiederum in detaillierten (Referenz-)Prozessmodellen (z. B. in BPMN-Notation) konkretisieren lassen. Im Bereich „Zahlen" unterscheiden sich beispielsweise die Abläufe nach den Varianten →elektronischer Zahlungen, z. B., ob es sich um eine Kartenzahlung oder eine Überweisung bzw. einen Zahlungsauftrag handelt. In ähnlicher Form finden sich im Anlagebereich Prozessvarianten für die unterschiedlichen Anlageinstrumente, wie etwa Fonds, Derivate oder Devisen. Insgesamt existieren aus Sicht von →Fintech-Unternehmen mehrere Optionen zum Einsatz des Bankmodells: (1) Zur Bestimmung der eigenen Marktleistungen, da ein fokussiertes und standardisiertes Leistungsangebot zu den Kernmerkmalen von →Fintech-Unternehmen zählt, (2) als Grundlage der Leistungsabstimmung mit Partnern im Netzwerk (→Ökosystem), (3) zur Abgrenzung von Angeboten im Markt im Sinne eines Benchmarkings, (4) zur Entwicklung von Vorgaben für die Prozessvarianten auf Basis der detaillierteren (den Prozessvarianten zugrundeliegenden) Referenzprozessen sowie (5) zur fachlichen Einordnung von →Anwendungssystemen bzw. →Apps im

Prozesse	Wertschöpfungskette	Kundenprozesse: Zahlen	Anlegen	Finanzieren
Führungsprozesse	Planung, Steuerung und Kontrolle	Planung und Unternehmenssteuerung		
		Partner-, Service-, Architektur- und Transformationsmanagement		
		Kanalmanagement und Vertriebssteuerung		
		Risikomanagement und Controlling		
		Problem- und Ausnahmemanagement		
Vertriebsprozesse	Information	Informationen für den Kunden (KID)		
	Kontakt	Kontaktvorbereitung, -planung und -aufnahme		
	Beratung	Zahlungsverkehrsberatung	Anlageberatung	Finanzierungsberatung
	Angebot	Angebotserstellung, -anpassung, -annahme und -ablehnung		
	Abschluss	Vertragsunterzeichnung		
	Pflege	Monitoring der Umsetzung und Ermittlung Handlungsbedarf		
Ausführung/ Abwicklung	Initialisierung, Erfassung, Prüfung, Freigabe, Verarbeitung	Zahlungsauftrag (Bar und Giro); Dauerauftrag und Stammliste; Datenträger-austausch; Lastschrift-verfahren; Karten (Kredit und Debit); Electroinc Bill Present-ment and Payment; Scheck	Beteiligungs-papiere; Zinspapiere; Fonds (eigene und fremde); Derivate, struk-turierte Produkte; Edelmetalle; Geldmarkt; Devisen; Titeltransfer	Privatfinanzierungen und Leasing; Baukredite; Hypotheken; Lombardkredite; Unternehmens-finanzierung; Betriebs- und Investitionskredite; Verpflichtungskredite
Transaktionsbezogene Prozesse	Überwachung / Monitoring	Zahlungsverkehr-Überwachung	Wertpapier-Überwachung	Kredit-Überwachung
	Bewirtschaftung	Bestandsabgleich / Kontenabstimmung	Bestandsabgleich / Kontenabstimmung	Kommission / Zinsbelastung
	Transaktionen		Verwaltungshandlungen	Rückzahlung
	Behandlung Ausnahmen	Berichtigungen / Ermittlungen	Berichtigungen / Ermittlungen	Berichtigungen / Ermittlungen
Transaktionsübergreifende Prozesse	Kunden-/Kto-/Depotführung	Eröffnung, Bewirtschaftung, Saldierung, Research (z. B. nachrichtenlose Vermögen)		
	Produktentwicklung	Partneradministration (Depotstellen, Finanzdatenanbieter, Korrespondenzbanken, Gegenparteien)		
	Produktstammpflege	ZV-Produktentwicklung	Wertpapier-Produktentwicklung	Kredit-Produktentwicklung
		Zahlungsverkehr-Gebührenpflege	Wertpapier-Gebührenpflege	Kredit-Gebührenpflege
			Valorenstammpflege	Bewirtschaften Sicherheiten
			Gesamtobligo-Überwachung	Kreditrisiken & notleidende Kredite
	Risikomanagement	Liquiditäts-Management (Liquiditätsplanung, Repo- bzw. Rückkaufgeschäft, Refinanzierung, Wertpapierdarlehen etc.)		
	Interne Überwachung	Bankeigene, gesetzliche und aufsichtsrechtliche Weisungen / Compliance		
	Kundenberichte	Kundenoutput (Depot-, Kontoauszüge, Performanceausweise, etc.)		
	Übergreifende fachliche Prozesse		Portfoliomanagement	Kredit-Portfoliomanagement
		Analyse und Research (Wertpapiere, Branchen, Volkswirtschaften, Finanzmärkte)		
		Finanzplanung, Steuerberatung etc. für natürliche Personen		
		Unternehmensbewertung, Nachfolgeregelungen, Finanzplanung etc. für juristische Personen		
Unterstützungsprozesse	Personalwesen (HR)	Administration, Lohnbuchhaltung, Arbeitszeitverwaltung, Mitarbeiterentwicklung etc.		
	Rechnungswesen	Erfolgsrechnung, Buchhaltung, Eigenhandel (Nostro, Market Maker), Besteuerung / Gebühren etc.		
	Marketing	Aussenauftritt (Broschüren, Muster, Kampagnen etc.)		
	Dokumenten-Management	Vorlagen, Archivierung etc.		
	Management-Information	Kennzahlen, Auswertungen, internes Reporting		
	Legal Reporting	Externes Berichtswesen (Nationalbank, Börsen, Aufsicht, EU-Zinsbesteuerung etc.)		
	Beschaffung	Büromaterial, Software, Hardware etc.		
	Informationstechnologie (IT)	Betrieb und Entwicklung IT-Infrastruktur und Anwendungssysteme		
	Sicherheit logisch/physisch	Berechtigungen, Infrastrukturüberwachung		

Abb. 9 Referenzbankmodell (s. Alt und Zerndt 2020, S. 234)

Rahmen einer Gesamtarchitektur (→Kernbankensystem, →Architektur 4.0). Ein ähnliches Bankmodell bildet jenes der M4Bank von →BIAN.

Basic Bank Account Number (BBAN)

Die BBAN definiert den Rahmen für eine internationale Kontonummer, die landesspezifisch ausgeprägt ist und bis zu 30 Stellen umfassen kann. Sie findet sowohl auf europäischer Ebene in der →IBAN als auch darüber hinaus im →SWIFT-System Anwendung. Typische Bestandteile sind eine Kennung für die Bank mit Filialen und eine Kontonummer bei diesen Instituten.

BATX

Abkürzung für Baidu, Alibaba, Tencent und Xiaomi, die als größte Unternehmen der Digitalwirtschaft in China auch mit Dienstleistungen in der Finanzwirtschaft tätig sind. Zu den bekannten →digitalen Plattformen gehören Alibaba mit →Alipay, Baidu mit Baidu Wallet sowie Tencent mit →WeChat Pay und TenPay. Die digitalen Finanzdienstleistungen sind teilweise bereits fortgeschritten. So zeichnet sich →WeChat Pay durch eine hohe Integration der Zahlungsfunktionalitäten mit den übrigen auf der →Plattform angebotenen Leistungen (→Services) im Sinne einer Kopplung von primärem und sekundärem Wertschöpfungsprozess (→E-Commerce) aus. →Alipay bietet neben der (mobilen) Bezahlfunktion auch Kredite, Versicherungen sowie Vermögensverwaltungs-Dienstleistungen an.

Beacon

Dabei handelt es sich um kleine Sender oder Empfänger, welche die →Bluetooth-Low-Energy-Technologie zur drahtlosen Kommunikation verwenden und beim Hersteller Apple als iBeacons bekannt sind. Beacons können beispielsweise in einer Bank positioniert sein und Kunden bei Betreten der Bank Angebote auf ihr Endgerät schicken. Ebenso verwendet PayPal die Technologie für berührungslose →elektronische Zahlungen in Geschäften.

Best-of-Breed

Bezeichnet bei IT-Architekturen den Einsatz mehrerer eigenständiger Applikationen, die häufig auch von unterschiedlichen Anbietern stammen. Im Gegensatz zu einem integrierten →Kernbankensystem von einem Hersteller erreichen Finanzdienstleister beim Best-of-Breed-Vorgehen die →Kernbankenfunktionalität durch das Verbinden der einzelnen Produkte, die aufgrund ihrer Spezialisierung häufig eine umfassendere Funktionalität besitzen. Bei Banken stammen bei Best-of-Breed-Architekturen beispielsweise die Frontend-Applikationen von einem anderen Hersteller als die Backend-Applikationen. Letztere können wiederum nach den Funktionen (z. B. Zahlungsverkehrs-, Anlage-, Kreditgeschäft) unterschiedliche Herkunft besitzen. Initiativen wie →BIAN und →Open Banking unterstützen mit der Standardisierung von Funktionen und Schnittstellen (→API) die Realisierung von Best-of-Breed-Architekturen.

Betriebssystem

Ein Betriebs- oder →Operating-System bildet die Schnittstelle zwischen einem Benutzer bzw. einer Anwendungssoftware (→Anwendungssystem) einerseits und der Hardware (z. B. Desktop, Smartphone, →Wearable) andererseits. Es umfasst alle Programme eines Computersystems, die den Betrieb des Systems steuern und überwachen. Es besteht in der Regel aus einer Kernkomponente (Kernel), welche die Hardware des Computers verwaltet, sowie aus grundlegenden Systemprogrammen, die dem Start des Betriebssystems und dessen Konfiguration dienen. Betriebssysteme wie Linux, MacOS oder Windows, die auf Personal Computern die Schnittstelle zwischen →Anwendungssystem und Hardware bilden, sind ebenso als Grundlage zum Betrieb von →Blockchain-Frameworks geeignet wie teilweise auch die Betriebssysteme für mobile Geräte wie Android und IOS. In jüngster Zeit haben sich daneben spezifische →Blockchain-Betriebssysteme wie etwa Consensys Codefi, →Eos oder →Libertyos herausgebildet, die sich als dezentrale Betriebssysteme bezeichnen und Funktionen wie die Unterstützung von →Token (z. B. dem Liberty Token) bzw. →Kryptowährungen sowie zahlreicher →Wallets bereits mitbringen.

Big Data

Der Begriff greift die mit der →Digitalisierung stark gestiegene und mittlerweile schwer überschaubare Menge an strukturierten, halbstrukturierten und unstrukturierten Daten auf. Daten als zunächst begriffsleere Zeichen und Symbole haben das Potenzial, in einem Verwendungskontext einen Nutzen zu erzeugen, z. B. für die Bewertung von Kundenverhalten und -zufriedenheit oder von Marktentwicklungen. Die wesentliche Herausforderung von Big Data ist es, aus der großen Anzahl (Volume) heterogener (Variety) und in schneller Folge entstehender (Velocity) Daten die für den jeweiligen Anwendungszweck notwendigen Daten zu extrahieren und aufzubereiten. Aus diesem Grund sind neben der performanten Datenhaltung großer Datenmengen (in sog. Data Lakes) auch die Verfahren zur Auswertung (Analytics) von Bedeutung. Im Finanzbereich finden sich zahlreiche Einsatzfelder von Big Data, etwa das Erkennen von Betrugsfällen, die Auswertung von Kundenmeinungen oder die Risikobewertung im Kreditgeschäft. Zu berücksichtigen sind jeweils die Regeln und Grenzen des Datenschutzes, die mit der Datenschutzgrundverordnung eine strikte Bindung an einen Verwendungszweck und für die Auswertung eine Zustimmung (→Opt-in) des Betroffenen erfordert.

Big Tech

Bezeichnet die großen Technologiekonzerne (→BATX, →GAFA), die mittels ihrer digitalen Infrastrukturen als Basis für elektronische Dienstleistungen in verschiedenen Branchen bieten. So ist beispielsweise die zunächst als virtueller Buchhändler initiierte Amazon-Plattform mittlerweile für zahlreiche weitere Produkte im Einsatz, wobei Teile dieser Infrastruktur als Amazon Web Services (AWS) wiederum eigene Dienstleistungen darstellen. Ebenso setzt Facebook seine Social-Media-Plattform bereits seit einigen Jahren als →Plattform für sog. Facebook Shops ein. Die Finanzwirtschaft bildet bei Big Tech eine weitere Anwendungsdomäne für den Einsatz ihrer Infrastrukturen, sodass viele Big-Tech-Unternehmen auch Finanzdienstleistungen (z. B. im →Mobile Banking mit →Alipay, Amazon Pay, Apple Pay oder Google Pay) anbieten und sukzessive in weitere Finanzdienstleistungen wie etwa in das Anlage-, Kredit- und Versicherungsgeschäft vordringen bzw. Kooperationen mit bestehenden Anbietern (→Incumbent) suchen. Als wesentlicher Wettbewerbsvorteil von Big-Tech-Unternehmen gilt ihre →kritische Masse an Nutzern und die Erfahrung im Anbieten benutzerfreundlicher Lösungen.

Binance Coin
Im Jahr 2017 gegründete →Kryptowährung auf Basis der →Ethereum-Blockchain, um Zahlungen auf der →Kryptobörse Binance zu tätigen. Das auf der →ERC-20-Spezifikation aufbauende →Token BNB haben die Entwickler mittlerweile durch eine native →Coin der Binance Chain (BEP2) ergänzt.

Biometrics
Biometrische Verfahren, die individuelle biologische Körpermerkmale (Physis), wie Gesicht, Augen oder Fingerabdruck und/oder Verhaltensmerkmale, wie Unterschrift, Sprachmuster oder Tippverhalten einer Person zur →Identitätsprüfung von einem elektronischen Gerät oder System erfassen und aufzeichnen.

BiPRO
Vorgaben des Brancheninstituts für Prozessoptimierung (BiPRO) zu Abläufen im Versicherungsbereich. Die Standards liegen bislang in zwei Releases vor, wobei sich das erste mit grundlegenden Daten- und Prozessmodellen im Bereich der Sach-, Unfall- und Haftpflichtversicherungen (SUH) und das zweite mit Tarifierung, Angebot und Antrag von SUH, Lebens-, Kraftfahrzeug- und Krankenversicherungen befasst. Die BiPRO-Normen finden Einsatz bei der Strukturierung von Dokumenten für den →elektronischen Datenaustausch und bei der Definition von Prozessen mit entsprechenden elektronischen Modulen bzw. →Web Services.

Bitbond
Anbieter einer globalen Darlehensvermittlung für Selbstständige und Kleinunternehmer auf Basis der →Blockchain-Technologie. Die Abrechnung der Transaktionen erfolgt in →Bitcoin.

Bitcoin
Bitcoin ist die bekannteste Anwendung der →Blockchain-Technologie und eine der bedeutendsten →Kryptowährungen. Das System ist im Jahr 2008 entstanden, um Transaktionen dezentral ohne zentralen Knoten und Betreiber sicher zwischen Handelspartnern mit einem hohen Grad an Anonymität (→Pseudonymisierung) und elektronisch durchführen zu können. Dazu unterscheidet das Netzwerk zwischen Teilnehmer- und →Mining-Knoten. Letztere sind Teilnehmer, die über eine hohe Rechenleistung zur Lösung komplexer mathematischer Gleichungen verfügen. Diese dienen der Berechnung neuer Blöcke, in denen die im →PoW-Verfahren erfolgreichen →Miner die →Bitcoin-Transaktionen in der →Blockchain-Datenbank speichern und dafür →Bitcoins als Vergütung erhalten. Aufgrund der Begrenzung auf maximal 21 Millionen Bitcoins sind die →Coins ein knappes Gut (18,77 Millionen waren im Juli 2021 bereits „geschürft") und haben sich als Spekulationsobjekt etabliert. Die klassischen Geldfunktionen (Bezahlung, Wertaufbewahrung und Wertbemessung, →virtuelle Währung) erfüllen Bitcoins jedoch nur unvollständig. Zwar akzeptieren weltweit 23.009 Händler (online, →PoS) Bitcoins als Zahlungsmittel (https://coinmap.org, zugegriffen am 09.08.2021), jedoch hat Bitcoin damit gegenüber etablierten kartenbasierten Zahlungsverfahren, wie Visa oder Mastercard, noch wenig Bedeutung und kann daher nur eingeschränkt die Bezahlfunktion erfüllen. Allerdings ist seit dem Jahr 2020 mit der Aufnahme wichtiger →Kryptowährungen wie Bitcoin und →Ether

in →Zahlungsdienste wie PayPal und Klarna eine deutliche Verbesserung bei der Verwendung von Bitcoins als Zahlungsmittel eingetreten. Die Wertaufbewahrungsfunktion setzt eine Stabilität voraus, die aufgrund der hohen Volatilität des Bitcoin-Kurses nicht gegeben ist. So ist alleine im Zeitraum vom 16.02.2020 bis zum 16.02.2021 der Bitcoin-Kurs von ca. 9500 Euro auf 40.500 Euro gestiegen und hat dazwischen sowie seitdem (ca. 52.000 Euro im April 2021 und 25.000 Euro im Juli 2021) erhebliche Schwankungen erfahren. Wertanlagen sind daher mit deutlichen Risiken verbunden. Einschränkungen existieren ebenso bei der Wertbemessungsfunktion, da die Wertbemessung des Bitcoins jeweils anhand anderer (etablierter) Währungen erfolgt – ein Nachteil, dem →Stable Coins wie etwa →Diem oder →Tether entgegenwirken sollen. Wesentliche Kritik am Bitcoin-System hat zudem der aufgrund des →PoW-Konsensmechanismus hohe Energieverbrauch erfahren. So liegt nach Angaben des Cambridge Bitcoin Electricity Consumption Index (https://cbeci.org) der jährliche Stromverbrauch des Bitcoin-Netzwerks bei geschätzten 98,65 TWh (Stand 18.09.2021) und entspricht damit etwa einem Fünftel des gesamten Stromverbrauches in Deutschland aus dem Jahr 2020 (ca. 545 TWh lt. Statistischem Bundesamt). Weitere Kritikpunkte am Bitcoin-System, die auch Weiterentwicklungen (→Fork) und Alternativentwicklungen aufgegriffen haben, sind der aufgrund hoher Belastung starke Verschleiß der →Mining-Hardware und die geringe Leistungsfähigkeit des Systems bezogen auf das Transaktionsvolumen pro Sekunde (→TPS).

Bitcoin-Transaktion

Seit der ersten Bitcoin-Transaktion am 12. Januar 2009 haben diese Transaktionen ein großes Wachstum erfahren, das stark auf ihre Dezentralität zurückzuführen ist. Der →Bitcoin-Architektur zufolge finden sie ohne eine zentrale Stelle (typischerweise eine Geschäfts- oder eine Zentralbank) direkt zwischen den Nutzern (→P2P) statt und benötigen weder eine zentrale →Governance noch Intermediäre (→Intermediation) wie im gesetzlichen Zahlungsverkehr üblich. Zur Durchführung einer digitalen Transaktion mittels →Bitcoin kommt das →asymmetrische Verschlüsselungsverfahren zum Einsatz. Dabei benötigt jeder Netzwerkteilnehmer eine Adresse, die einer traditionellen Kontonummer (z. B. →IBAN) oder persönlichen Identifikation (z. B. →KYC) entspricht, jedoch gegenüber den traditionellen Lösungen die Anonymität der Kontoinhaber sicherstellt und – zumindest solange keine →Plattformen, wie etwa →Kryptobörsen, eine Verbindung zu offiziellen Währungen herstellen – keine direkten Rückschlüsse auf die Identitäten der Nutzer erlaubt (→Pseudonymisierung). Die →Bitcoin-Adresse besteht aus einem öffentlichen Schlüssel (→Public Key), der kryptografisch mit einem privaten Schlüssel (→Private Key) übereinstimmen muss. Das Signieren einer Transaktion erfolgt mittels des privaten Schlüssels und die Überprüfung anhand des öffentlichen Schlüssels. Ein Beispiel illustriert den Ablauf einer →Bitcoin-Transaktion (s. Abb. 10):

1. Nutzer 1 generiert mithilfe seiner →Wallet eine Adresse, auf die Nutzerin 2 →Bitcoins in Höhe des Kaufpreises transferieren soll. Bei der Erstellung einer neuen Adresse entstehen ein öffentlicher (→Public Key) und ein privater Schlüssel (→Private Key), die mathematisch miteinander verbunden sind (→Asymmetrische Verschlüsselung). Der private Schlüssel ist nur Nutzer 1 bekannt (wie eine PIN). Der öffentliche Schlüssel dient sowohl als Adresse als auch zur Verifizierung einer Transaktion.
2. Nutzerin 2 erhält die Adresse in Form eines →QR-Codes, scannt den Code mit ihrem Mobilgerät und erteil den Befehl, →Bitcoins von ihrer →Wallet in die →Wallet von Nutzer 1 zu transferieren. Nutzerin 2 bestätigt die Eingabe mit ihrem privaten Schlüssel.
3. Rechnerknoten (→Nodes) verbreiten die Transaktionen über das Netzwerk (→Gossip) und verwenden dabei den →Public Key, um zu verifizieren, dass Nutzerin 2 die Transaktion durchführen darf, d. h. ob ausreichend Deckung zur Durchführung der Transaktion in ihrer →Wallet zur Verfügung steht und um ein →Double Spending zu vermeiden.

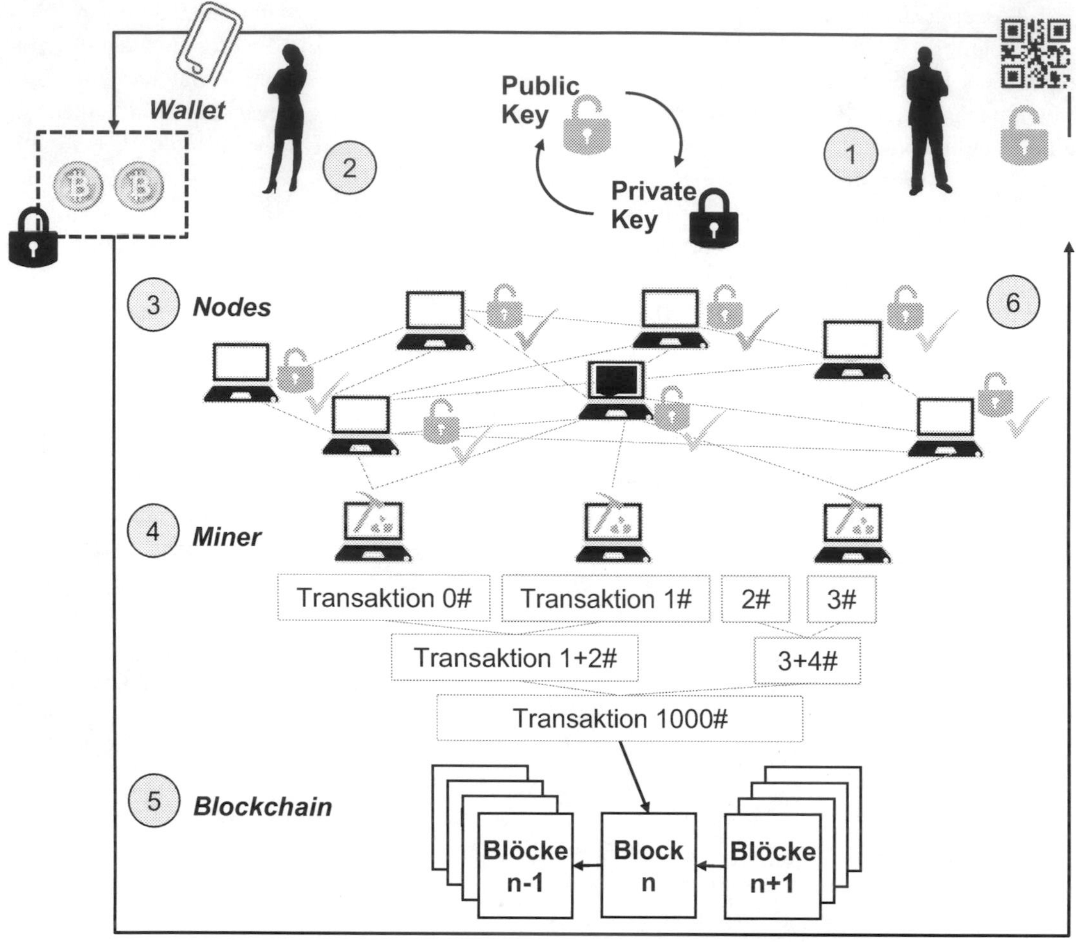

Abb. 10 Beispielhafter Ablauf einer Bitcoin-Transaktion in sechs Schritten (in Anlehnung an Capgemini 2020)

4. Miner verwandeln als spezialisierte Rechnerknoten die Transaktion in eine →Hashfunktion, die sie mit weiteren Transaktionen in einem Block verbinden. Ein Block umfasst ca. 1000 Transaktionen (Limit ist 1 MB) und dauert ca. zehn Minuten zur Erstellung. Anfang August 2021 bestand die →Bitcoin-Blockchain aus 694.957 Blöcken (https://www.bitinfocharts.com/bitcoin, zugegriffen am 09.08.2021).
5. Der im →PoW erfolgreiche →Miner kann einen neuen Block an die bestehende →Blockchain anfügen und erhält derzeit 25 neue Bitcoins (Gewinn halbiert sich alle 210.000 Blocks, →Halving) sowie einer vom Kunden selbst variierbaren Transaktionsgebühr.
6. Die →Nodes speichern die aktualisierte Version der →Blockchain ab, womit die Transaktion abgeschlossen ist. Gegenüber klassischen Zahlungsverkehrssystemen sind Bitcoin-Transaktionen daher deutlich schneller, da etwa eine Transaktion im Euro-Raum gegenwärtig einen Tag und außerhalb sogar mehrere Tage benötigt.

Bitcoin Cash (BCC/BCH)
Abspaltung (→Hard Fork) der →Kryptowährung →Bitcoin seit dem 01.08.2017. Im März 2020 war Bitcoin Cash nach →Bitcoin und →Ethereum, →Xrp und →Tether die fünftgrößte →Kryptowährung, ist jedoch mit Platz 12 im August 2021 hinter neuere →Kryptowährungen wie

→Polkadot oder →USD Chain zurückgefallen. Ziel der Abspaltung war die Erhöhung der Blockgröße von 1 MB auf 8 MB und später auf 32 MB.

Bitcoin Improvement Proposal (BIP)
Bezeichnet das Vorgehen bei Verbesserungsvorschlägen für die →Bitcoin-Blockchain. Dabei kann es sich um Vorschläge zur Veränderung des (→Protokolls bzw. der Kommunikationsregeln) und der Software (→Fork) ebenso wie um Veränderungen des BIP selbst handeln. Wie bei →Open-Source-Software üblich, gelangen Vorschläge von Entwicklern in die Communities, die sie diskutiert, weiterentwickelt und darüber entscheidet. So waren beispielsweise die Einführung des →Mempool in BIP 35 und maßgebliche Teile des →Lightning Network in BIP 112 enthalten, während die auf eine Beschleunigung des Konsensprozesses und auf Verbesserungen im Datenschutz abzielende Taproot-Erweiterung ein jüngeres BIP darstellt.

Bitcoin SV (BSV)
Abspaltung (→Hard Fork) der →Kryptowährung →Bitcoin seit 15.11.2018. Ziel war es, gegenüber →Bitcoin Cash zum ursprünglichen →Bitcoin-Protokoll zurückzukehren, wobei sich jedoch die mögliche Größe der Blöcke in der Datenbank (bislang 1MB) auf 128 MB erhöht hat.

Bittorrent
Das Bittorrent-Protokoll bezeichnet ein Datenzugriffs- bzw. Filesharing-Verfahren im Internet bzw.aufBasisderTCP/IP-Übertragungsprotokolle (→Protokoll), das aufgrund seiner Geschwindigkeiten bei der Verteilung großer Datenmengen zum Up- und Download zum Einsatz kommt. Dabei basiert Bittorrent auf dem →P2P-Prinzip, d. h., die Inhalte sind nicht auf Servern, sondern nur auf den dezentralen Clients gespeichert. Zwar besteht eine Transparenz der Teilnehmer aufgrund der Internetadressen, jedoch lassen sich diese mittels Technologien wie Virtual Private Networks (VPN) beeinflussen. Neben der Distribution großer Software finden sich auch zahlreiche Fälle für die illegale Verteilung von Inhalten. Mit der →Tokenisierung sollten Bittorrent-Clients auch Funktionalitäten zum Kaufen und Schürfen von →Token (z. B. bei der →Kryptowährung →Tron, die Bittorrent im Jahr 2018 übernommen hat) erhalten.

Block Directed Acyclic Graph (blockDAG)
Ausprägung einer →DAG, welche auf der graphenbasierten Vernetzung von Blöcken beruht.

Block Reward
Bezeichnet in →Kryptowährungen mit dem Proof-of-Work-Konsensverfahren (→PoW) die Gegenleistung an →Miner für neu geschaffene Blöcke. Beispielsweise erhalten im →Bitcoin-System die erfolgreichen →Miner für das Errechnen eines neuen Blocks einen Betrag an →Bitcoins als Block Reward, der sich allerdings alle 210.000 Blöcke halbiert (→Halving). Abhängig vom aktuellen →Bitcoin-Kurs kann die auch als →Bounty bezeichnete Vergütung mehrere hunderttausend Euro betragen. Dies wiederum bildet die ökonomische Rechtfertigung für die erheblichen Investitionen in die Recheninfrastruktur der Miningfarmen.

Blockchain
Dezentrale verteilte Datenbanktechnologie (→DLT), die seit 2008 mit der →Kryptowährung →Bitcoin große Bekanntheit und Verbreitung erfahren hat. Kernidee der Blockchain-Technologie ist, dass sie Transaktionen in Blöcken zusammenfasst und diese in allen Datenbank-Knoten (→Node) kontinuierlich fortschreibt. An jedem Netzwerkknoten ist damit eine Kopie des Datenbestandes gespeichert, die das Blockchain-System analog einem Datenbank-Managementsystem laufend aktuell bzw. synchronisiert hält. Der Name „Blockchain“ geht auf die Organisation der Daten in der Datenbank zurück, die in verknüpften Blöcken erfolgt. Dabei sind in einem Block mehrere Transaktionen enthalten, die mittels kryptografischer Verfahren verschlüsselt und in der Datenbank permanent sowie öffentlich sichtbar gespeichert sind. Ausgehend vom ersten Block (→Genesis-Block) verweist jeder Block auf seinen Vorgänger und dieser wieder auf seinen Vor-

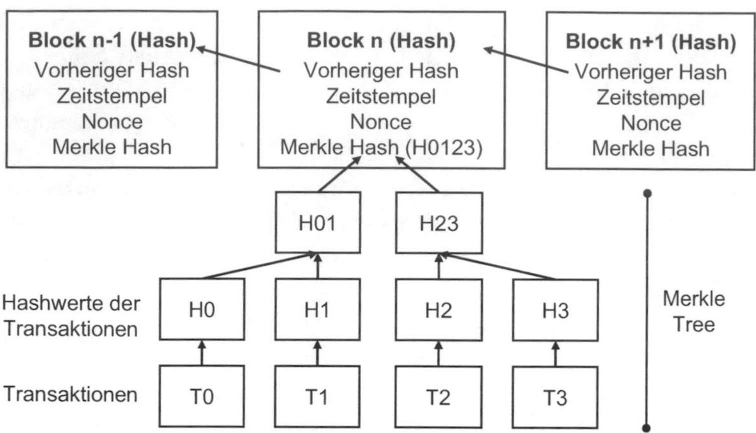

Abb. 11 Verkettung der Datenblöcke in der Blockchain (in Anlehnung an Hellwig et al. 2020, S. 17)

gänger (s. Abb. 11). Ein Block ist durch einen →Hashwert identifiziert, der sich aus dem →Hashwert des vorherigen Blocks, einem Zeitstempel, dem →Hashwert des →Merkle-Tree und dem →Nonce zusammensetzt. Er hat abhängig von der →Kryptowährung unterschiedliche Größen, z. B. 1 MB beim ursprünglichen Bitcoin-System (entspricht ca. 2500 Transaktionen) und 128 MB beim →Bitcoin-SV-System. Hintergrund der Zusammenfassung von Transaktionen in Blöcken ist mit dem →Konsensmechanismus verbunden, wonach über die Hälfte der Knoten neu generierten Blöcken zustimmen müssen. Nachdem dies mit Kommunikations- und abhängig vom gewählten Mechanismus auch mit Rechenaufwand verbunden ist, erfolgt dies nicht einzeln für jede Transaktion, sondern für ein Set (bzw. einen Block) von Transaktionen. Im Zahlungsverkehr bedeutet dies, dass die verteilten Datenbanken zumindest im ursprünglichen Verfahren stets alle Transaktionen umfassen und diese öffentlich verfügbar sind. Allerdings sind Zahlungspflichtige und -empfänger nur mit ihrer →Hash-Adresse ersichtlich, sodass →Blockchain-Zahlungen zwar transparent und unverändert, aber auch mit einem hohen Grad an Anonymität (→Pseudonymisierung) erfolgen. Sobald zwischen zwei Personen eine neue Zahlungstransaktion stattfindet, aktualisiert sich die Datenbank bei allen anderen Teilnehmern um diese neuen Transaktionen, auch wenn die Teilnehmer nicht direkt an der Transaktion beteiligt waren. Dadurch sind Transaktionen im gesamten Zahlungsnetzwerk aller involvierten Akteure zu jedem Zeitpunkt transparent. Mittlerweile sind zahlreiche Arten von →Blockchain-Frameworks entstanden, die sich u. a. bezüglich des →Konsensmechanismus, der Teilnehmer (→Permissioned Blockchain, →Public Blockchain), der Datenorganisation (→Datenstruktur) oder der Dezentralität (→Masternode) unterscheiden.

Blockchain-as-a-Service (BaaS)
Nach dem Prinzip des →Cloud Computing gegen Gebühr bereitgestellte →Blockchain-Infrastruktur. BaaS setzt auf dem →Software-as-a-Service-Modell auf und umfasst die technische Infrastruktur zum Betrieb der →Blockchain sowie die Software eines →Blockchain- bzw. DLT-Frameworks (z. B. →Ethereum). Der Vorteil liegt darin, dass Anwender dadurch keine technische Einrichtung vornehmen oder Lizenzfragen klären müssen und unmittelbar →Blockchain-Lösungen „Out-of-the-Box" realisieren können. Anbieter von BaaS-Lösungen sind Alibaba, Amazon, IBM, Microsoft, Oracle, SAP oder →R3.

Blockchain Framework
Bezeichnet die Architektur einer bestimmten →Blockchain-Technologie, die aus verschiedenen aufeinander abgestimmten Komponenten (z. B. →Konsensmechanismus, Datenspeicherung, →Authentisierung, →Entwicklungsumgebung) besteht. Gegenüber dem Begriff der →Kryptowährung ist der Framework-Begriff breiter gefasst und geht über den Einsatz von →Blockchain- bzw. →DLT-Technologien als →virtuelle Währung hinaus (z. B. als Infrastruktur für →digitale Plattformen

oder für das →Identitätsmanagement). Dem Prinzip der Standardsoftware folgend, liefert ein Blockchain-Framework diese Komponenten als Ausgangsbasis für die Entwicklung angepasster Lösungen, wie sie sich insbesondere im Kontext von →Enterprise Blockchains finden. →Kryptowährungen, die als Blockchain-Frameworks gelten, sind →Bitcoin, →Cardano, →Corda, →Eos, →Ethereum, →Hyperledger, →Iota, →Nem oder →Ripple.

Blockchain Sharding
Das Sharding bezeichnet ein Aufteilen von Datenbanken, um dadurch Bedarfe an Speicherplatz und Abfrageleistung zu verteilen. Im Umfeld der →Blockchain-Technologien verfolgt beispielsweise →Ethereum diese Technik mit den Ethereum Shards und bezweckt damit, dass einzelne Knoten (→Node) nur einen Teil der Transaktionen verarbeiten und dadurch die Leistungsfähigkeit des Gesamtsystems steigt.

Blockchain Split
Die ursprünglich für den →Distributed Ledger von →Bitcoin entstandene →Blockchain-Technologie hat durch ihren →Open-Source-Charakter zahlreiche Weiterentwicklungen erfahren, die auf die unterschiedlichen Anforderungen in den einzelnen Anwendungszwecken zurückgehen. Damit sind sog. →Altcoins und Gabelungen (→Fork) entstanden, wobei sich letztere in weiche (→Soft Fork) und harte (→Hard Fork) unterteilen lassen.

Blockchain x.0
Mit den Versionsnummern sind unterschiedliche Funktionalitäten und Ausbaustufen von →Blockchain Frameworks verbunden, deren Begriffsinhalte jedoch mit steigenden Versionsnummern abhängig von den Quellen bzw. Autoren variieren. Den Ausgangspunkt bilden bei Blockchain 1.0 die ursprünglichen Frameworks mit →Bitcoin, die eine verteilte Datenbank (→Distributed Ledger), eine →Kryptowährung und einen damit verbundenen →Konsensmechanismus (z. B. →PoW) umfassen. Bei Blockchain 2.0 ist mit den erweiterten Funktionalitäten durch →Smart Contracts und →DApps eine Ausweitung auf Anwendungen außerhalb des Finanzbereiches hinzugekommen. Bekannteste Beispiele sind →Ethereum und →Corda. Blockchain 3.0 schließlich kennzeichnet die Ausdifferenzierung von →Distributed-Ledger-Technologien mit Virtualisierungs- und Integrationsfunktionalitäten (z. B. →Blockchain-as-a-Service, →Interoperabilität) sowie die umfassende →Tokenisierung. Zu den Beispielen zählen →Cardano, →Hyperledger, →Iota oder →Tezos. Auch Weiterentwicklungen von →Ethereum (z. B. →EEA, →ERC-20-Token) zielen auf das Blockchain-3.0-Gebiet. Teilweise finden sich weitere Versionsnummern, welche eine stärkere Ausweitung für produktive wirtschaftliche Anwendungen (z. B. höhere →TPS, leistungsfähigere →DApps) für →Kernbankenanwendungen und →Ökosysteme wie im →Open-Banking-Umfeld bezeichnen.

Blocklet
Vorgefertigte und in Bibliotheken abgelegte modulare Programmbausteine zur effizienten Erstellung von →DApps. Durch die Ausrichtung auf bestimmte →DLT-Plattformen ist jedoch die →Interoperabilität eingeschränkt.

Bluetooth Low Energy (BLE)
Funktechnik zur Datenübertragung über Kurzdistanzen (< 10 Meter), die in zahlreichen gängigen Smartphones von Apple oder Samsung verbaut ist und dadurch eine große Verbreitung erreicht hat. Der Vorteil von BLE gegenüber der klassischen Bluetooth-Technologie ist der geringere Energieverbrauch, etwa aufgrund einer geringen Distanz des Datenflusses (kürzere Transferstrecke). BLE gilt häufig als Alternative zu →NFC und kommt beispielsweise bei der Kommunikation mit →Beacons zum Einsatz, die etwa orts- und situationsspezifische Nachrichten (z. B. Aktionen, Wegweisungen) auf dem Endgerät auslösen können.

Bootstrapping
Während Bootstrapping in der Informatik einen Prozess beschreibt, bei dem eine Software das Starten weiterer Software veranlasst, bezeichnet es in der Gründerszene eine Finanzierungsart der Unternehmensgründung, die gänzlich ohne

Fremdfinanzierung und nur auf Eigenfinanzierung basiert. Bootstrapping stammt vom englischen Wort „Bootstrap“ (Stiefelriemen) und lehnt sich u. a. an die Geschichte des Barons von Münchhausen an, der sich in seinen Erzählungen selbst an den Haaren aus dem Sumpf zieht. Dementsprechend erfolgt der Unternehmensaufbau aus eigener Kraft ohne Fremdkapital.

Bot
Beschreibt einen →Roboter, um Aufgaben bzw. Prozessschritte zu automatisieren, die Nutzer zuvor manuell durchgeführt haben. Eine Form sind →Chatbots, die ohne menschliche Interaktion konkret auf Kundenanfragen antworten. Bots „robotisieren“ zwar einzelne Schritte, benötigen aber weiterhin modellierte Prozesse (z. B. in →Kernbanken- oder →Workflowsystemen), um gesamte Vorgänge zu digitalisieren. Künftig sind jedoch verstärkt selbstlernende Bots auf Basis von Techniken des Unsupervised Learning (→KI) zu erwarten.

Bounty
Bei →Kryptowährungen anzutreffender Begriff, der einerseits eine Vergütung für erfolgreiche Generierung von Datenfeldern (→Mining) als →Block Reward bezeichnet und sich andererseits im Rahmen von Anreizprogrammen, wie etwa bei →Kryptobörsen (z. B. →Binance), auch als Vergütung für eine aktive Nutzung dieser Dienste findet.

Bridge Finance
Zwischenfinanzierung eines Unternehmens in Privatbesitz bis zum Börsengang der Gesellschaft. Häufig handelt es sich um eine kurzfristige Form der Finanzierung, welche eine „Brücke“ zu einer zu diesem Zeitpunkt noch nicht verfügbaren längerfristigen Finanzierung schlägt. Anbieter sind traditionelle Banken ebenso wie →Crowdlending-Unternehmen.

Broker
Geschäftsmodell eines Intermediärs (→Intermediation), der zwischen Anbieter und Käufer vermittelt. Gegenüber den als eigenständigen Händlern agierenden →Aggregatoren nehmen Broker die Leistungen nicht in ihre eigenen Bücher, sondern berechnen eine Provision für die Vermittlung. Broker sind ein etabliertes Modell an Finanzbörsen (→elektronische Börse), indem sie Aufträge von Kunden an der Börse ausführen. Mit der →Digitalisierung haben sich Online-Broker etabliert (z. B. Consorsbank, Onvista) sowie →digitale Marktplätze mit Brokerfunktion, die den Leistungsvergleich zwischen konkurrierenden Anbietern ermöglichen (z. B. Check24, Verivox).

Bundesanstalt für Finanzdienstleistungsaufsicht (BaFin)
Die für Deutschland zuständige Aufsichtsbehörde im Finanzdienstleistungsbereich die Institute zulässt (→Banklizenz) und beaufsichtigt. Sie setzt sich auch mit der Prüfung von →Fintech-Initiativen und -Unternehmen auseinander bzw. damit, ob diese unter die Regulierung fallen und inwieweit bestehende Regulierungen zu erweitern und anzupassen sind. Stellungnahmen finden sich beispielsweise zu den verschiedenen Ausprägungen von →Blockchain, →Crowdfunding, →Robo-Advisory und →elektronischem Geld.

Business Analytics
Bezeichnet den Einsatz von →IT zur Entscheidungsunterstützung und umfasst einerseits *Verfahren zur Datenauswertung* und andererseits die dazu eingesetzten Technologien. Seitens der Verfahren existieren die Bereiche der deskriptiven Verfahren (Descriptive Analytics), die Vergangenheitsdaten untersuchen, der prädiktiven Verfahren (Predictive Analytics) zur Prognose künftiger Ereignisse sowie der präskriptiven Verfahren (Prescriptive Analytics), die auf Grundlage bekannter Parameter eine optimale oder beste Lösung unter verschiedenen zur Auswahl stehenden Alternativen ermitteln (s. Abb. 12). Andererseits umfasst Business Analytics zahlreiche *Technologien* zur Datenhaltung und -verarbeitung (→Big Data), zur Datenanalyse (z. B. Data Mining) sowie zur Datenvisualisierung (z. B. Cockpits, Dashboards). Teilweise gelten die deskriptiven Verfahren auch als Teil des seit längerem gebrauchten Begriffs der Business Intelligence (BI), jedoch findet sich

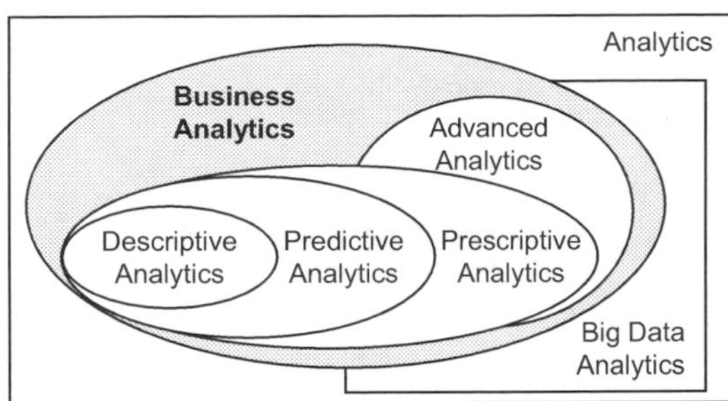

Abb. 12 Formen von Business Analytics (s. Gluchowski 2016, S. 277)

meist eine synonyme Verwendung von Business Analytics und BI. Zahlreiche →Fintech-Unternehmen verwenden Business Analytics als primären oder unterstützenden Bestandteil ihres →Geschäftsmodells. Zu den Beispielen zählen Bonitäts- und Kreditanalysen sowie die Analyse von Kontodaten im Personal Finance Management (→PFM).

Business Angel
Natürliche oder juristische Person, die in ein →Start-up bzw. →Fintech-Unternehmen investiert. Grundsätzlich stellen diese Anleger eher kleine Summen in →Seed- oder →Start-up-Phasen bereit, eher selten in späteren Phasen der Unternehmensentwicklung. Gegenüber →Wagniskapitalgebern messen Business Angels der Rentabilität keine oder eine geringere Bedeutung bei, insbesondere wenn es sich um Freunde oder Familienmitglieder handelt.

Business Case
Einen wichtigen Bestandteil eines →Business-Plans bildet der Business Case. Dieser konzentriert sich auf die Wirtschaftlichkeit eines Geschäftsvorhabens und konkretisiert insbesondere dessen erwartete finanzielle Entwicklung über mehrere Jahre bzw. Betrachtungsperioden für Investoren. Typische monetäre (Kosten-)Elemente sind die Aufwands-, Ertrags- und Rationalisierungsentwicklungen sowie nicht-monetäre (Nutzen-)Elemente wie die Risiko- und Potenzialbetrachtung. Für den Business Case treffen die →Start-up-Unternehmen dazu möglichst nachvollziehbare Annahmen, die zu unterschiedlich bewerteten Szenarios (z. B. Best-Case, Realistic Case, Worst Case) führen können. Gängige Metriken in Business Cases für →Fintech-Unternehmen sind die Anzahl aktiver Nutzer, der durchschnittliche Umsatz je Nutzer (→Average Revenue per User), die Einnahmequellen (z. B. aus Werbung und Transaktionsgebühren) sowie die Kosten für Betrieb (z. B. Personal, Softwareentwicklung, →IT-Betrieb) und Werbung.

Business Identifier Code (BIC)
Der zunächst als →Bank Identifier Code bekannte BIC ist ein von der →SWIFT eingeführter Identifikationsstandard für beteiligte Banken (SWIFT-Code), der seit dem Jahr 2008 in mittlerweile zwei Versionen (2009 und 2014) unter der Bezeichnung Business Identifier Code als →ISO-Standard 9362 firmiert. Mit dem BIC erhalten Banken weltweit einen einheitlichen Code, der im internationalen Zahlungsverkehr über das →SWIFT-Netzwerk zum Einsatz kommt und weitere Nummerierungssysteme wie etwa die →IBAN bei internationalen Zahlungen außerhalb des →SEPA-Raums ergänzt bzw. in einigen Ländern sogar ersetzt. Der BIC umfasst acht bis elf alphanumerische Stellen, abhängig davon, ob die optionale Filialkennung enthalten ist (s. Abb. 13).

Business Model
→Geschäftsmodell.

Business Model Canvas (BMC)
Dieses von zahlreichen Unternehmen für ihre Geschäftspläne (→Business Plan) angewendete

Abb. 13 Aufbau des BIC

Modell strukturiert Geschäftsmodelle nach neun Dimensionen (Kundensegmente, Nutzenversprechen, Kanäle, Kundenbeziehungen, Schlüsselressourcen, Kernaktivitäten, Schlüsselpartnerschaften, Erlösquellen, Kostenstruktur). Darin beschreiben Unternehmen mehrheitlich verbal die beabsichtigte Ausgestaltung und hinterfragen diese regelmäßig. Abb. 14 illustriert die Business Model Canvas am Beispiel des →Fintech-Unternehmens N26. Seit der Entwicklung der BMC mit der Dissertation von Alexander Osterwalder im Jahr 2004 haben zahlreiche Weiterentwicklungen stattgefunden. Dazu zählen die Unterstützung durch Tools wie etwa Strategyzer und inhaltliche Erweiterungen in Richtung →Smart Services bzw. →datengetriebener Dienste mit der Service Model Canvas sowie der Data-Driven Business Canvas (DDBC).

Business Plan
Kennzeichnet den Geschäftsplan eines Geschäftsvorhabens. Gegenüber dem →Business Case ist er breiter angelegt und umfasst die Darstellung von Unternehmensidee und -zielen sowie Konkretisierungen wie eine Marktanalyse und einen Marketing-, Produktions-, Personal- und Vertriebsplan. Üblicherweise beinhaltet der Business Plan auch den →Business Case im Sinne des Finanzplans. Ein Instrument zur Ableitung und Strukturierung von Geschäftsplänen bildet die →Business Model Canvas.

Business Process Outsourcing (BPO)
Bezug von Prozessleistungen von einem Dienstleister. BPO ist eine weitreichende Form des →Outsourcings, da es die Auslagerung betrieblicher Funktionen betrifft. Bei Finanzdienstleistern sind dies z. B. das Scannen physischer Dokumente, die Transaktionsabwicklung (→Transaktionsbank) oder administrative Prozesse wie Einkauf, Buchhaltung, Immobilienmanagement oder Personalabrechnung. Als Infrastruktur zur Zusammenarbeit mehrerer Akteure (→Collaboration) ist zu erwarten, dass →DLT-Technologien zur Effizienz von BPO-Kooperationen beitragen und neue Kooperationsmodelle ermöglichen.

Buy Now Pay Later (BNPL)
Prozessvariante in ökonomischen Transaktionen, die eine zeitlich nachgelagerte Zahlung vorsieht. Dies ist typischerweise bei Käufen auf Rechnung, bei Kreditkartenkäufen sowie bei Käufen auf Kredit der Fall. BNPL-Dienste (z. B. von Afterpay) sind zunehmend in →E-Commerce-Lösungen integriert, um dadurch verschiedenen Kundenbedürfnissen (→Customer Journey) entsprechen zu können.

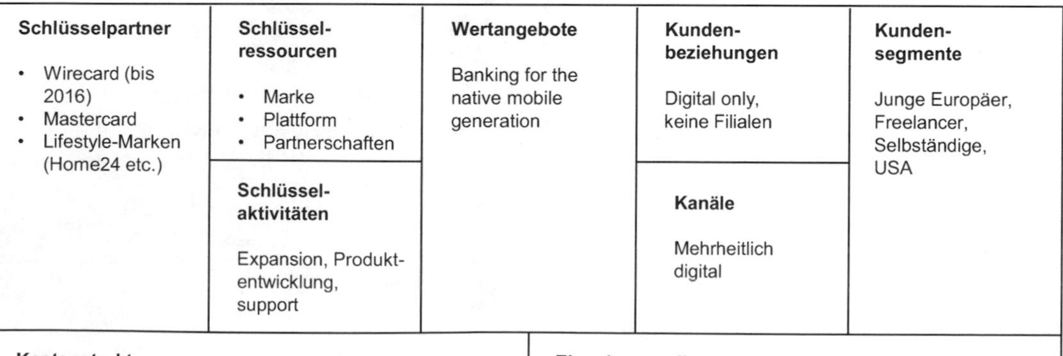

Abb. 14 Business Model Canvas am Beispiel N26 (übersetzt aus LumosBusiness 2019, Strategyzer.com)

Byzantinische Vereinbarung
Das Konzept der verteilten Einigung beruht auf der Geschichte der byzantinischen Generäle, die sich auf ein gemeinsames Vorgehen einigen müssen, dabei aber von Verrätern in den eigenen Reihen ausgehen müssen. Ein →Algorithmus hat sicherzustellen, dass die loyalen Generäle zur gleichen Entscheidung kommen und die illoyalen keine Fehlentscheidung bewirken können. Die Situation hat Eingang in die sichere Kommunikation unter mehreren beteiligten Partnern (z. B. Unternehmen, Rechnerknoten bzw. →Nodes) gefunden und zum →PBFT-Algorithmus geführt. Danach toleriert das Verfahren bis zu ein Drittel nicht vertrauenswürdiger (bzw. fehlerhafter) Netzwerkteilnehmer innerhalb einer definierten Menge an Teilnehmern, die sich vor der Entscheidung untereinander abstimmen bzw. vergewissern. Dies macht das Verfahren bei steigender Anzahl an Knoten rechenintensiv, d. h. die Laufzeit steigt mit jedem zusätzlichen Teilnehmer quadratisch. Im →Blockchain- bzw. →DLT-Umfeld haben daher →Konsensmechanismen wie →PoW oder →Proof-of-Stake eine größere Verbreitung zur Lösung des byzantinischen Vereinbarungsproblems erfahren als →PBFT.

Call Level
Bezeichnet die Marktbeobachtung von (Preis-) Entwicklungen auf verschiedenen Märkten (Aktien, Devisen, →Kryptowährungen, etc.). Ziel ist es, einen Zeitpunkt zum Kauf (Call) oder Verkauf (Put) von Produkten auf dem jeweiligen Markt zu identifizieren.

Cardano
Cardano ist eine →Kryptowährung, die zahlreiche Nachteile bestehender →Kryptowährungen (z. B. Interoperabilität, Sicherheit, →Skalierbarkeit) reduzieren möchte. Sie verfolgt einen offenen Ansatz (→Open Source), der eine Transparenz gegenüber den Teilnehmern und Regulatoren sicherstellen soll. Als →Coin kommt ADA zum Einsatz.

Cave Automatic Virtual Environment (CAVE)
Ein CAVE ist ein dreidimensionaler virtueller Raum, bestehend aus projektierten Wänden, Böden und Decken. Der Nutzer bewegt sich in diesem virtuellen Raum und kann seine Bewegungen mittels elektronischer Eingabe (z. B. Joystick oder Datenhandschuh) individuell steuern und sich über eine VR-Brille oder ein Head-up-Display (HuD) in der dreidimensionalen virtuellen Welt (→Metaverse) bewegen. CAVE-Systeme sind bereits seit längerem für Konstruktionsprozesse (z. B. in der Automobilindustrie und im Baugewerbe) im Einsatz und besitzen Potenzial für die virtuelle Kommunikation (z. B. Konferenzen, Produktpräsentationen), wie sie insbesondere in Dienstleistungsbereichen wie dem →Fintech-Bereich von Bedeutung ist.

Central Banks Digital Currency (CBDC)
Von Zentralbanken herausgegebene →virtuelle Währungen, die mit dem Aufkommen von →Kryptowährungen an Relevanz gewonnen haben. Es existieren zwei grundsätzliche Ausprägungen: eine engere Form (Wholesale CBDC) richtet sich an Finanzdienstleister (Banken und →Nicht-Banken), während eine weiter gefasste Form auch Privathaushalte als Anwender vorsieht (Retail CBDC). Obgleich sich CBDC auch mit klassischen, einem zentralen Ansatz folgenden, (Datenbank-)Technologien realisieren lassen, haben →Blockchain- bzw. →DLT-basierte Ansätze dafür große Aufmerksamkeit erfahren. Als digitale →Fiat-Währungen sollen derartige GovCoins insbesondere die Effizienz grenzüberschreitender Zahlungen, die Vermeidung von Geldwäsche (→AML) sowie die Realisierung automatisierter Lösungen im Umfeld von →IoT-Technologien durch →Smart Contracts verbessern (z. B. →Tokenisierung). Gegenwärtig befinden sich zahlreiche Initiativen in einem Projekt- bzw. Prototypen-Stadium, etwa die Retail CBDCs mit dem E-Yuan der People's Bank of China sowie dem E-Euro der →EZB (→Euro-on-Ledger) oder die Wholesale CBDC im Project Helvetia der Schweizer Nationalbank). Dem elektronischen Zentralbankgeld gegenüber stehen die privatwirtschaftlichen Initiativen für →elektronisches Geld wie etwa →Diem.

Chainlink
→Protokoll auf Basis der →Kryptowährung →Ethereum, das auf die Einbindung von Daten außer-

halb von →Blockchain-Systemen über →Oracles abzielt und das →Token LINK für die Verrechnung zwischen Chainlink-Teilnehmern einsetzt. Chainlink verwendet →Smart Contracts, um die Daten der →Oracles zu prüfen und zu verarbeiten. Das →Protokoll bildet damit die Grundlage weiterer →Kryptowährungen wie etwa →Aave oder →Polkadot.

Challenger Bank
Bezeichnet eine kleine, oftmals erst jung gegründete Retailbank (daher auch der teilweise synonym verwendete Begriff der →Neo-Bank), die mit einem fokussierten Leistungsangebot etablierte Banken (→Incumbent) herausfordert. Die →Innovation der Challenger-Banken liegt in der Nutzung innovativer, oftmals disruptiver →Informationstechnologie (→Disruption), wozu etwa eine Online-Only-Strategie (→Smartphone-Bank) oder der Einsatz von künstlicher Intelligenz (→KI) in Form von →Chatbots zählen. Über die damit erzielte höhere Standardisierung von Prozessen sollen die Kosten sowie Komplexität des traditionellen Bankgeschäftes sinken, woraus sich Challenger-Banken Wettbewerbsvorteile erhoffen. Beispiele für Challenger-Banken sind Fidor oder N26 in Deutschland und Monzo oder Atom in Großbritannien.

Chargeback
Rückerstattung eines Zahlbetrags durch das Kreditkartenunternehmen an den Kreditkarteninhaber infolge einer vermeintlich fehlerhaften Belastung. Die Gründe für eine fehlerhafte Belastung können vielfältig sein, etwa Betrugsverdacht oder die Rückforderung der Zahlung durch den Karteninhaber. Die Identifikation dieser Risiken und die Abwicklung der damit verbundenen Prozesse bildet ein Geschäftssegment von →Fintech- (z. B. Square, Signifyd) und Kreditkartenunternehmen (z. B. Accertifi, Verifi).

Charity Crowdfunding
Diese Form des →Crowdfunding konzentriert sich auf die Vereinnahmung von Klein- als auch Großbetragszahlungen (Spenden) von privaten und institutionellen Geldgebern für einen wohltätigen Zweck (→Crowddonating).

Chatbot
Informationssysteme zur Unterstützung der Interaktion zwischen einem Nutzer und einem →Anwendungssystem mittels einer natürlichsprachlichen Schnittstelle. Dies kann sowohl über die Eingabe von Freitext in einem Konversationsfenster einer Website als auch über (mündliche) Spracheingabe über das Mikrofon eines Endgerätes erfolgen. Chatbots bieten zwei zentrale Potenziale: Einerseits erlauben sie die niederschwellige Benutzerinteraktion ohne mit dem →Anwendungssystem und dessen Navigations- und Befehlsstruktur vertraut zu sein und andererseits können mittels der automatisierten Sprachverarbeitung (→NLP) die Benutzereingaben weitere Geschäftsprozesse anstoßen bzw. automatisieren (→Robot). Grundsätzlich zu unterscheiden sind anwendungsspezifische Chatbots, die sich auf eine Domäne (z. B. den Bankenbereich) beziehen, und generische Chatbots, welche durch programmierte Interaktionsroutinen (sog. Skills) Zugriff auf eine Vielzahl von Domänen bieten. Zu letzteren zählen die bekannten Assistenzsysteme von Amazon (Alexa), Apple (Siri), Google (Assistant) und Microsoft (Cortana).

Chief Digital Officer (CDO)
Für Fragen der →Digitalisierung in zahlreichen Unternehmen des Finanzsektors eingeführte organisatorische Rolle, die den eher technisch ausgerichteten IT-Leiter oder Chief Information Officer (CIO) aus (bank)fachlicher Sicht ergänzt. Zu den Aufgaben kann die →digitale Transformation des traditionellen (Bank)Geschäfts ebenso zählen wie die Entwicklung neuer Geschäftsfelder im →Fintech-Bereich. In →Fintech-Unternehmen kommt die Rolle des CDO dagegen häufig direkt dem CEO (Chief Executive Officer) zu. Um im Unternehmen nicht nur als Stabsstelle zu beraten, sondern auch Einfluss nehmen zu können, benötigt der CDO Linienkompetenz, ein eigenes Budget sowie möglichst Einsitz in die oberste Geschäftsleitung (z. B. den Vorstand).

Clearing- und Settlement-Mechanismus (CSM)
Im Clearing-und Settlement bzw. der Verarbeitung von Zahlungstransaktionen findet sich unabhängig davon, ob es sich um →ATM- oder →POS-Transaktionen handelt, ein gleiches Vorgehen, das lediglich zwischen →On-Us- und →Off-Us-Transaktionen unterscheidet. Initiator einer →POS-Transaktion ist danach stets die Händlerbank, die sie mittels Lastschrift verrechnet. Bei →On-Us-Transaktionen kann die Zahlungsabwicklung bilateral (Garagenclearing) oder über eine zentrale Schnittstelle, z. B. über die DZ Bank in der Gruppe der Volks- und Raiffeisenbanken, erfolgen. Häufiger anzutreffen ist jedoch die Zahlungsabrechnung über eine zentrale Schnittstelle als →Off-Us-Transaktion (z. B. über das Garagenclearing, die Bundesbank oder ein →ACH).

Client-Server
Rechnerarchitektur, die eine Ressourcen bereitstellende (Server) und eine Ressourcen konsumierende (Client) Rolle unterscheidet. Das Client-Server-Prinzip hat im Unternehmensbereich das zentralistische Mainframe-Architekturprinzip abgelöst und liegt zahlreichen betriebswirtschaftlichen Anwendungssystemen (z. B. Enterprise-Ressource-Planning-bzw. →ERP-Systemen, →Kernbankensystemen) zugrunde. Es findet sich auch in Formen der Distributed-Ledger-Technologie (→DLT), wenn diese zentrale Rechnerressourcen (z. B. eine zentrale Registry) aufweist, wie es häufig bei →Enterprise Blockchains der Fall ist.

Cloud Computing
Gegenüber den klassischen lokal implementierten Computersystemen (→On-Premise) bezeichnet Cloud Computing digitale Dienstleistungen, auf die Nutzer über ein Netzwerk zugreifen. Dabei halten Cloud-Computing-Dienstleister IT-Ressourcen bereit, die sie mehreren Nutzern gegen eine Gebühr bereitstellen. Für die Nutzer bedeutet dies zunächst, dass die bezogenen Leistungen eigene IT-Ressourcen ersetzen und damit eine Variabilisierung fixer Kosten stattfindet. Abhängig von der Art der IT-Dienstleistungen ergeben sich hardware- und anwendungsnahe Leistungen. Der sog. Cloud-Computing-Stack unterscheidet dazu drei Ausprägungen: Auf unterer Hardwareebene stellen Infrastructure-as-a-Services (IaaS) Speicher- und/oder Rechenressourcen bereit. Platform-as-a-Services (PaaS) umfassen darauf aufbauend Entwicklerressourcen und Software-as-a-Service (→SaaS) schließlich die „höheren" bzw. stärker anwendungsorientierten Funktionalitäten (→Applikationen). Die Nutzungsmodelle für die i. d. R. bei einem Dienstleister (z. B. Amazon Web Services, Google oder Microsoft Azure) betriebenen →Applikationen beruhen z. B. auf Transaktions- bzw. Volumenbasis oder/und Abonnementsmodellen. Die zunehmende →Virtualisierung zeigen jüngere Ausprägungen wie etwa →Blockchain-as-a-Service und →Bank-as-a-Service, womit Finanzdienstleister und insbesondere →Start-up-Unternehmen im →Fintech-Bereich in kurzer Zeit eigene Lösungen bereitstellen können. Gerade für Finanzdienstleister hat der Standort der Rechenzentren der Anbieter von Cloud-Diensten (große Anbieter gelten auch als Hyperscaler, →Hyperscaling) eine hohe Bedeutung, dann die dortige Rechtsprechung zur Anwendung kommt.

Co-Working Space
Abgeleitet vom englischen Co-Working (Zusammenarbeiten) und Space (Raum, Platz), beschreibt der Begriff die Bereitstellung von Arbeitsplätzen und Infrastrukturen durch einen Dienstleister. Die gemieteten Büroflächen besitzen z. B. einen Internetzugang, Besprechungs- oder Verpflegungsräume oder teilweise auch die Nutzung von Bürobedarf und technischer Infrastruktur (z. B. Beamer, Großbildschirme, Audio-/Videosysteme). Die Nutzungsverhältnisse sind variabel ausgestaltet und damit für Mietmodelle (→PAYU) geeignet. Weiterhin erlaubt die gemeinsame Nutzung von Ressourcen (→Sharing Economy) gerade →Start-up-Unternehmen den schnellen Aufbau von Büropräsenzen und den interdisziplinären Austausch mit anderen relevanten Akteuren aus einem →Start-up-Ökosystem (z. B. Rechtsberatung, Entwicklerressourcen, Kapitalgeber).

Cockroach
Ähnlich wie beim Begriff des Einhorns (→Unicorn) handelt sich dabei um ein →Start-up, das einen Schätzwert von einer Milliarde oder mehr erreicht hat. Die Begrifflichkeit bezieht sich dabei auf eine →Wagniskapital-Investitionsstrategie, die nicht wie bei dem Einhorn auf überdurchschnittliches Wachstum, sondern auf Wertstabilität, ausgerichtet ist. Dies bedingt oftmals ein eher langsames, beständiges und nachhaltiges Unternehmenswachstum.

Cognitive Computing
Übersetzt als kognitive Datenverarbeitung, bezeichnet Cognitive Computing den Einsatz von Technologien der →künstlichen Intelligenz (z. B. →maschinelles Lernen, →Deep Learning, Data Mining) zur Simulation menschlicher Lern- und Denkprozesse. Ziel ist es, dass die Systeme auf Basis von Erfahrungen und großen Datenmengen (→Big Data) selbstständig lernen. Wie in Abb. 15 dargestellt, bezeichnet Cognitive Computing die höchste Stufe der Lernfähigkeit nach (1) Desktop Automation (→RDA), (2) Robotic Process Automation (→RPA) und (3) →Virtual Assistants. Einsatzfelder im Finanzbereich finden sich zur Sprach- und Gesichtserkennung (z. B. →Identitätsprüfung), zur →Sentimentanalyse oder zur Risikobeurteilung und Betrugserkennung.

Coin
Coins sind die digitalen Recheneinheiten bzw. Austauschobjekte einer →Blockchain-basierten →Kryptowährung. Die Analogie zu einer Münze unterstreicht dabei den auf Bezahlvorgänge oder andere Funktionen von →virtuellen Währungen ausgerichteten Verwendungszweck. Während Coins als eigenständige →digitale Währungen zu interpretieren sind, unterscheiden sie sich von →Token. Obgleich häufig synonym verwendet, bauen letztere auf einer bestehenden →Kryptowährung auf und erweitern damit deren Coins. Ein Beispiel ist das →ERC-20-Token der →Kryptowährung →Ethereum, das damit mehrere Anwendungszwecke erschließt. So funktionieren sie nicht nur als →Payment Token, sondern auch als Security Token oder →Utility Token.

Coin Burn
In →Kryptowährungen verwendeter Begriff, um →Coins aus dem Umlauf zu ziehen und dadurch die Gesamtmenge verfügbarer →Coins zu reduzieren. Das Verfahren löst eine sog. Burn Function (z. B. in →Smart Contracts) aus, wonach an definierten Zeitpunkten (z. B. vierteljährlich) eine unwiderrufliche Löschung von →Coins stattfindet, deren Anzahl von der im betreffenden Quartal durchgeführten Menge an Transaktionen abhängt. Das Verfahren findet sich beispielsweise beim →Konsensmechanismus Proof-of-Burn (→PoB).

Cold Storage
Bezieht sich gegenüber dem →Hot-Storage-Verfahren auf die Offline-Speicherung von →Coins oder →Token, etwa über ausgedruckte Hashes (→Hashwert) auf Papier oder durch Speicherung der Hashes auf USB-Sticks. Infolge der fehlenden Netzwerkverbindung gilt Cold Storage

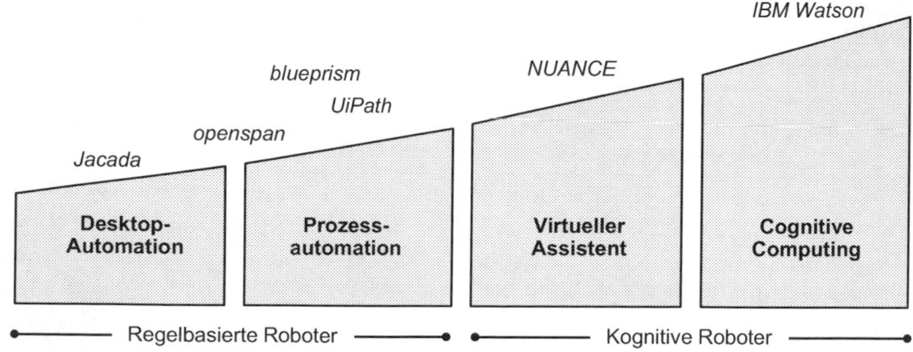

Abb. 15 Entwicklungsstufen zum Cognitive Computing (Beispiele für Anwendungssysteme in kursiv)

als sicherer gegenüber →Cyberkriminalität, setzt jedoch einen sicheren physischen Aufbewahrungsort voraus.

Collaborative
Bezeichnet die positive Verwendung des ambivalenten Kollaborationsbegriffes. Gegenüber der negativen Sicht (Zusammenarbeit mit dem Feind) zielt diese auf das Zusammenwirken mehrerer Ressourcen, Aktivitäten und/oder Akteure zur Erreichung gemeinsamer bzw. übergreifender Zielsetzungen. Darunter kann die geteilte Nutzung von Geschäftsgütern oder Dienstleistungen (→Sharing Economy) ebenso fallen, wie die Ausführung eines Geschäftsprozesses, der zum Erzielen des bestmöglichen Ergebnisses (z. B. bezüglich Zeit und Kosten) auf die Ressourcen der beteiligten Parteien zugreift, oder die Zusammenarbeit mehrerer Dienstleister im Rahmen eines →Geschäftsmodells (→Sourcing, →Ökosystem). Ein aktuelles Beispiel ist das Embedded-Finance-Konzept (→EFI).

Collaborative Business
Beschreibt die Kooperation von Unternehmen entlang der Wertschöpfungskette, sowohl horizontal als auch vertikal. Ziel ist die Realisierung spezialisierter →Geschäftsmodelle, bei denen die beteiligten Partner ihre jeweiligen Kernkompetenzen einbringen. Die Zusammenarbeit erfolgt einerseits in verschiedenen →Sourcing-Modellen zwischen den einzelnen Organisationen und andererseits in einem größeren →Unternehmensnetzwerk bzw. →Ökosystem. Für →Fintech-Unternehmen ist eine derartige Zusammenarbeit mit Partnern häufig ein zentraler Bestandteil ihres →Geschäftsmodells, das jedoch gleichzeitig das Management der Abhängigkeit von externen Partnern einschließt.

Collaborative Consumption
Bezeichnet das gemeinsame Nutzen von Ressourcen oder Gütern innerhalb einer Gruppe. Ein wesentlicher Aspekt ist die Teilung des Kostenrisikos beim Kauf der Ware oder Dienstleistung, da dieses auf eine größere Gruppe aufgeteilt wird. Die Amortisation erfolgt durch die gemeinsame Nutzung, etwa durch ein vorab festgelegtes internes Verrechnungsmodell. Ein typisches Beispiel ist die geteilte Nutzung von Fahrzeugen oder Immobilien sowie Ansätze der →Sharing Economy.

Collaborative Experiences
Bezeichnet die gemeinsame Zusammenarbeit von Personen oder Teams, oftmals unterschiedlicher Organisationen, an einem Thema oder in einem Projekt. Dabei ist es irrelevant, ob sich die Personen oder Teams untereinander kennen oder nicht.

Collaborative Finance
Die gemeinschaftliche Finanzierung beschreibt Finanztransaktionen, die direkt zwischen Einzelpersonen (→P2P) ohne Vermittlung eines traditionellen Finanzinstituts bzw. →Finanzintermediärs stattfinden. Die personalisierten Kredittransaktionen (→Personalisierung) bieten Unternehmen eine höhere Flexibilität in Bezug auf Kreditzweck, Zinssätze, Sicherheitsanforderungen, Laufzeiten und Umschuldungen, als vergleichsweise klassische Bankkredite. Da die Prüfung des Kreditausfallrisikos bei klassischen Finanzinstituten eine höhere Bedeutung hat, sind sie zurückhaltender bei der Kreditvergabe mit einem hohen Risiko. Dagegen steht bei der gemeinschaftlichen Finanzierung oftmals der Zweck im Vordergrund.

Collaborative Insurance
→P2P-Insurance.

Collective Intelligence
Kollektive Intelligenz, auch Gruppen- oder Schwarmintelligenz genannt, beruht auf der Aggregation und Verarbeitung einer großen Anzahl an Daten (→Big Data). Sie umschreibt ein Forschungsgebiet der künstlichen Intelligenz (→KI) und liegt den im →Fintech-Bereich bekannten Ansätzen des →Crowdsourcings zugrunde. Ein Beispiel im Bereich →Crowdinvesting ist der Anbieter Sentifi, der aus Social-Media-Daten (→Social Data) Investmentempfehlungen ableitet.

Colocation
Häufig mit Kosten- und Ökologiezielen verbundene Strategie im Rechenzentrumsbetrieb, das den Betrieb physischer IT-Ressourcen

(z. B. Daten-, Applikationsserver) in einem Rechenzentrum bezeichnet. Entgegen den Anbietern von →Cloud Computing stellt der Dienstleister Racks bzw. Schränke für die im Eigentum des Kunden verbleibende Hardware sowie entsprechende Dienstleistung für Migration und Wartung zur Verfügung. Dafür sind Daten- und Ausfallsicherheit durch das professionell geschützte und angebundene (z. B. an Systeme →elektronischer Börsen) Rechenzentrum und oftmals auch die Realisierung ökologischer Energiekonzepte gegeben. Gerade große Finanzdienstleister mit eigener (häufig auch geleaster) Hardware greifen zunehmend auf Colocation zurück und auch für →Fintech-Anbieter mit sensiblen Datenbeständen kann der Betrieb eigener Hardware gegenüber dem →Cloud Computing sinnvoll sein. Zu den Anbietern von Colocation-Leistungen zählen etwa Cyxtera, Equinix oder Interxion.

Colored Coin
Aufbauend auf der →Kryptowährung →Bitcoin sind Colored Coins als Versuch entstanden, um damit reale Vermögenswerte, wie etwa Immobilien oder Wertpapiere abbilden zu können. Sie finden sich in ähnlicher Form in den →ERC-20-Token von →Ethereum wieder und lassen sich in ihrer Eigenschaft als fungible bzw. →Utility Token (bzw. zur Identifikation einer Klasse gleichartiger Güter) als Vorläufer der nicht-fungiblen →Token (→NFT) verstehen.

Combating the Financing of Terrorism (CFT)
Die Bekämpfung von Terrorismusfinanzierung umfasst die Analyse zur Identifikation von Finanzierungsquellen, das Treffen von Vorsorgemaßnahmen und die Unterbindung von Finanztransaktionen, die darauf abzielen, politische, religiöse oder ideologische Ziele durch Gewalt und/oder die Androhung von Gewalt gegen Zivilisten zu unterstützten. Das Erkennen solcher Finanztransaktionen soll dazu beitragen, die Strafverfolgung zu verbessern und präventiv mögliche terroristische Aktivitäten zu verhindern. CFT ist ein Kernbestandteil der Zahlungsfunktionalität in →Kernbankensystemen und gilt als ein Bereich von →Regtech-Anbietern.

Combined Ratio
→Schaden-Kosten-Quote.

Committee on Uniform Securities Identification Procedures (CUSIP)
Die in den 1960er-Jahren als Teil der US-amerikanischen Bankenorganisation American Bankers Association gegründete CUSIP hat in der Folge das in den USA sowie Kanada bedeutendste Identifikationssystem für Wertpapier entwickelt. Sie bildet heute die →NSIN in dieser geographischen Region und damit einen Bestandteil der →ISIN für dort kotierte Wertpapiere bzw. Finanzinstrumente. Die CUSIP besteht aus neun alphanumerischen Stellen und lässt sich als nationale Wertpapiernummer (→NSIN) in die →ISIN überführen. Abb. 16 zeigt dies am Beispiel der Aktie der Bank of America.

Community Banking
Das „Bankgeschäft unter Freunden" steht für: (1) Bankgeschäfte zwischen Kunden, die sich kennen und miteinander agieren (z. B. via Chat), (2) die Begutschriftung von Kunden, die sich

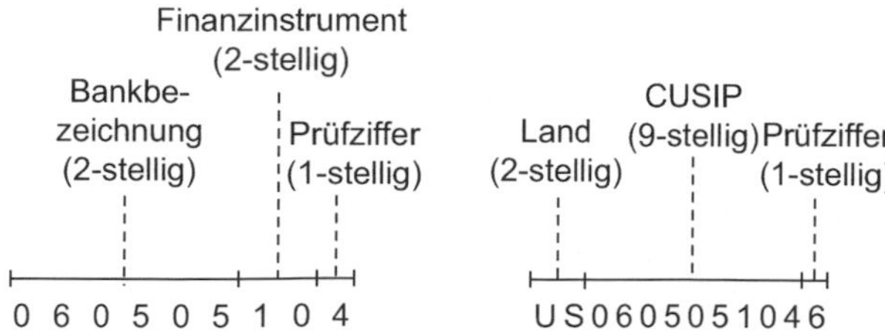

Abb. 16 Aufbau der CUSIP (links) und Überführung in die ISIN (rechts)

aktiv (z. B. Beiträge oder Bewertungen von Finanzierungsmöglichkeiten) zur Schaffung von Transparenz einbringen, und für (3) Finanztransaktionen von Kunden mit anderen bekannten Kunden aus der „Gemeinschaft" der Bank. Die Abgrenzung zum klassischen Banking besteht darin, dass die Gemeinschaftsbanken den Debitoren Gelder zur Verfügung stellen, welche die lokale Gemeinschaft u. a. selbst gesammelt bzw. erwirtschaftet hat. Dies ermöglicht, dass die Einzelpersonen in einer Nachbarschaft oder einer Gruppe mehr Kontrolle über Mittelherkunft und Mittelverwendung haben und damit die Nachhaltigkeit der Verwendung beeinflussen können. Als Beispiel für das Community Banking gilt die Fidor-Bank, die Kunden nicht nur Online-Kanäle anbietet, sondern bei der Kundenberatung primär auf die Beratung von Kunden durch Kunden beruht.

Compliance
Bezeichnet die Aufgaben zur Sicherstellung der Einhaltung gesetzlicher Bestimmungen, unternehmensinterner Richtlinien oder freiwilliger Regeln. So existieren im Finanzbereich zahlreiche Regeln, die etwa aus der Banklizenz bzw. der Bankenregulierung resultieren. Gerade →Fintech-Unternehmen haben häufig neue Leistungen angeboten (z. B. →Robo-Advisory, →Crowdlending), die zunächst nicht unter bestehende Regulierungen gefallen sind.

Consensus Mechanism
→Konsensmechanismus.

Consortium Blockchain
Neben →Public und →Private Blockchains eine dritte generische Form von →Blockchain-Governance. In diesem Fall bestimmen die Mitglieder eines Konsortiums nach einem definierten Abstimmungsverfahren über die Aufnahme neuer Mitglieder (bzw. →Nodes) sowie die Regeln für die Generierung bzw. Validierung neuer Datensätze bzw. Blöcke. Die →Blockchain kann sowohl öffentlich lesbar als auch auf bestimmte Knoten begrenzt sein. Bekannte Konsortial-Blockchains im Finanzbereich sind →Corda des aus zahlreichen Banken bestehenden →R3-Konsortiums sowie →B3i, einem Konsortium aus dem Versicherungsbereich.

Contech
Construction Technologies zielen auf die →Digitalisierung von Prozessen in der Bauwirtschaft, um Abläufe im Management von Bauprojekten (z. B. Bauplanung) und der Gebäudebewirtschaftung zu vereinfachen und dadurch Bau- und Betriebskosten zu reduzieren. So können Contech-Lösungen etwa helfen, in Echtzeit (→Echtzeitverarbeitung) Fehler in der Planung zu erkennen und entsprechende Maßnahmen und Lösungen vorschlagen. Contech gelten als Teilbereich von →Proptech und besitzen über finanzwirtschaftliche Aufgaben (z. B. Mietabwicklung, Finanzierung, Versicherung) zahlreiche Beziehungen zum Finanz- bzw. →Fintech-Bereich.

Contract for Difference (CFD)
Finanzinstrument, das auf Kursveränderungen von Basiswerten (z. B. Aktien, Indizes, →Kryptowährungen, Rohstoffe) beruht. Bei einem CFD-Geschäft sind bei einem →Broker Sicherheiten (sog. Margins) zu hinterlegen, die einem Bruchteil des Gesamtkurses entsprechen (z. B. einem Zehntel). Die Veränderungen des Basiswerts wirken sich prozentual 1:1 auf den Margin aus und führen darüber zu Gewinnen bzw. Verlusten. Steigt also der Basiswert um 10 %, so steigt auch der Margin entsprechend.

Corda
Das vom →R3-Konsortium entwickelte →Distributed-Ledger-Framework zielt auf die Unterstützung von Finanztransaktionen zwischen Unternehmen und die Integration mit betrieblichen →Anwendungssystemen (→Enterprise Blockchain, →Interoperabilität). Mittels Corda können Unternehmen individuelle Lösungen erstellen und dabei auch unterschiedliche →Konsensmechanismen nutzen. Mit Corda Enterprise ist eine auf Unternehmen ausgerichtete Version entstanden, die

beispielsweise auch die Anbindung von SQL-Datenbanken (→Off-/On-Chain) erlaubt.

Corporate Start-up
Zusammenarbeit von großen Unternehmen bzw. Konzernen mit →Start-up-Unternehmen. Die etablierten Unternehmen können dabei als →Inkubatoren für die Unternehmensgründungen agieren, aber auch als klassischer Investor oder Geschäftspartner.

Cosmos
Ein auf →Tendermint beruhendes Netzwerk, das mittels einer Entwicklungsumgebung (→Software Development Kit) die Erstellung und den Betrieb →Blockchain-basierter Anwendungen ermöglicht. Einen Schwerpunkt bildet die →Interoperabilität verschiedener →Blockchain-Frameworks. So ist beispielsweise das →Binance-Coin-Framework auf →Tendermint und Cosmos aufgebaut.

Cost-Income Ratio (CIR)
→Kosten-/Ertragsverhältnis.

Counter Terrorist Financing (CTF)
→Combating the Financing of Terrorism.

Covesting
Diese auf der →Blockchain basierende Form des Portfoliomanagements zielt darauf ab, den Markt der →Kryptowährungen für das →P2P-Asset-Management zu nutzen. Dadurch besteht die Möglichkeit für einzelne Personen, Portfolios professioneller Investoren einzusehen und dann in Echtzeit (→Echtzeitverarbeitung) selbst zu handeln, sich an der Portfoliostrategie zu beteiligen oder die Investmentstrategie automatisch zu kopieren (→Social Trading).

Cross-Border Hub
Ein zentraler Knoten in Zahlungsnetzwerken, der bei grenzüberschreitenden →Digital Payments (→Cross-Border Payment) nationale Kartenzahlungssysteme mit den Verrechnungssystemen anderer EU-Mitgliedsländer oder von Nicht-EU-Staaten verbindet. Gegenüber nationalen Transaktionen finden sich diese Anlaufpunkte (bzw. Hubs) auf einer oder beiden Landesseiten als zusätzliche, vom jeweiligen →Scheme angesteuerte Akteure im Prozessablauf und sorgen dadurch für zusätzliche Kosten und teilweise auch Laufzeiten. Cross-Border Hubs sind auf die Weiterleitung von Transaktionen beschränkt und bieten keine weiteren Dienstleistungen für die Parteien im →Vier-Ecken-Modell an.

Cross-Border Payment
Grenzüberschreitender Zahlungsverkehr, der Transaktionen außerhalb vom Heimatland in andere Euro-Länder als auch gänzlich andere Währungsländer umfasst. Aufgrund der häufig langen Transaktionszeiten und hohen Transaktionsgebühren haben sich in diesem Bereich →Kryptowährungen wie etwa →Ripple positioniert, die bestehende Wettbewerber (→Incumbent) wie etwa →SWIFT herausfordern.

Cross-Chain
Ähnlich zu →Multi-Chain anzutreffende Bezeichnung für Transaktionen zwischen zwei →Blockchain-Systemen, die eine →Interoperabilität voraussetzt. Bei der Integration ist zu unterscheiden, ob es sich um strukturgleiche oder um heterogene →Blockchain-Konfigurationen handelt. Bei ersteren sind wesentliche Eckpunkte der →Blockchain-Systeme wie etwa Konsens-und Sicherheitsmechanismus oder die Art der Teilnehmer (öffentlich, geschlossen) identisch, während bei zweiteren die beiden Systeme sich hierin unterscheiden und aufgrund der Komplexität einen zusätzlichen Akteur (z. B. einen →Validator wie bei →Polkadot) erfordert.

Cross-Ledger Interoperability (CLI)
Auf die →Interoperabilität von →DLT-Systemen abzielendes Konzept, das sich auch in den Bezeichnungen →Cross-Chain und →Multi-Chain findet. Es besitzt insbesondere in der aufstrebenden →Token Economy einen hohen Stellenwert, da die Vermögenswerte (→Digital Asset, →Token) und die damit verbundenen →Smart Contracts häufig mit einem bestimmten →Framework verbunden sind. CLI soll die damit verbundenen Einschränkungen reduzieren und damit einen übergreifenden Handel bzw. übergreifende Geschäftsprozesse und -modelle ermöglichen.

Crowd
Ableitend aus dem englischen Wort für Schwarm, Menschenmenge oder Masse, beschreibt es eine von zahlreichen Akteuren durchgeführte Aktivität. Zu den Beispielen in der Finanzwirtschaft zählen das →Crowdfunding mit →Crowddonating, →Crowdinvesting und →Crowdlending, die →Crowdinsurance, das →Crowdsourcing, das →Crowdsupporting und das →Crowdtesting.

Crowddonating
In Anlehnung an den englischen Begriff für Spende (Donation), stellen beim Crowddonating nicht Investoren, sondern Unterstützer finanzielle Mittel als Spende (d. h. ohne Erwartung einer Gegenleistung) bereit. Bei den Unterstützern kann es sich um natürliche als auch um juristische Personen handeln, die ein humanitäres, soziales oder kulturelles Anliegen verfolgen. Die Durchführung erfolgt über →digitale Plattformen wie etwa Betterplace.org.

Crowdfunding
Finanzierungsform, bei der eine Vielzahl von Anlegern Kapital direkt den Nutzern zur Verfügung stellt. Das zu verwendende Kapital ist in der Regel zweckgebunden, d. h., die Kapitalnehmer müssen es für das jeweils ausgeschriebene Projekt bzw. Produkt einsetzen. Die Entlohnung der Finanzgeber hat oftmals einen symbolischen Charakter, etwa in Form von Produkten oder der Nennung des Geldgebers im Abspann eines Films. Als wesentliche Formen des Crowdfunding sind das →Crowdinvesting zur Bereitstellung von Kapital für Unternehmensgründung, das →Crowdlending zur Bereitstellung in der Regel festverzinslicher Darlehen und das →Crowddonating für die Finanzierung durch Spenden anzutreffen (s. Abb. 17).

Crowdinsurance
→P2P-Insurance.

Crowdinvesting
Der aus den englischen Wörtern Crowd und Investing (investieren) zusammengesetzte und häufig auch →P2P-Investing genannte Begriff kennzeichnet die Bereitstellung von Eigenkapital, nachrangigen Darlehen oder ähnlichen Produkten durch viele Anleger (natürliche als auch juristische Personen). Häufig handelt es sich um Unternehmensbeteiligungen zur Bereitstellung von Kapital für Unternehmensgründungen und nicht um festverzinsliche Darlehen wie beim →Crowdlending. Crowdinvesting erfolgt mittels →digitaler Plattformen direkt an den Kreditnehmer ohne die Teilnahme einer Bank als Intermediär (→Intermediation). Die Bank agiert häufig nur als Dienstleister bei der Abwicklung des Geschäfts, nicht aber als Kapitalgeber. Beispiele sind Companisto, Exporo oder Zinsland.

Crowdlending
Ähnlich zum →Crowdinvesting umfasst der häufig auch →P2P-Lending genannte Begriff die Bereitstellung von Fremdkapital für bestimmte Güter (z. B. für Investitionen) durch eine Vielzahl von Anlegern (natürliche als auch juristische Personen). Alternativ zu klassischen Bankkrediten (z. B. Firmenkrediten) erfolgt auch hier die Finanzierung über →digitale Plattformen direkt an den Kreditnehmer, wobei Banken zwar als gewerbliche Kreditgeber an den Plattformen teilnehmen können, häufig aber nur noch als Abwickler und nicht mehr zur Absicherung von Kreditausfallrisiken zum Einsatz kommen. Analog eines „eBay für Kredite" führen die Kreditvermittlungsplattformen dazu →Kreditauktionen

Ausprägung	Zweck	Token	Motivation
→Crowdinvesting	Erwerb von Unternehmensanteilen	Security Token	Return on Investment ↕
→Crowdlending	Erwerb von (Investitions-)Gütern	Asset-backed Token (→Stable Coin)	
Crowdrewarding	Finanzierung als Gegengeschäft	→Utility Token	
→Crowddonating	Finanzierung für „guten Zweck"	→Payment Token	Realisierung einer Idee

Abb. 17 Ausprägungen des Crowdfunding (in Anlehnung an Ackermann et al. 2020, S. 282)

durch, worin Kreditnehmer (Individuen oder Gruppen) den benötigten Kreditbetrag sowie ihren maximalen Zinssatz und Kreditgeber (gewerbliche Kreditgeber sind von der Bankenaufsicht wie der →BaFin zulassungspflichtig) den ihrerseits zu vergebenden Kreditbetrag und den mindestens erwünschten Zinssatz benennen. Die Plattformen führen dann ein Matching nach dem Auktionsprinzip (z. B. zeitpunktbezogen) durch. Beispiele für Crowdlending-Plattformen sind Auxmoney, Funding Circle oder Zopa.

Crowdrisk
Bezeichnet das Risiko, dass die Schwarmintelligenz zu falschen Investitionsentscheidungen führt. Dies kann beispielsweise der Fall sein, wenn das soziale Verhalten bzw. der Gruppendruck die Grundsätze eines rationalen Verhaltens (nach dem Homo-oeconomicus-Modell) überlagern. So könnten in Zeiten überhitzter Märkte trotz bestehender Warnungen und Risikosignale aufgrund des Herdenverhaltens weiterhin Investitionen in bestimmte Anlageobjekte erfolgen, da der Gedanke vorherrscht, die „Masse" könne sich nicht irren.

Crowdsale
Eine Art des →Crowdfunding, welche die Ausgabe von →Token gemäß den vordefinierten Regeln eines →Smart Contracts vorsieht. Diese Regeln definieren das Gesamtangebot, den Zeitraum, die minimale und maximale Investition und die Anzahl der verfügbaren →Token, die in der Investitionsrunde (→ICO) zum Verkauf verfügbar sind. Über ein →ICO wird häufig die Entwicklung einer dezentralisierten und →Blockchain-basierten Applikation finanziert, die eine Dienstleistung anbietet. Die Gläubigeransprüche der Investoren sind als →Token abgebildet, die einen Anteil an der Darlehenssumme darstellen. →Smart Contracts buchen diese →Token in die →Wallets der Schuldner. Der Wert der →Token nach dem →ICO ist häufig volatil und hängt von der jeweiligen positiven oder negativen Entwicklung der Plattform und deren Adoption am Markt ab. Die minimale Investition beschreibt, wie viele →Coins während des →ICO mindestens zu generieren bzw. auszugeben sind, damit die Finanzierung des Projekts gesichert ist. Erzielt diese nicht den Minimumbetrag, so erfolgt eine Rückzahlung des investierten Kapitals an die Investoren. Die maximale Investition beschreibt, wie viel die Summe aller Investitionen höchstens betragen darf. Sobald die maximale Investitionssumme erreicht ist, endet der →ICO.

Crowdslapping
Bezeichnung für eine negative Reaktion bzw. Vergeltung einer Gemeinschaft gegenüber einem →Integrator. Ähnlich dem →Crowdsourcing ist die Gemeinschaft zunächst aufgefordert dem Unternehmen zu helfen, jedoch nicht in Form einer monetären Zuwendung, sondern etwa in der Produktentwicklung oder Namensgebung von Produkten. Kritisch ist in diesem Fall, dass die Reaktion der Gemeinschaft nicht vorhersehbar ist und negativ verlaufen kann, wenn sich etwa die Gemeinschaft gegen das Unternehmen wendet und nicht markttaugliche Produkte fördert oder bewusst fehlleitende Namen für Produkte vorschlägt und dem Unternehmen somit schadet.

Crowdsourcing
Bezeichnet das →Outsourcing interner Aufgaben oder Tätigkeitsbereiche an Dritte, das häufig über →digitale Plattformen stattfindet. Dabei können Auftraggeber beispielsweise ihre Leistung wie auf einem →digitalen Marktplatz ausschreiben und zahlreiche Personen (oder auch kleine Organisationen) können darauf Angebote abgeben. Dadurch können Unternehmen ein großes, häufig globales Reservoir an Arbeitskräften adressieren und auf diese auch Leistungen aufteilen. So könnte die →Crowd bzw. eine Vielzahl von Personen an einer Recherche- oder Entwicklungsaufgabe mitwirken und je nach Grad der Komplexität über die Plattform vom Auftraggeber eine Entlohnung erhalten. Neben dem bezahlten Crowdsourcing existieren unentgeltliche Formen, wenn etwa ein Unternehmen die →Crowd in die Entwicklung neuer Produkte einbezieht und diese durch Rückmeldungen bzw. Feedback-Schleifen an den Hersteller die Markteinführung eines Produkts beeinflusst. Ein weiteres Beispiel

sind Wissensbasen, die sich aufgrund des Inputs der Nutzer bilden und weiterentwickeln (z. B. im Kundenservice-Bereich einer Bank).

Crowdsupporting
Auch Reward-based →Crowdfunding genannt, bezeichnet es Projekte aus vielen Bereichen (kommerziell, kreativ, kulturell, sportlich etc.), die viele Unterstützer gemeinschaftlich finanzieren. Die Gegenleistung für die Unterstützer besteht dabei nicht aus Unternehmensanteilen oder Geldflüssen, sondern aus einem Geschenk oder dem Erhalt des entwickelten Produktes, bevor es auf den Markt gebracht wird. Die Berechnung von Art bzw. der Umfang der Vergütung erfolgt in Abhängigkeit von der Höhe der eingebrachten finanziellen Unterstützung.

Crowdtesting
Bezeichnet die Auslagerung von Softwaretests an eine internationale Online-Community, die →Fintech-Unternehmen eine realistische (Real-life) Testumgebung durch die Heterogenität der Tester hinsichtlich demografischer Kriterien (Alter, Beruf, Einkommen, Region etc.) sowie der großen Vielfalt an verwendeter Soft- und Hardware bietet. Die Vielfalt dieser Crowdtester bietet zudem die Möglichkeit, Produkte und Services zielgruppengenau zu testen, wobei die Anbieter durch das Online-Testen wichtige Kosten- und Zeitersparnisse realisieren können.

Crypto Asset Management (CAM)
→Krypto-Vermögensverwaltung.

Crypto Exchange
→Kryptobörse.

Crypto.com Coin
→Kryptowährung, die der Zahlungsverkehrsanbieter MCO als Teil mehrerer Bezahllösungen (→Wallet, Kreditkarte) auf mehreren →Kryptobörsen anbietet.

Crypto Valley
In Anlehnung an das kalifornische Silicon Valley hat sich seit Mitte der 2010er-Jahre ein →Ökosystem an →Fintech-Unternehmen im Schweizer Kanton Zug gebildet, das die bis dahin verhaltene →Digitalisierung im Schweizer Finanzwesen vorantreiben sollte. Mittlerweile sind hier zahlreiche →Start-up-Unternehmen und →Fintech-affine Regulierungen entstanden. Beispielsweise akzeptiert der Kanton ab dem Jahr 2021 die →Kryptowährungen →Bitcoin und →Ether als Zahlungsmittel (→virtuelle Währung) für Steuern.

Cryptocurrency
→Kryptowährung.

Cryptoeconomics
Wissenschaftsgebiet, das sich mit verteilten bzw. dezentralen ökonomischen Prozessen befasst wie sie →Kryptowährungen ermöglichen. Zu den Themen zählen die Abbildung →digitaler Assets in →Blockchain-Systemen, die Bildung von Preisen als Zusammenspiel von Angebot und Nachfrage nach →Coins, das Verhalten der Teilnehmer in dezentralen Netzwerken (z. B. Anreize für →Miner, Vermeiden von Kollusion) oder das Herstellen von Gleichgewichtszuständen (z. B. Gleichgewichtspreise, Nash-Gleichgewicht).

Cryptofinance
Cryptofinance beschreibt das finanzielle →Ökosystem rund um Blockchain-Anwendungen wie →Kryptowährungen und →Token, aber auch andere kryptografische Instrumente wie →E-allets oder digitale Geldtransfers. Es handelt sich dabei um ein digital generiertes und operierendes →Ökosystem (Natively Digital), das parallel zum klassischen Finanzsystem, bestehend aus Banken und anderen Finanzinstitutionen, Intermediären (→Intermediation) und Aufsichtsbehörden, etc. existiert (→Ökosystem).

CryptoKitty
Das online und als →DApp verfügbare Computerspiel zielt auf das Schaffen virtueller Katzen, welche die Spieler dann auf Basis von →Ether handeln und in anderen →NFT-kompatiblen Spielen weiterverwenden können. Aus technischer Sicht repräsentieren CryptoKitties →Token, deren Aktivitäten (z. B. Verteilung der Crypto-

Kitties, Abbilden der Eigenschaften bzw. Geno-/Phenotypen der Katze) mit →Smart Contracts verbunden sind. Als eine Motivation für die Entstehung von CryptoKitties gilt das Vertrautmachen mit den Potenzialen der →Blockchain- und der →NFT-Technologie.

Curated Shopping
Das betreute Einkaufen beschreibt den Vorgang des unterstützten und personalisierten Einkaufens. Dabei erfragen Anbieter bestimmte Parameter (Warenhäuser etwa Kleidergröße, Lieblingsfarben und Präferenzen) des Kunden und erstellen mittels →Algorithmen einen personalisierten Warenkorb (→Personalisierung). Lösungen von →Fintech-Anbietern positionieren sich hier häufig als Intermediär, sozusagen als Schnittstellenbetreiber zwischen Anbieter und Händler (→Intermediation). Die Verbindung zwischen diesen primären und sekundären Wertschöpfungsprozessen (→E-Commerce) greift beispielsweise das Konzept des Embedded Finance (→EFI) auf.

Custodial Wallet
→Wallets nehmen eine Schlüsselfunktion im Bereich der →Kryptowährungen ein, indem sie digitale →Coins und →Tokens speichern und die Abwicklung von Transaktionen unterstützen. Jede →Wallet verfügt über einen →Private Key, mit dem sich der autorisierte Nutzer verifizieren und Transaktionen beauftragen kann. Im Modell der Custodial Wallet überträgt der Besitzer seinen →Private Key, auf einen Intermediär (→Intermediation), der als Verwalter im Sinne eines Aufbewahrungsdienstes (Custodial Service) agiert und im Namen des Eigentümers Transaktionen ausübt. Die Custodial Wallet bietet gegenüber einer →Self-hosted Wallet eine erhöhte Benutzerfreundlichkeit und einen verbesserten Schutz des →Private Key vor Diebstahl und Verlust, setzt jedoch die Vertrauenswürdigkeit des Anbieters des Wallet-Dienstes voraus (→Intermediation).

Custodian
Verwahrer von Aktiva, worunter sowohl physische Werte (z. B. Aktien, Gold) als auch digitale Werte (→Digital Asset) zu subsumieren sind.

Customer Experience
→Kundenerlebnis.

Customer Journey (CJ)
Bezeichnet die zeit-logische Verknüpfung von Aktivitäten, die ein Kunde während seiner Kaufentscheidung über die Zeit und verschiedenen Kanäle (→Multi-/→Omni-Channel) durchläuft. Im Vordergrund steht dabei die Frage, wie Kunden auf das Produkt des Händlers aufmerksam werden (Schaffung des Bewusstseins) und wie die Interaktion zwischen Kunde und Händler gestaltet ist. Wie in Abb. 18 dargestellt, ist die CJ i. d. R. ein gerichteter Pfad, der in der Vorkaufphase beginnt und sich über die Kaufphase hin zur Betreuung des Kunden zieht, in welcher durch Mitgliedschaften, Informationsangebote oder Beratung eine stärkere Bindung an das Unternehmen stattfinden soll. Im positiven Fall empfiehlt der Kunde den Dienst seinen Freunden, Kollegen etc. weiter. Die CJ betrachtet dabei primär nicht die einzelnen Komponenten des Produktes (Preis, Qualität, etc.), sondern die Erfahrungen des Kunden im Umgang mit dem Unternehmen (Ladenansicht, Sauberkeit, Freundlichkeit und Hilfsbereitschaft der Mitarbeiter, etc.), da diese seine Kaufentscheidung beeinflussen (→Kundenerlebnis). Eine hilfreiche Methode zur Visualisierung der CJ ist die Erstellung von Customer Journey Maps, wofür sich verschiedene Werkzeuge und Techniken heraus-

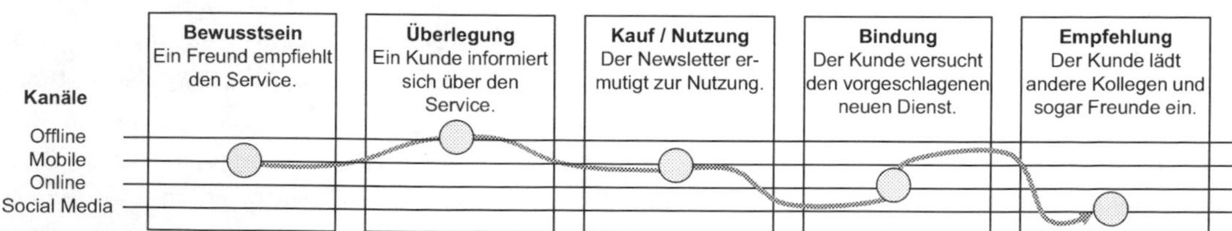

Abb. 18 Phasen einer Customer Journey

gebildet haben. Performancekennzahlen (→KPI) für das →Kundenerlebnis wie etwa positive oder negative Einschätzungen aus der →Sentimentanalyse lassen sich den Ereignissen an den jeweiligen Stufen der CJ (s. Kreise in Abb. 18) zuordnen. Insbesondere im Rahmen von →Design Thinking und anderen innovationsfördernden Methoden kommen diese im →Fintech-Bereich zum Einsatz.

Customer Relevancy
→Kundenrelevanz.

Cyber-physical System (CPS)
Bezeichnet die Ergänzung physischer Geräte und Systeme durch →Informationstechnologie, um diese zu überwachen bzw. zu steuern. Dabei kann es sich um komplexe Energie-, Logistik-, Mobilitäts- oder Fertigungssysteme handeln, wobei zum Finanzbereich einerseits beim Management physischer Geldflüsse und andererseits bei Einbindung von Abrechnungs- und Absicherungsdiensten (→PAYU) ein Bezug besteht.

Cybercrime
→Cyberkriminalität.

Cyberkriminalität
Cyberkriminalität bezeichnet Straftaten, bei denen Täter zur Ausführung krimineller Handlungen digitale Medien verwenden (z. B. Phishing E-Mails, Passwortdiebstahl, Virenangriffe, Identitätsdiebstahl, Erpressung). Sie führt zu Cyberrisiken (→Cyberrisiko), die insbesondere Finanzdienstleister mit entsprechenden Vorkehrungen adressieren müssen. Nachdem →Fintech-Unternehmen sensible Personendaten und wertvolle Finanzdaten verarbeiten, sind sie häufig Ziel derartiger krimineller Aktivitäten. Ein häufiges Vorgehen ist die sog. Ransomware, wobei Kriminelle in ein Zielsystem eindringen, dort Daten verschlüsseln oder Nutzerzugänge sperren und diese erst gegen die Zahlung eines Lösegeldes (Ransom) wieder freigeben. Aufgrund des hohen materiellen und/oder immateriellen Wertes der Daten, kommen Unternehmen wiederholt der Zahlungsaufforderung nach, die bei großen Unternehmen im Bereich mehrerer Millionen US-Dollar liegen kann. Zur Zahlung kommen in der Regel →Kryptowährungen wie etwa →Bitcoin, →Ethereum oder →Tether zum Einsatz, die abhängig von ihrer Ausgestaltung (→Privacy Coin, →Pseudonymisierung) und solange nicht →Plattformen, wie etwa →Kryptobörsen, beteiligt sind, den Transaktionsparteien ein hohes Maß an Anonymität gewährleisten.

Cyberrisiko
Mit der zunehmenden →Digitalisierung von →Geschäftsmodellen, Produkten und Prozessen steigen auch die Fragen der Cyber-Risiken, die Finanzdienstleister in ihrem Risikomanagement und der Gestaltung ihrer →IT-Infrastruktur zu berücksichtigen haben. Zu den Bereichen zählen beabsichtigt herbeigeführte Handlungen wie Cyber-Spionage (z. B. Ausspähen), -Sabotage (z. B. Zerstören von Infrastruktur), -Kriminalität (→Cyberkriminalität) und Fehlinformationen (Fake News), aber auch unbeabsichtigte Konsequenzen von Fehlfunktionen (z. B. Programmierfehler) und irrtümlichem Verhalten (z. B. nicht bekannte Handlungsfolgen). Gerade Unternehmen im →Fintech-Bereich, die einen hohen →Digitalisierungsgrad besitzen und in einem sensiblen Umfeld (Finanzdaten, personenbezogene Daten) agieren, müssen Fragen von Datensicherheit und Datenschutz einen hohen Stellenwert einräumen.

Dai
→Kryptowährung auf Basis von →Ethereum, die als →Stablecoin gegenüber dem US-Dollar konstruiert ist (1 DAI = 1 USD). Sie erlaubt im Kreditgeschäft die Belastung von Vermögenswerten gegenüber einer stabilen Währung. Die Verwaltung der Währung erfolgt durch MakerDAO, die auch die →Kryptowährung →Maker herausgibt.

Dark Pool
Ähnlich alternativen Handelsplattformen (→ATP) handelt es sich bei Dark Pools um privatwirtschaftlich betriebene elektronische Handelsplattformen (→elektronische Börse), die Kauf- und Verkaufsgebote außerhalb des Auftragsbuches

(→Order Book) offizieller Börsen durchführen. Allerdings sind sie gegenüber →ATP (noch) weniger transparent, da sowohl Handelsvolumina als auch die Gebotspreise nicht sichtbar sind bzw. „im Dunkeln" bleiben. Dennoch haben die intransparenten Privatmärkte mit der seit dem Jahr 2018 gültigen →MiFID-Richtlinie bestimmte Transparenzkriterien zu erfüllen. Vorteile haben Dark Pools vor allem bei größeren Aufträgen, die in offiziellen Märkten zu Auswirkungen auf den Marktpreis (z. B. einen Preisverfall) führen können. Anbieter sind ähnlich →ATP Großbanken wie Barclays, Credit Suisse, Deutsche Bank, Goldman Sachs oder UBS.

Darknet
Beim „dunklen Netz" handelt es sich um einen Bereich des Internets, welcher mittels Zugangs- und Verschlüsselungssoftware vom offenen Bereich abgegrenzt ist. Hintergrund ist ein erhöhtes Anonymitätsbedürfnis der Nutzer, welches auf verschiedenen Motivationen (z. B. politische Verfolgung, illegale Verbreitung von Inhalten, Verbreitung illegaler Inhalte oder Durchführung illegaler Handlungen bzw. Transaktionen, →Cyberkriminalität) beruht. Die Anonymität ist mit der Dezentralität des Darknet verbunden, das die Inhalte nach dem →P2P-Prinzip nicht zentral verwaltet und damit zu den frühzeitigen dezentralen →digitalen Marktplätzen (→DEX) zählt. Entsprechend diesem Anonymitätsbedürfnis kommen auch zur →elektronischen Bezahlung dezentrale →Kryptowährungen, insbesondere →Bitcoin oder →Tether, zum Einsatz.

Dash
→Kryptowährung, die ähnlich →Bitcoin konzipiert ist, jedoch keine öffentlich einsehbaren Blöcke bzw. Transaktionen aufweist. Im Jahr 2020 hat Dash den →Konsensmechanismus von →PoW auf →Proof-of-Stake gewechselt.

Datenaggregation
Der Prozess der Zusammenfassung bzw. Aggregation von Daten umfasst die Sammlung und Bündelung von großen Datenmengen (→Big Data) zur Durchführung statistischer Analysen. Ziel der Aggregation bzw. der anschließenden statistischen Auswertung ist es, mehr Informationen über bestimmte Gruppen auf der Grundlage bestimmter Variablen wie Alter, Beruf oder Einkommen zu erhalten. Diese Informationen kommen beispielsweise zur →Personalisierung oder Weiterentwicklung der Website oder der angebotenen Produkte je nach Kundengruppe zum Einsatz. Ein Anwendungsbereich ist etwa das →Social CRM. Ebenso findet sich Datenaggregation in zahlreichen Anwendungsfeldern, die auf übergreifenden Sichten und Auswertungen beruhen, z. B. dem →Personal Finance Management oder dem Risikomanagement. Aus technologischer Sicht findet die Extraktion der Daten aus den →Anwendungssystemen über Schnittstellen (→API) statt, wofür zahlreiche →Fintech-Unternehmen Schnittstellenlösungen anbieten (z. B. BanksAPI).

Datengetriebener Ansatz (Data-Driven Approach)
Bei einem datengetriebenen Ansatz treffen Unternehmen strategische Entscheidungen primär objektiv auf Basis von Daten, d. h. basierend auf der Analyse und Interpretation von Daten (z. B. mittels →Big Data). Dadurch können Unternehmen Entscheidungen bezüglich der Produkt-, Sortiments- und Preispolitik sowie der Marktstrategie verbessern. So liefern Daten die Grundlage, um durch →Personalisierung Produkte und Services für ihre Kunden zu generieren (→Smart Product, →Smart Service) oder um fundiertere Annahmen zu Marktentwicklungen bzw. das Kundenverhalten zu treffen. Die Daten können sich auf Angaben zu Personen, Sachen oder Sachverhalten beziehen und lassen sich in qualitative, quantitative, statische oder dynamische Daten unterteilen. Ein Beispiel für das Vorgehen bei der Konzeption und Implementierung eines datengetriebenen Dienstes (→Service) zeigt Abb. 19. Die Phase der Konzeption ist dabei klar von der Phase der Implementierung getrennt und nach den drei Stufen des →Design-Thinking-Ansatzes untergliedert. Während der ersten Stufe (Define) erfolgt mit Ideengenerierung und -bewertung die Festlegung des Innovationsvorhabens, die Formulierung von Zielen und kritischen Erfolgsfaktoren (z. B. mittels einer

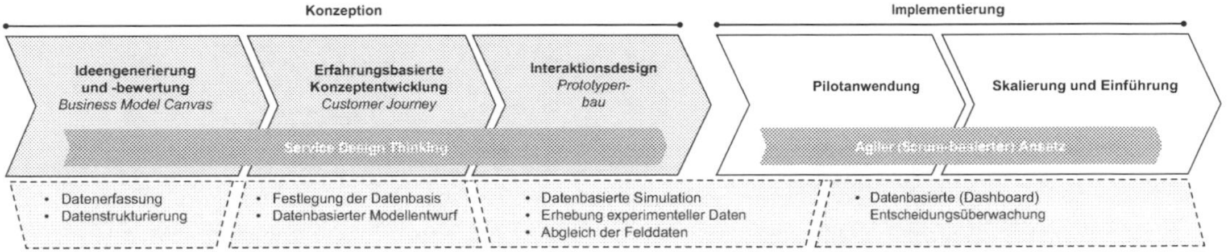

Abb. 19 Vorgehen bei der Konzeption und Implementierung eines datengetriebenen Service

datengetriebenen →Business Model Canvas) Die zweite Stufe (Develop) umfasst die Entwicklung einer →Customer Journey, um damit den individuellen Mehrwert für den Kunden auf Basis der gewonnenen Daten zu bestimmen. Die dritte Stufe (Deploy) beinhaltet die Entwicklung des Interaktionsdesigns auf Basis von →Mock-ups und Prototypen (→MVP). Die Implementierungsphase beruht häufig auf agilen Entwicklungsansätzen wie etwa →Scrum, wobei Daten hier wiederum zur Überwachung der Pilotierung und des späteren →Roll-out dienen können (→Daten-Innovations-Board).

Daten-Innovations-Board (Data Innovation Board)
Ein Innovations-Board kann in Anlehnung an die Business Model Canvas (→BMC) die Entwicklung digitaler Lösungen unterstützen. Als Konkretisierung des allgemeinen Digital-Innovation-Board konzentriert sich das Data Innovation Board auf den Entwicklungsprozess →datengetriebener Produkte und Services. Es orientiert sich dazu an dem Vorgehen des →Design Thinking und visualisiert die getroffenen Gestaltungsentscheidungen in drei Bereichen (s. Abb. 20): (1) Die Explore-Felder konkretisieren den Nutzer und strukturieren anhand vorhandener Daten die Zielgruppe, um darüber ein klares Verständnis über die Bedürfnisse des Nutzers aufzubauen. (2) Die Ideate-Felder adressieren Fragen, um datengetriebene Wege zur Lösung von Problemen bzw. unbefriedigte Bedürfnisse des Nutzers zu identifizieren und schließlich eine datengetriebene Lösung auszuwählen. (3) Die Evaluate-Felder liefern weitere Details zur Kundeninteraktion und konkretisieren Anknüpfungspunkte für die laufende weitere Verbesserung.

Datengetriebenes Produkt (Data Driven Product)
Dem →datengetriebenen Ansatz folgend definieren sich datengetriebene Produkte durch ein Wertangebot, bei dem Daten einen erheblichen Teil der Generierung des Produkts, bzw. der Produktcharakteristik ausmachen. Ein Beispiel sind nutzungs- oder situationsabhängige Produkte (→PAYU), wie sie etwa im Versicherungsbereich anzutreffen sind. Im Sprachgebrauch finden datengetriebene Produkte häufig eine synonyme Verwendung zu den enger gefassten „smarten" bzw. „intelligenten" Produkten wie etwa von Fahrzeugen oder Maschinen, deren Steuerung softwarebasiert ist und häufig adaptive bzw. lernende Funktionen aufweisen. Ebenso wie →Smart Products lassen sich datengetriebene Produkte zu →Smart Services erweitern, um hierdurch Sharing-Modelle (→Sharing Economy) oder Konzepte der vorbeugenden Wartung (Predictive Maintenance) zu realisieren.

Datengetriebener Service (Data-Driven Service)
Bezeichnet eine datenbasierte Dienstleistung, die nach dem Pay-as-you-Use-Prinzip (→PAYU) einen nutzungsbezogen bereitgestellten und abgerechneten Dienst umfasst. Gegenüber einem klassischen →IT-basierten Dienst wie ihn etwa das →Cloud Computing vorsieht, zeichnen sich datengetriebene Dienste durch Individualisierung bezüglich des Nutzer- und/oder Nutzungskontextes aus. Derartige →Smart Services beziehen dazu personen- und/oder situationsspezifische Daten ein, die sie über intelligente Endgeräte (z. B. Smartphones, Tablets, →Wearables) erhalten. Häufig sind →Smart Services als komplexe Service-Systeme aufgebaut, da beispiels-

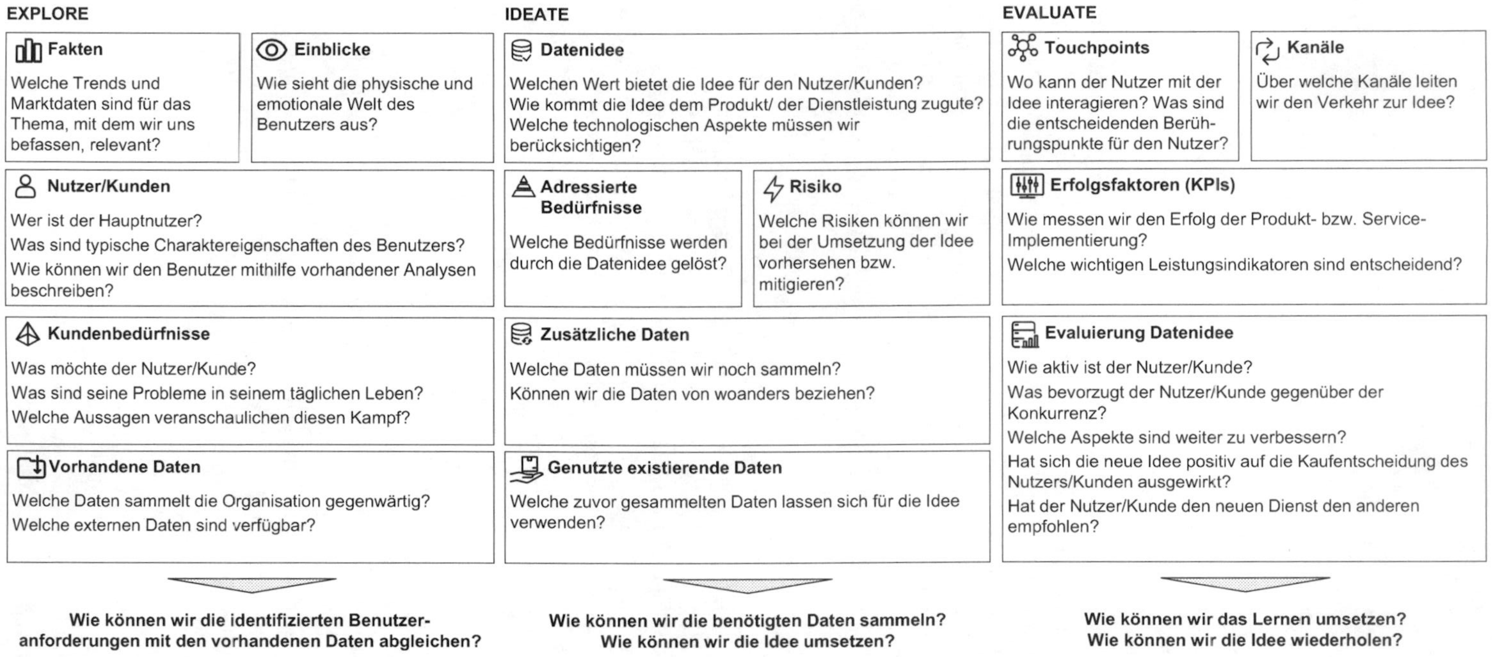

EXPLORE

Fakten
Welche Trends und Marktdaten sind für das Thema, mit dem wir uns befassen, relevant?

Einblicke
Wie sieht die physische und emotionale Welt des Benutzers aus?

Nutzer/Kunden
Wer ist der Hauptnutzer?
Was sind typische Charaktereigenschaften des Benutzers?
Wie können wir den Benutzer mithilfe vorhandener Analysen beschreiben?

Kundenbedürfnisse
Was möchte der Nutzer/Kunde?
Was sind seine Probleme in seinem täglichen Leben?
Welche Aussagen veranschaulichen diesen Kampf?

Vorhandene Daten
Welche Daten sammelt die Organisation gegenwärtig?
Welche externen Daten sind verfügbar?

Wie können wir die identifizierten Benutzer-anforderungen mit den vorhandenen Daten abgleichen?

IDEATE

Datenidee
Welchen Wert bietet die Idee für den Nutzer/Kunden?
Wie kommt die Idee dem Produkt/ der Dienstleistung zugute?
Welche technologischen Aspekte müssen wir berücksichtigen?

Adressierte Bedürfnisse
Welche Bedürfnisse werden durch die Datenidee gelöst?

Risiko
Welche Risiken können wir bei der Umsetzung der Idee vorhersehen bzw. mitigieren?

Zusätzliche Daten
Welche Daten müssen wir noch sammeln?
Können wir die Daten von woanders beziehen?

Genutzte existierende Daten
Welche zuvor gesammelten Daten lassen sich für die Idee verwenden?

Wie können wir die benötigten Daten sammeln?
Wie können wir die Idee umsetzen?

EVALUATE

Touchpoints
Wo kann der Nutzer mit der Idee interagieren? Was sind die entscheidenden Berührungspunkte für den Nutzer?

Kanäle
Über welche Kanäle leiten wir den Verkehr zur Idee?

Erfolgsfaktoren (KPIs)
Wie messen wir den Erfolg der Produkt- bzw. Service-Implementierung?
Welche wichtigen Leistungsindikatoren sind entscheidend?

Evaluierung Datenidee
Wie aktiv ist der Nutzer/Kunde?
Was bevorzugt der Nutzer/Kunde gegenüber der Konkurrenz?
Welche Aspekte sind weiter zu verbessern?
Hat sich die neue Idee positiv auf die Kaufentscheidung des Nutzers/Kunden ausgewirkt?
Hat der Nutzer/Kunde den neuen Dienst den anderen empfohlen?

Wie können wir das Lernen umsetzen?
Wie können wir die Idee wiederholen?

Abb. 20 Daten-Innovations-Board (s. Kronsbein und Müller 2019, S. 565)

weise ein Carsharing-Smart-Service die Verbindung mit einem Navigations-, einem Park- und einem →Zahlungsdienst umfasst. Mit der Strategie datengetriebener Services ist ein Wandel vom reinen Produkthersteller hin zum umfassenden Lösungsanbieter bzw. einem neuen →Geschäftsmodell verbunden. Datengetriebene Services umfassen dazu drei zentrale Elemente (s. Kaufmann und Servatius 2020, S. 152): (1) Datenquellen bilden als Dateninput den Kern datengetriebener Services. (2) Die Serviceart beschreibt die unterschiedlichen analytischen Methoden, von der Analyse bis zur Vorhersage (→Business Analytics). (3) Die Lieferart bestimmt, in welcher Form der Kunde den →Service erhält, ob beispielsweise als App oder Software.

Datenschutzgrundverordnung (DSGVO)
Die DSGVO oder DS-GVO regelt als Verordnung der Europäischen Union die Verarbeitung personenbezogener Daten durch private und öffentliche Datenträger. Dies soll einerseits den Schutz dieser sensiblen Daten innerhalb der Europäischen Union sicherstellen und andererseits auch den freien Datenverkehr innerhalb des Europäischen Binnenmarktes gewährleisten. Die DSGVO gilt auch für die in Deutschland tätigen →Fintech-Unternehmen, die aufgrund ihrer digitalen →Geschäftsmodelle ein erhöhtes Bewusstsein für Datenschutzbelange und deren gesetzliche Vorschrift bei der Verarbeitung von personenbezogenen oder personenbeziehbaren Daten (insbesondere Geschlecht, Anrede, Passwort, Bank-/Konto-/Zahlungsdaten, Geburtsdatum, Alter, sonstige IP-Adresse, Telefonnummer, Wohnort-/Liefer-/Rechnungsadresse, Vor- und Nachname) nachweisen müssen.

Datenstruktur
Bezeichnet die Organisationsform von Daten in Datenbanken. Während in klassischen Datenbanken das relationale Datenmodell verbreitet ist, das Datensätze in durch Schlüssel verbundenen Tabellen speichert, ist dies bei den verteilten Datenbanken im Umfeld der →Kryptowährungen die Verkettung von Transaktionen. Wie in Abb. 21 dargestellt, sind lineare Datenstrukturen bei vielen →Blockchain-Frameworks (z. B. →Bitcoin) im Einsatz. Demgegenüber sind die Transaktionen bei einem Directed Acyclic Graph (→DAG) in den Knoten zusammengefasst und mit mehreren vor- und nachgelagerten Knoten (Child/Parent) verbunden. Ähnliche Strukturen finden sich bei →Hashgraph und →Holochain.

Decentralized Application (DApp)
→Applikation, die in einer dezentralen Umgebung gespeichert und lauffähig ist. Beispiele finden sich insbesondere im →Blockchain-Umfeld bei bekannten Systemen wie →Ethereum. Auf eine DApp können Nutzer wie bei einer klassischen →App über eine Benutzeroberfläche (→Frontend) zugreifen, jedoch befinden sich die Programmlogik und die Daten nicht auf einem zentralen Server, sondern auf einer →Blockchain bzw. einer →DLT. Somit sind für das Funktionieren der Anwendung und die Verwaltung der Informationen keine zentralen →Plattformen oder Marktplätze notwendig (→Intermediation). Ein Beispiel für eine solche DApp ist e-chat, ein soziales Netzwerk, bei dem die →Blockchain die Beiträge speichert und dadurch vor Löschung und Zensur schützt. Ebenso entstehen DApps, die den Handel von Finanzprodukten erlauben (→DeFi).

Lineare Datenstruktur (Blockchain)

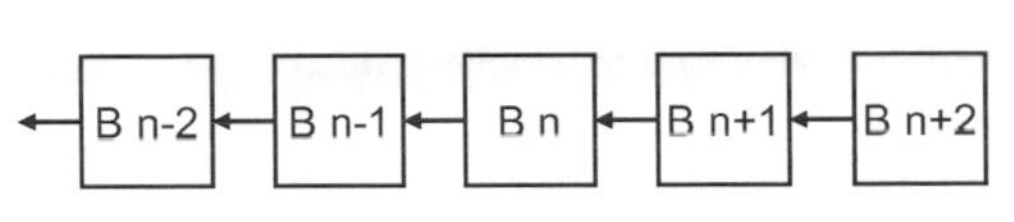

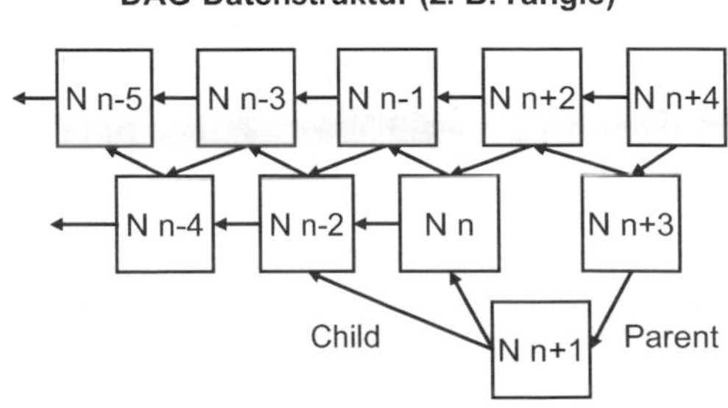

Legende: B: Block, N: Node

Abb. 21 Lineare und DAG-Datenstruktur (in Anlehnung an Bai 2019)

Decentralized Autonomous Organisation (DAO)
Eine auf →Smart Contracts und →DLT basierende Organisation, mit dem Ziel, ohne menschliches Management und ohne Intermediäre (→Intermediation) ausschließlich auf Basis vorab festgelegter und selbstlernender Regeln (→Smart Contract) Handlungen (z. B. den Kauf oder Verkauf von Wertpapieren) auszuüben.

Decentralized Exchange (DEX)
In einer dezentralisierten Börse übernimmt →bei mehreren Akteuren (bzw. →Nodes) vorhandenes Informationssystem die Aufgaben eines zentralisierten Börsensystems (→elektronische Börse, →DeFi). Entsprechend der Funktionalitäten eines →digitalen Marktplatzes zählen dazu die Sammlung von (Kauf- und Verkaufs-) Angeboten in einem Auftragsbuch (→Order Book), die Zuordnung der Kauf- und Verkaufsgebote nach einem bestimmten Mechanismus (Matching) und die Abwicklung der Transaktionen (Clearing und Settlement, →CSM). Wie in Abb. 22 dargestellt, existieren bereits verschiedene →Protokolle für →DLT-Systeme zur Realisierung von DEX. Eine bekannte DEX ist z. B. →Binance DEX.

Decentralized Finance (DeFi)
Sammelbegriff für Geschäftslösungen im Finanzbereich, der insbesondere die Konzepte →DApps, →DLT und →Open Banking umfasst. DeFi positioniert sich gegenüber zentralisierten Ansätzen wie etwa Zentralbanken, Kreditkartenorganisationen oder bestehenden Abwicklungsinstitutionen, wie etwa →SWIFT. Insbesondere seit dem Jahr 2018 sind im DeFi-Bereich zahlreiche →Kryptowährungen entstanden, die sich auf dezentrale Handels- und Transaktionsprozesse konzentrieren (z. B. →Aave, →Synthetix, →Uniswap). Zu den bekannten Lösungen zählen das →Crowdfunding, dezentrale Marktplätze (→DEX) oder dezentrale Bezahlsysteme (→elektronische Zahlungen).

Decentralized Identifier (DID)
Offener und von vielen Akteuren im →Blockchain-Umfeld unterstützter Standard des World Wide Web Consortium (W3C) für dezentrale Verfahren des →Identitätsmanagements, der über eine Webadresse (URL) auf verifizierende Daten über Dinge oder Personen (→Verifiable Credentials) verweist. Dazu zählen etwa →Public Keys einer →Wallet, Herkunftsnachweise, Biometriedaten oder Zertifikate. DID sind i. d. R. auf Basis von →DLT-Systemen realisiert und kommen ohne eine zentrale Zertifizierungsinstanz aus, da die →DLT-Software eine Mehrfachvergabe von Bezeichnern ausschließt. DID kommen zur →Authentifizierung zum Einsatz und finden sich unter der Bezeichnung →KYC.

Deep Learning
Als Teilbereich der künstlichen Intelligenz (→KI) bezeichnet das Deep Learning den Einsatz neuronaler Netze als eine Ausprägung des maschinellen Lernens (→ML). Die Tiefe bzw. die Topologie des Netzes ergibt sich durch die Struktur des neuronalen Netzes, das aus Neuronen in mehreren hierarchisch aufgebauten Schichten besteht. Ausgehend von den Eingangsdaten entwickeln die Neuronen Werte, die zu Gewichten und schließlich zu einer Einschätzung (z. B. Bilderkennung, Risikoberechnung) führen.

Delegated Proof-of-Stake (DPoS)
→Konsensmechanismus in →Blockchain-Systemen, der auf dem →Proof-of-Stake-Verfahren aufbaut und u. a. durch eine verstärkte Zentralisierung die Generierung von Blöcken verbessern soll. Dies geschieht, indem Netzwerkteilnehmer bestimmte Knoten (→Node) beauftragen, am →Proof-of-Stake-Verfahren teilzunehmen. Die „Beauftragung" erfolgt durch die Zuweisung von →Token durch die Teilnehmer, welche die Delegierten dann im Konsensverfahren einsetzen. Delegierte

Protokoll-Name	Protokoll-Typ	Preisfindungsmechanismus
0x	Exchange	→Off-Chain Order Books
(Air)Swaps	→P2P/→OTC	P2P Negotiation
Bancor	→Liquidity Pool	→Smart Contract
Kyper Network	Reserve Aggregator	Automated Price Reserve
→Uniswap	→Liquidity Pool	→Smart Contract

Abb. 22 Protokolle für dezentrale Börsen (s. Schär 2021, S. 161)

mit mehr Kapital besitzen demnach mehr Gewicht im →Proof-of-Stake-Prozess. Die Validierung der Blöcke erfolgt in einer vorbestimmten Reihenfolge zwischen den Delegierten, woraus sich eine höhere Effizienz ergibt. Ein weiterer Aspekt gegenüber dem bestehenden →Proof-of-Stake besteht im demokratischeren Aufbau der Konsenslogik, da keine Mindesteinlagehöhe von →Token notwendig ist und die Netzwerkteilnehmer ihre Einlagen flexibel den Delegierten zuteilen können. Daraus soll u. a. ein loyales Verhalten der Delegierten resultieren. Das Verfahren kommt z. B. bei der →Kryptowährung →Eos zum Einsatz.

Design Thinking
Häufig zur Entwicklung von →Geschäftsmodellen verwendete Methode, die Prinzipien →agiler Softwareentwicklungsmethoden (→Scrum) mit Innovations- und Kreativitätstechniken verbindet. Das Vorgehen orientiert sich an Kundenproblemen, die schnell zu verstehen, innovativ zu lösen und frühzeitig mittels Prototypen zu testen sind. Die Anwendung von Design Thinking ist verbreitet im →Start-up-Bereich.

Desktop Automation
Beschreibt als Bereich des →Cognitive Computing die Automatisierung einfacher, regelbasierter Prozesse auf Basis von definierten Aktionen und Entscheidungspunkten. Ein Beispiel ist der Übertrag von Verkaufsdaten aus einer Excel-Tabelle in ein Online-Formular. Die mit der Automatisierung erzielbaren Verbesserungen in Bearbeitungsgeschwindigkeit und Fehlerraten sind insbesondere bei vielen →Backoffice-Aufgaben von Bedeutung. Für Desktop Automation sind spezielle →Anwendungssysteme entstanden (→Roboter), die zum Begriff der Robotic Desktop Automation (→RDA) geführt haben.

Dev
Die Abkürzung für Development findet sich häufig im Umfeld des →agilen Projektmanagements (→Scrum), z. B. als Bezeichnung für die Entwicklerteams (Dev-Teams).

DevOps
Das Kofferwort aus Development (→Dev) und Operations (Ops) verbindet die Entwicklung und den Betrieb von Software. Die Arbeitsweise von DevOps ist mit Prinzipien der →Agilität und des agilen Projektmanagements (→Scrum) verbunden und zielt auf die zeitnahe Realisierung von Software in kurzen, häufig im Wochenbereich liegenden Zyklen (sog. Sprints). Durch die Einbindung von Kundenvertretern in den →Dev-Teams gewährleistet DevOps die Ausrichtung am Kundenbedarf und durch die Verbindung von Entwicklung und operativem Betrieb die Gewährleistung von Qualität und Betriebsstabilität. DevOps löst zunehmend klassische Entwicklungsansätze ab und verbindet die Ansätze der agilen Softwareentwicklung mit jenen der kontinuierlichen Auslieferung und Integration von Software. Orientierung bieten im Zusammenspiel von Kunde, Entwicklung und Betrieb die vier DevOps-Grundprinzipien, die sich mit Culture, Automation, Measurement und Sharing (CAMS) zusammenfassen lassen (s. Abb. 23). Angestrebte Ziele sind danach eine Kultur des Zusammenarbeitens und der gemeinsamen Verantwortung für die Softwarequalität in Teams, der umfassende Einsatz von Entwicklungswerkzeugen entlang einer sog. Delivery Pipeline, das Verwenden von Metriken zur Messung der Entwicklungsleistung (z. B. Deploy Frequency als Häufigkeit neuer Releases) und das umfassende Teilen bestehenden Wissens.

Diem
Projekt im elektronischen Zahlungsverkehr (→elektronische Zahlungen), das auf die Initiative des Social-Media-Unternehmens Meta (ehemals Facebook) zurückgeht. Dieses hat im Jahr 2019 die in Genf ansässige Libra Association gegründet, der neben Facebook ca. 20 weitere Unternehmen angehörten. Die ursprüngliche Idee war das Schaffen einer neuen digitalen Währung, die als →Stable Coin zwar an einen Währungskorb bestehender →Fiat-Währungen gekoppelt ist und in der Schweiz eine →E-Money-Lizenz besitzt. Danach kaufen Nutzer Libra ähnlich anderen →digitalen Währungen mit der jeweiligen Landeswährung oder alternativen digitalen Währungen mittels ihrer →E-Wallet. Im April 2020 hat eine Anpassung des bei der Schweizer Regulierungsbehörde Finma eingereichten Libra-Konzepts dahingehend stattgefunden, dass Libra 2.0 nicht mehr auf eine durch mehrere →Fiat-Währungen abgesicherte digitale „Welt-

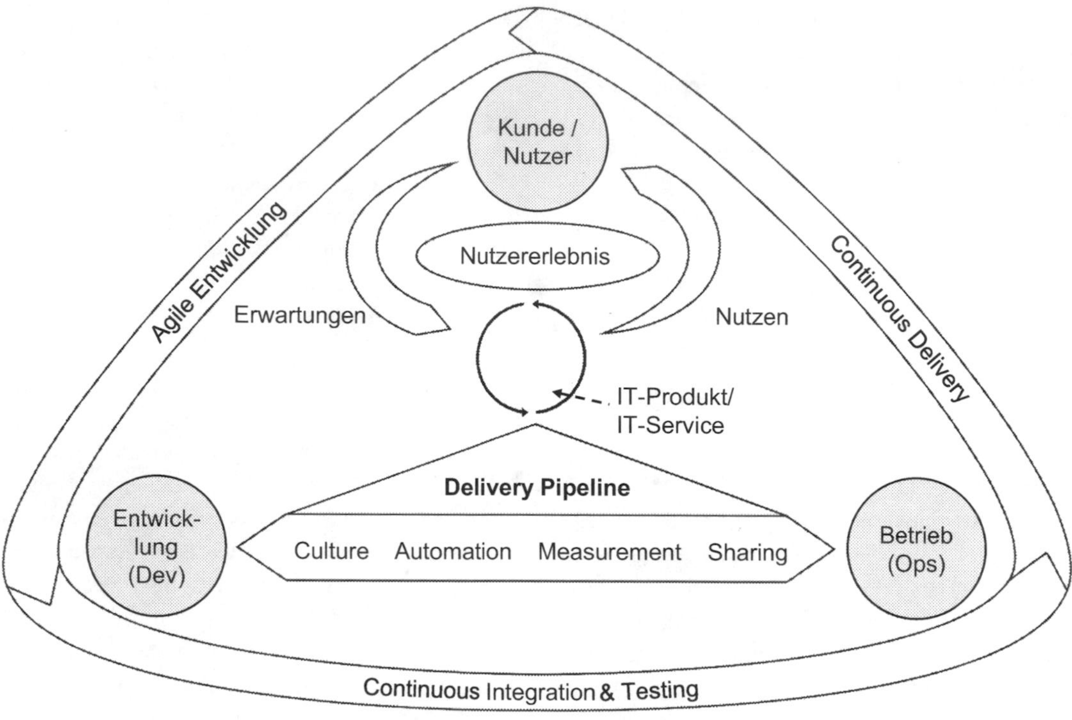

Abb. 23 DevOps-Prinzipien im Überblick (s. Alt et al. 2017, S. 28)

währung", sondern auf die Kopplung jeder →Coin an genau eine konkrete →Fiat-Währung abzielt. Zudem soll anstatt einer genehmigungsfreien eine geschlossene →Blockchain-Infrastruktur (→Permissioned Blockchain) zum Einsatz kommen. Ziel ist weiterhin, dass elektronische Transaktionen weltweit effizienter (d. h. schneller und kostengünstiger) und als Alternative zu den bestehenden von Banken dominierten Zahlungssystemen stattfinden können. Seit Dezember 2020 hat Libra eine Umbenennung in Diem erfahren, um damit die Unabhängigkeit des Projektes zu verstärken und im Mai 2021 hat schließlich vor dem Hintergrund von Rivalitäten mit bestehenden Zahlungssystemen eine weitere Neuausrichtung stattgefunden. Damit strebt Diem keine Lizensierung in der Schweiz mehr an, sondern verlagert seine Aktivitäten in die USA, bindet die →Coins an den US-Dollar und hat das Projekt seit dem Jahr 2022 an die Silvergate-Bank als einzigem →Issuer des →Stable Coins veräußert.

Digirati

Digerati (oder Digirati) verbindet die Worte digital und Literati, um damit eine hohe Kenntnis oder Erfahrung im →IT-Bereich auszudrücken. Dem Begriff der →Digitalisierung folgend, kann sich Digirati sowohl auf Individuen als auch auf Organisationen beziehen. Ein besonderer Bezug findet sich im Umfeld der →Start-up-Unternehmen im Technologiebereich, die u. a. Unternehmen im →Fintech- bzw. →Insurtech-Bereich umfassen und häufig gegenüber →Incumbents als →Digital Champions gelten.

Digital

Zunächst bezeichnen Technologien der digitalen Signalverarbeitung den Einsatz binärer Zeichen zur Speicherung und Übertragung von Signalen. Gegenüber den in kontinuierlichen Funktionen auftretenden analog repräsentierten Daten (z. B. Bilder, Filme, Audio) erfassen digitale Technologien sämtliche Signale in Binärform (0 oder 1). Die Analog-Digital-Wandlung erfolgt durch Abtastung der analogen Signale und der Speicherung dieser Binärcodes in Dateien mit einem bestimmten Format (z. B. mp3, mp4). Digitale Medien besitzen wichtige Vorteile, da die Daten abnutzungsfrei lesbar und in Echtzeit (→Echtzeitverarbeitung) über elektronische Netze übertragbar sind. Insbesondere Produkte und Dienstleistungen mit hohem Informationsanteil sind daher durch digitale Technologien abbildbar und veränderbar. Für den dadurch möglichen Veränderungsprozess hat sich der Begriff der →digitalen Transformation etabliert, der die Erschließung der anwendungsorientierten Potenziale der →Digitalisierung umfasst. Für Finanzdienstleister hat dies weitreichende Folgen bezüglich der →Prozessautomation (→RPA) in allen Prozessen von der Kundeninteraktion bis hin zur →Backoffice-Bearbeitung und hat zur Entstehung der →Fintech-Unternehmen geführt, welche die Finanzbranche bereits stark verändert haben.

Digital Asset
Gegenüber physischen Vermögenswerten wie Edelmetallen, Immobilien und Wertpapieren umfassen digitale Vermögenswerte alle in digitaler Form enthaltenen Objekte mit Nutzungsrechten. Zu den Beispielen für Digital Assets zählen Daten wie Bilder, Videos, Präsentationen oder Texte, die Unternehmen nutzen können, um mit Hilfe der sich daraus ableitenden Informationen einen (z. B. finanziellen) Wert zu generieren. Mit dem Aufkommen von →Kryptowährungen ist mit →Token die Möglichkeit entstanden, die Verfügungsrechte von physischen Vermögenwerten digital abzubilden und zu regeln. Die →Tokenisierung bezeichnet das Zerlegen der virtuellen Abbilder von Vermögenswerten und das Handeln dieser →Token auf dem Markt bzw. auf entsprechenden →digitalen Plattformen.

Digital Asset Management (DAM)
Dem Begriff →Digital Asset folgend, finden sich für deren Management drei relevante Interpretationen. Das erste Begriffsverständnis umfasst →Anwendungssysteme zur zentralisierten Verwaltung digitaler Medien (z. B. von Dokumenten, Bild- und Tondateien) einschließlich der Verwendungsrechte. Derartige DAM-Werkzeuge bestehen etwa zur automatisierten Aufbereitung von Nachrichten oder Presseberichten. Ein zweites Verständnis findet sich im Bereich der Vermögensverwaltung (bzw. des Asset Managements) und bezeichnet darin →Anwendungssysteme zum Portfoliomanagement. Diese Werkzeuge reichen von der Konstruktion von Portfolios zur teil- sowie vollautomatisierten Umschichtung von Portfolios hin zur Ausführung von Börsenaufträgen und zu Backoffice-Funktionalitäten. Neuere Ansätze beinhalten etwa →Robo Advisory und →RPA-Funktionalitäten. Mit Aufkommen der →Kryptowährungen ist ein drittes Begriffsverständnis zu beobachten, worin sich Anbieter zum Handel und zur Archivierung von →Krypto-Assets wiederfinden (→Crypto Asset Management).

Digital Banking
Digital Banking bezeichnet allgemein die sukzessive →Digitalisierung sämtlicher traditioneller Bankgeschäfte, -prozesse und -systeme. Ziel ist es, dem Kunden →Services über elektronische Kanäle (z. B. →Online Banking, →Mobile Banking, →Social Banking) zur Verfügung zu stellen, die ihm bisher lediglich offline oder ohne direkten digitalen Zugang innerhalb einer Bankfiliale zur Verfügung standen (u. a. Überweisungen, Kontodienstleistungen, Beantragung von Finanzprodukten). Konkret umfasst Digital Banking die Gestaltung dieser Kanäle (z. B. →Multi-Channel, →Omni-Channel) ebenso wie die medienbruchfreie (→Medienbruch) Gestaltung der Geschäftsprozesse (→Bankmodell) wo immer sinnvoll in Echtzeit (→Prozessautomatisierung).

Digital Champion
Bezeichnung eines Unternehmens, das über einen hohen →Digitalisierungsgrad verfügt. Dieser drückt sich i. d. R. in einer starken Nutzung digitaler Technologien und einer ausgeprägten Fähigkeit zur →digitalen Transformation aus. Bei Digital Champions weisen die Eckpunkte des gesamten →Geschäftsmodells (z. B. die kundenorientierte Vision bzw. →Customer Experience, digitalisierte Geschäftsprozesse, die Unternehmenssteuerung und -kultur) eine hohe Anwendung sowie Affinität zu digitalen Technologien auf.

Digital Coin
→Coin.

Digital Commerce
Mit Verbreitung des →Digitalisierungsbegriffs hat sich als Bezeichnung für die IT-gestützte Wirtschaft (→Electronic Business) oder den elektronischen Handel (→E-Commerce) verstärkt Digital Commerce etabliert. Sie bezeichnet

analog dem →E-Commerce die elektronische Unterstützung der Phasen einer ökonomischen Transaktion.

Digital Currency
→Virtuelle Währung.

Digital Currency Exchange (DCE)
→Kryptobörse.

Digital Management
Bezeichnet die Unternehmensführung im Rahmen der →digitalen Transformation von Branchen und Märkten, wie sie insbesondere →Start-up- bzw. →Fintech-Unternehmen prägen. Im Mittelpunkt steht ein Führungsstil, der sich an den Potenzialen der →Digitalisierung orientiert, mit dem Ziel, diese für neue bzw. veränderte Prozesse, Produkte oder Dienstleistungen zu erschließen. Als klassische Erfolgsfaktoren der Unternehmenskultur im Digital Management gelten u. a. eine hohe Vernetzungsfähigkeit, die Offenheit gegenüber neuen (technologie- und marktgetriebenen) Entwicklungen und den damit einhergehenden Veränderungen, die →Agilität im Handeln und der Einbezug möglichst aller Mitarbeiter. Die Führungskräfte sind dabei aufgefordert, das Wissen der →Digitalisierung im Unternehmen breit verfügbar zu machen (z. B. durch Aus-/Weiterbildung, interdisziplinäre Teams, agile Organisationsansätze wie etwa →DevOps). Ein begleitendes Change Management hat dabei die Aufgabe, die Balance zwischen der Veränderung durch neue digitale →Geschäftsmodelle und dem Mitnehmen von Mitarbeitern und Kunden herzustellen.

Digital Markets Act (DMA)
Im Dezember 2020 gemeinsam mit dem Digital Services Act (→DSA) publizierte Vorgabe der Europäischen Kommission zur Beschränkung der Marktmacht von Betreibern großer →digitaler Plattformen (→Big Tech). Da diese Akteure die Regeln der Plattformen (z. B. Plattformzugang, Nutzungsgebühren, Datenverwendung, Anzeige von Such-/Matchingergebnissen, Anbieterwechsel) bestimmen, gelten sie als →Gatekeeper mit erheblicher Marktmacht. Der DMA möchte Fairness und Offenheit sowohl auf den marktdominierenden →Plattformen als auch bezüglich der Marktchancen kleinerer Plattformen sicherstellen. Für den Finanzbereich bedeutet dies beispielsweise, dass sich →Gatekeeper keinen Vorteil durch die Analyse von Nutzungsdaten auf ihrer →Plattform verschaffen dürfen, um diese dann zu verkaufen oder für ihre eigenen Finanzdienstleistungen zu nutzen. Ebenso dürfen sie externe Anbieter von Finanzprodukten und -diensten (z. B. konkurrierende Bezahldienste) nicht am Zugang zur →Plattform hindern. Als Sanktionen kann die EU-Kommission Strafen bis zu 10 % sowie periodische Zahlungen von bis zu 5 % der weltweiten Umsätze des Unternehmens verhängen.

Digital Native
Bezeichnet eine Bevölkerungsgruppe, die bereits mit der →Digitalisierung aufgewachsen ist. Angehörigen dieser Bevölkerungsgruppe wird eine größere Affinität im Umgang mit neuen Technologien wie Smartphones etc. unterstellt, sowie die Eigenschaft, dass diese über eine größere Vertrautheit und ein besseres Verständnis der Technologie verfügen. Gleichzeitig sind Entwicklungen wie geringere Aufmerksamkeitspannen, geringere Leistungsbereitschaft oder geringe Loyalität zu klassischen Autoritäten (z. B. der Hausbank) zu beobachten.

Digital Payment
Sammelbegriff für digitale bzw. elektronische Zahlungsformen (→elektronische Zahlungen, →E-Payment), die entweder an einem physischen (z. B. in einer Filiale mittels →mobile Payment oder an einem →ATM) oder einem virtuellen →PoS (z. B. einem Online Shop) stattfinden und einer primären Transaktion (→E-Commerce) nachgelagert sind. In die Zahlungsverkehrswertschöpfung sind entsprechend dem →Vier-Ecken-Modell jeweils mehrere Akteure eingebunden (insbesondere →Acquirer, →Issuer, →PSP, →NSP, Händler und Kunde). Diese unterscheiden sich bezüglich der Formen der elektronischen bzw. bargeldlosen Zahlungen. Bei Online Payments (bzw. Zahlungen an einem virtuellen →PoS) kommen vor allem die verschiedenen Formen kartenbasierter Zahlungen zum Einsatz und daneben die Überweisung (nach Rechnung), die Lastschrift sowie →elektronisches Geld wie etwa →Kryptowährungen. Abb. 24 illustriert das Zusammenspiel der Akteure am Beispiel von Kartenzahlungen. Dabei nutzen Käufer in einem Online-Shop die Zahlungsmöglichkeit Kredit-

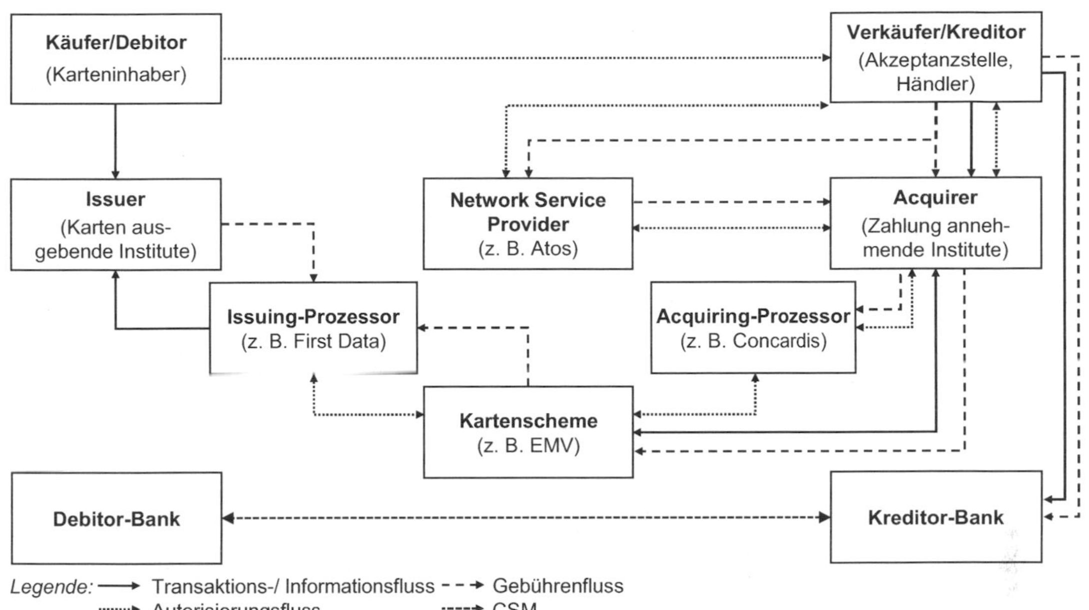

Abb. 24 Kartenbasierte Digital Payments im Vier-Ecken-Modell

karte, die ein →Issuer direkt oder ein weiterer Dienstleister (→TPP) bereitstellt. Die Zahlungsflüsse erfolgen getrennt nach →Autorisierung, →Transaktions- bzw. Informationsfluss, →Clearing- und Settlement-Mechanismus (→CSM) und dem →Gebührenfluss zwischen den Banken auf Käufer- und Verkäuferseite sowie den Zahlungsnetzwerkbetreibern (z. B. →Prozessor, →Scheme). Bei grenzüberschreitenden Transaktionen kommen zusätzlich →Cross-Border-Hubs auf Sender- und Empfängerseite zum Einsatz.

Digital Personal Assistant (DPA)
→ Intelligent Virtual Assistant (IVA).

Digital Services Act (DSA)
Im Dezember 2020 von der Europäischen Kommission angekündigte Regulierung zur Haftung von Online-Diensten, um dadurch die Konsumentenrechte zu schützen (z. B. vor illegalen oder betrügerischen Produkten, Inhalten und Profilen) und einen transparenten sowie fairen Wettbewerb in der Digitalwirtschaft zu gewährleisten. Mit der wettbewerblichen Chancengleichheit sollen vor allem Anreize für kleinere →Start-up-Unternehmen entstehen sich gegenüber größeren Anbietern zu positionieren. Im →Fintech-Umfeld kann dies etwa auf neue Zahlungsverfahren (→elektronische Zahlungen) oder kundenorientierte Angebote (z. B. →PFM) zutreffen, woraus ein stärkerer Wettbewerb und damit bessere Konditionen für Verbraucher resultieren. Der DSA richtet sich an alle digitalen Intermediäre (Online-Intermediaries), die inner- und außerhalb der EU ansässig sein können und ihre Dienste innerhalb des EU-Binnenmarktes anbieten. Dazu definiert der DSA vier Klassen von Online-Diensten (EU 2020): (1) intermediäre Dienste, die Infrastrukturcharakter besitzen (z. B. Internetzugang oder Netzwerkanbieter), (2) Hosting-Dienste wie etwa Anbieter von Cloud-Diensten (→Cloud Computing), (3) Online-Plattformen wie →digitale Marktplätze, →Appstores oder Plattformen des →Collaborative Business der →Sharing Economy sowie (4) sehr große Online-Plattformen für die dann der Digital Markets Act (→DMA) gilt. Dabei schließen die erstgenannten Klassen jeweils die nachrangigen mit ein, d. h. (1) beinhaltet (2), (2) beinhaltet (3) usw., während mit der konkretisierten Ausprägung auch die Regulierungsanforderungen steigen.

Digital Voice Assistant (DVA)
→Chatbot.

Digitale Identität
→Identitätsmanagement.

Digitale Plattform
→Plattform, die auf einer digitalen Infrastruktur aufbaut. Vielfach handelt es sich dabei auch um →digitale Marktplätze.

Digitale Signatur
Eine elektronische Unterschrift bildet die Grundlage einer sicheren Nachricht bzw. Transaktion, wie sie im geschäftlichen Umfeld von zentraler Bedeutung ist. Sie sind in zahlreichen Ländern (z. B. der Europäischen Union) als rechtliche Grundlage bzw. als gerichtsfähig anerkannt und orientieren sich an drei Anforderungen: (1) der Sicherstellung der Identität des Kommunikations- bzw. Handelspartners (→Authentifizierung), (2) der Nichtabstreitbarkeit (Non-Repudiation) des mit der Signatur bestätigten Handelns, und (3) der unveränderten Übertragung der unterzeichneten Nachricht bzw. des unterzeichneten Dokuments (Integrität). Digitale Signaturen beruhen auf kryptografischen Verschlüsselungsverfahren (→Kryptografie), insbesondere der →asymmetrischen Verschlüsselung, wobei die privaten Schlüssel (→Private Key) sowohl in Form von Karten, Smartphones oder →digitalen Identitäten auf Private-Key-Infrastrukturen und zunehmend auch →Blockchain-Infrastrukturen implementiert sein können.

Digitale Transformation
Bezeichnet den mit der →Digitalisierung stattfindenden Veränderungsprozess, der auf verschiedenen Ebenen (Individuum, Organisation, Branche, Gesellschaft) stattfinden kann. Grundsätzlich lassen sich graduelle Veränderungen (z. B. Verbesserung der Leitung bestehender Abläufe) und prinzipielle bzw. disruptive Veränderungen (z. B. ein neues, auf der →Sharing-Economy aufbauendes →Geschäftsmodell) unterscheiden (→Disruption). Wie aus der historischen Analyse von Innovationsprozessen (→Innovation) bekannt, können Transformationsprozesse die Existenz von Unternehmen gefährden (→Kodak-Falle) und ermöglichen (→Start-up).

Digitale Währung
→Virtuelle Währung.

Digitaler Marktplatz
Ein digitaler Marktplatz (auch Online-Marktplatz oder →elektronischer Markt) ist eine elektronische →Plattform, auf der mehrere Anbieter Produkte oder Dienstleistungen bereitstellen, aus denen der Kunde vergleichen und auswählen kann. Nachdem der Marktbegriff immer mehrere Anbieter und Nachfrager subsumiert, sind digitale Marktplätze auch →mehrseitige Plattformen. Der Betreiber des digitalen Marktplatzes stellt die Marktinfrastruktur zur Verfügung und kann abhängig von seinem →Geschäftsmodell auch als Leistungsanbieter auftreten. Zur Infrastruktur zählen die Bereitstellung der Website und der Marktdatenbank – im Handel als elektronischer Katalog und im Börsenbereich als →Order Book – mit den standardisierten zur Vergleichbarkeit beschriebenen Angeboten sowie Funktionalitäten zur Transaktionsabwicklung (bzw. Clearing und Settlement, →CSM). Abhängig vom Allokationsverfahren existieren Katalog-, Börsen- und Auktionssysteme, wobei letztere auch Funktionen wie das Einholen von Auskünften (Request for Information), von Angeboten (Request for Quotation) oder Ausschreibungen (Request for Proposals) anbieten. Analog den börslichen und außerbörslichen (→MTF) Handelssystemen haben sich mit den →Kryptobörsen auch Plattformen für den Handel von →Kryptowährungen herausgebildet. Wie in Abb. 25 dargestellt, weisen digitale Marktplätze eine besondere Topologie gegenüber ande-

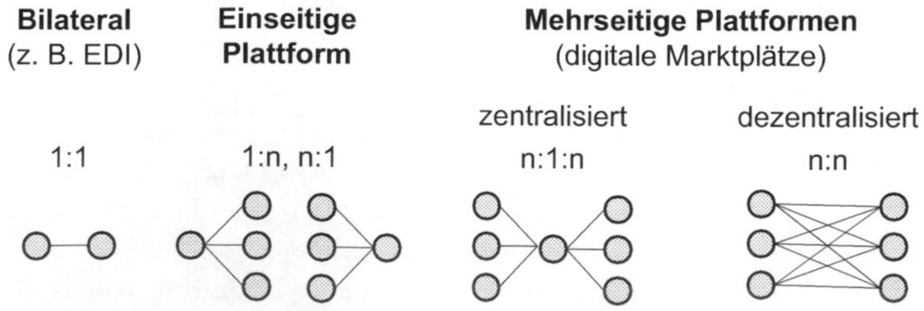

Abb. 25 Topologien digitaler Marktplätze (s. Alt 2018a, S. 124)

Bilateral (z. B. EDI)
1:1
Einseitige Plattform
1:n, n:1
Mehrseitige Plattformen (digitale Marktplätze)
zentralisiert
n:1:n
dezentralisiert
n:n

ren überbetrieblichen Beziehungen auf. Gegenüber rein bilateralen Beziehungen zwischen zwei Unternehmen, wie sie für den →elektronischen Datenaustausch charakteristisch sind, sind sie grundsätzlich multilateral. Dabei grenzen sie sich von einseitigen →Plattformen durch die mehrfache Besetzung auf Anbieter- und Nachfragerseite ab. Gegenwärtig sind digitale Marktplätze i. d. R. zentralisiert aufgebaut, wobei der Marktplatzbetreiber die Marktplatzfunktionen als Intermediär (→Intermediation) erbringt. Es ist jedoch bereits zu beobachten, dass mit der Verbreitung und dem Funktionsumfang von verteilten Datenbanksystemen (→DLT) diese auch Marktplatzfunktionen abbilden und damit eine Dezentralisierung hin zu einer n:n-Topologie stattfindet (→Decentralized Exchange).

Digitaler Versicherungsmakler

Digitale →Geschäftsmodelle von (häufig →Start-up) Unternehmen, die ein →Maklermandat im Versicherungsbereich ausüben und meist eine umfassende und laufend aktualisierte Datenbank über Angebote aus dem Markt besitzen, die sie mittels →Algorithmen bei Anfragen analog zu →Robo-Advisory im Bankenbereich durchsuchen können. Zur Kundeninteraktion setzen sie ähnlich den →Smartphone-Banken primär auf digitale Kanäle, wie etwa das Internet, soziale Medien (→Social CRM) und mobile Geräte. Zu den Beispielen zählen Online-Versicherungsmakler wie Clark, Getsafe und Knip.

Digitaler Zwilling

Virtualisierte Modelle bzw. Identitäten von physischen (Investitions)Gütern, die bereits seit längerem im Forschungs- und Entwicklungsbereich bekannt sind. So führt beispielsweise das Computer Aided Engineering Simulationen von dreidimensionalen virtuellen Konstruktionen durch und kann dadurch sowohl die Entwicklungszeiten als auch die Entwicklungskosten reduzieren. Digitale Zwillinge bzw. Digital Twins von Maschinen bilden einen wesentlichen Bestandteil des →Industrie-4.0-Konzepts und hat mit der →Digitalisierung auch Anwendung im Wirtschafts- und Finanzbereich gefunden. Dies ist etwa der Fall, wenn Maschinen eigenständig Transaktionen und damit auch Bezahlprozesse durchführen können.

Digitalisierung

Mit der Nutzung von Informationstechnologie (→IT) ist durch die binäre Codierung von Daten die Notwendigkeit zur Überführung von Signalen aus analogen Quellen (z. B. Töne, Bilder) in binäre Datenformate entstanden. Dieser Transformationsvorgang bezeichnet ein technologisches Digitalisierungsverständnis. Zusätzlich hat die →Wirtschaftsinformatik bereits frühzeitig die →IT als Wegbereiter für veränderte Geschäftslösungen (Geschäftsprozesse/-modelle) verstanden (→Enabler). In diesem Sinne subsummiert das anwendungsorientierte und heute verbreitete Digitalisierungsverständnis darunter die Gestaltung und Anwendung IT-basierter Lösungen durch Individuen, Organisationen und die Gesellschaft, um dadurch Verbesserungen von Nutzererlebnis, Effizienz und Effektivität zu erzielen. Abb. 26 illustriert die beiden Begriffsverständnisse der Digitalisierung mit den Auswirkungen auf mehreren Ebenen. In der Finanzwirtschaft hat die Digitalisierung nicht zuletzt aufgrund des immateriellen Charakters von Finanzdienstleistungen und dem hohen Volumen strukturierter Daten an Bedeutung gewonnen (s. Alt und Puschmann 2016, S. 36 ff.). So gehen sowohl Datenstandards wie etwa die Bankleitzahl (→BLZ) oder Datennetze wie etwa →SWIFT bereits auf die 1970er-Jahre zurück und zählen zu den frühen Anwendungsgebieten des elektronischen Datenaustausches (→EDI). Seit der gleichen Zeit haben insbesondere größere Börsen, Banken und Versicherungen mit dem Aufbau eigener IT-Bereiche begonnen, die →Anwendungssysteme für die internen Geschäftsprozesse (→Bankmodell) entwickelt haben. Während der Jahre sind damit auf Ebene der technischen Digitalisierung mit zahlreichen standardisierten Nachrichten- und Datenformaten wichtige Voraussetzungen entstanden, die heute auf globaler Ebene eine →Echtzeitverarbeitung zwischen den zahlreichen Akteuren in der Finanzbranche ermöglichen (z. B. →BIC, →CUSIP, →FinTS, →ISIN, →ISO 20022, →NSIN, →WKN). Seit den 1990er-Jahren haben sich zudem sukzessive Standardsoftwaresysteme (→Kernbankensystem) etabliert, welche eine Digitalisierung auch in kleineren und mittleren Finanzinstituten sowie eine Ablösung von Eigenentwicklungen bei größeren Banken bewirkt haben. Einen wesentlichen Schub

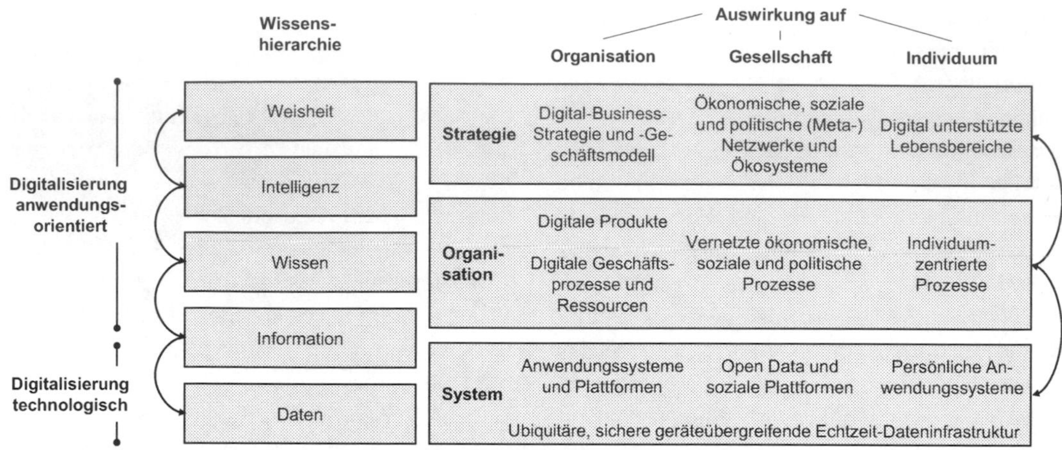

Abb. 26 Dimensionen der Digitalisierung (s. Alt 2018b, S. 399)

in Richtung offener(er) Systeme (→Open Banking) und einer stärkeren Durchdringung der anwendungsorientierten Bereiche hat seit den 2010er-Jahren mit den →Fintech-Entwicklungen stattgefunden.

Digitalisierungsgrad
Aufbauend auf den Auswirkungen der →Digitalisierung auf Individuen, Organisationen und die Gesellschaft insgesamt, beschreibt der Digitalisierungsgrad den Umfang der Nutzung bzw. den Reifegrad des Einsatzes von →Informationstechnologien. Der Begriff findet sich insbesondere im betrieblichen Umfeld und bezieht sich auf die →Digitalisierung von Produkten, Prozessen und/oder Geschäftsmodellen. Indem sich →Fintech-Unternehmen über den Einsatz digitaler Technologien definieren, besitzen sie typischerweise einen hohen Digitalisierungsgrad.

Digitalversicherer
Ähnlich einer →Direkt- oder →Neo-Bank ausgerichtetes Versicherungsunternehmen, das über keine physischen Filialen oder Maklerbüros verfügt. Es findet sich dafür auch der englische Begriff Pure Digital Insurer (→PDI). Beispiele sind die Unternehmen Friday oder Lemonade.

Digithon
Kollaboratives und iteratives Workshop-Format, bei dem Mitarbeiter eines Unternehmens mit →Digital Natives und →Start-up- bzw. →Fintech-Unternehmen innovative Lösungen entwickeln. Mehrheitlich ist der Digithon auf die Entwicklung bzw. die Verbesserung von Produkten und Services sowie die Entwicklung digitaler →Geschäftsmodelle ausgerichtet. Der Digithon dient dabei als →agile Entwicklungsmethode, d. h., er ist ein interdisziplinärer Workshop, basierend auf →Scrum, in Anlehnung an die Methoden →Hackathon und →Design Thinking. Ähnlich einem →Hackathon erstrecken sich Digithons auf ein bis drei Tage, wobei mehrere Teams das Ziel verfolgen, ein klares Ergebnis in Form eines konkreten Designs, →Mock-ups, →Proof-of-Concepts oder frühen Prototypen zu entwickeln. Um sich von Unternehmensrestriktionen zu lösen, sollten Digithons in einer neuen bzw. alternativen Umgebung und nicht in den eigenen Büroräumlichkeiten stattfinden.

Direct Market Access (DMA)
Ermöglicht den direkten Zugriff von Akteuren auf die Systeme einer Börse. Dadurch können zugelassene Händler ihre Aufträge unmittelbar im Auftragsbuch (→Order Book) der Börse platzieren ohne dazu →Finanzintermediäre zu nutzen. Grundsätzlich sind nur zertifizierte bzw. professionelle Händler für DMA zugelassen.

Directed Acyclic Graph (DAG)
Bezeichnet eine alternative →Datenstruktur zur →Blockchain-Technologie, die Daten nicht in einer sequenziellen Kette, sondern als gerichteten

azyklischen Graphen (z. B. →Tangle) verbindet, wobei die Daten mehrere vor- und nachgelagerte Daten besitzen können. Damit die Transaktionen nicht auf sich selbst zeigen können, ist der Graph gerichtet bzw. er zeigt nur in eine Richtung. Ziel von DAG ist das Erreichen einer höheren →Skalierbarkeit. Grundsätzlich ist zu unterscheiden, ob eine Verbindung von Blöcken (→Block DAG) oder von Transaktionen (→TDAG) stattfindet. Eine →Kryptowährung nach der BlockDAG-Struktur ist etwa Nano und eine nach der TDAG-Struktur →Iota. Bevor etwa ein →Iota-Nutzer eine Transaktion senden kann, muss dieser zwei nach dem Zufallsprinzip ausgewählte Transaktionen prüfen. Das Prinzip ist, dass eine Transaktion vor Abschluss ausreichend verifiziert sein muss. Zur Koordination existiert ein Administrator, der die Transaktionen in einer Reihe von freigegebenen Meilensteinen bestätigt. Weitere bekannte DAGs sind Byteball und RaiBlocks.

Direktbank
Banken, die auf physische Filialen verzichten und das Internet oder/und Call-Center als primären Interaktionskanal einsetzen. Zu den Beispielen zählen ING oder Consors Bank. Jüngere Vertreter im →Fintech-Bereich setzen stärker auf den mobilen Kanal und gelten auch als →Smartphone- oder →Neo-Banken.

Disaster-Recovery-as-a-Service (DRaaS)
Bezeichnet die Replikation und das Hosting von physischen oder virtuellen Servern durch Dritte, um im Falle einer Katastrophe eine Ausfallsicherung bereitzustellen. Dieser Service wird entweder als Vertrag oder als Mietmodell (→PAYU) zur Verfügung gestellt. Die Wiederherstellung der Systeme und Anwendungen (Disaster Recovery) findet in einer →Cloud-Computing-Umgebung statt, sodass Unternehmen keine eigene Disaster-Recovery-Umgebung bereithalten, jedoch den Drittanbietern hinsichtlich des Datenschutzes und der Wiederherstellungszeit vertrauen müssen.

Disintermediation
→Intermediation.

Disruption
Bezeichnet eine Innovation, die einen Trendbruch bewirkt und bestehende Lösungen sowie Märkte verändert bzw. verdrängt. Im Zeitalter der →Digitalisierung gehen die zentralen disruptiven Impulse von neuen →Informationstechnologien und deren Anwendung aus. Als typische Beispiele disruptiver Technologien gelten →Blockchain-Systeme sowie der Bereich der künstlichen Intelligenz (→KI). Als Beispiel für Unternehmen, die den technologischen Wandel nicht bewältigt haben, gilt Kodak (→Kodak-Falle).

Distributed Artificial Intelligence (DAI)
Das Feld der verteilten oder dezentralisierten künstlichen Intelligenz (→KI) befasst sich mit dem Verhalten und der Koordination von zahlreichen Teilnehmern eines Netzwerks. Dazu zählen seit längerem Multi-Agenten-Systeme (→Agent) und jüngst die Verbindung von Verfahren der künstlichen Intelligenz (→KI) mit →Blockchain- bzw. →DLT-Systemen.

Distributed Computing
Verbindung mehrerer Rechner ohne zentrale Steuerung zur Bearbeitung gemeinsamer Aufgaben, wie es sich bei →P2P- und →DLT-Technologien findet. Der Begriff beschreibt das Verteilen einzelner Teilprozesse auf Teilnehmer eines Netzwerkes (z. B. Computer bzw. Knoten), welche die Technologie (z. B. das verteilte Datenbankmanagement-System) dann zu einem gemeinsamen Ergebnis zusammenführt.

Distributed Denial-of-Service (DDoS)
Zur Verweigerung eines (Internet-) Dienstes kommt es, wenn es infolge einer hohen Anzahl an Anfragen zu einer Überlastung dieses Dienstes kommt. Dies ist eine von Cyber-Kriminellen (→Cyberkriminalität) häufig angewandte Strategie, um gezielt Dienste bzw. deren Betreiber zu schädigen. Der verteilte Charakter entsteht dadurch, dass die Angriffe von mehreren Systemen ausgehen und sich dadurch auch kaum nachverfolgen lassen. Offensichtlich steigt mit der →Digitalisierung auch für →Fintech-Unternehmen die Notwendigkeit präventiver Maßnahmen, wie etwa der Definition von Paketfiltern, Geo-IP-Sperren oder Notfallplänen.

Distributed Ledger
Ein verteilter →Ledger bzw. ein dezentrales Kontobuch oder Register ist →an mehreren Knoten (→Node) in einem Netzwerk verfügbar, wobei die darin enthaltenen Daten durch Synchroinisierungs- bzw. →Konsensmechanismen in einem konsistenten Zustand gehalten werden. Die technologische Grundlage bildet eine verteilte Datenbank, z. B. die derzeit bekannten →Kryptowährungen. Diese führen etwa den digitalen Zahlungs- und Geschäftsverkehr zwischen verschiedenen Nutzern ohne einen Master Ledger (zentrales Kontobuch bzw. zentrale Stelle) durch. So ist beispielsweise →Blockchain der Distributed Ledger der →Kryptowährung →Bitcoin.

Distributed Ledger Framework
Bezeichnet eine konkrete Ausprägung der Architektur einer →DLT-Datenbank, die mehrere aufeinander abgestimmte Softwarekomponenten umfasst und den Einsatz von →DLT-Lösungen sowie darauf aufbauenden Anwendungen (→DApps) erleichtert. Grundsätzlich finden sich →Frontend- und →Backend-Komponenten, die gegenüber zentralisierten Architekturen auf den dezentralen Knoten (→Node) verteilt sind (s. Abb. 27). Obgleich unterschiedliche Ausprägungen dieser Knoten existieren können (→Master Node, →Miner), fehlt doch die Instanz einer zentralen →Plattform, welche die Anwendungslogik (z. B. Angebotsdatenbank bzw. Katalog, Matchingmechanismus, Warenkorb, Clearing- und Settlement-Funktionalität) vorhält und welche alle Teilnehmer nutzen müssen. In DLT-Architekturen sind üblicherweise im →Backend die Funktionalitäten der dezentralen Datenbank und im →Frontend die dezentralen Applikationen (→DApp, →Smart Contract, →Wallet) enthalten. Für erstere kommen spezifische Entwicklungsumgebungen (z. B. →Solidity oder Clarity für →DApps) und für die Benutzerschnittstelle Entwicklungswerkzeuge wie Angular zum Einsatz.

Distributed Ledger Technology (DLT)
Form eines verteilten Datenbanksystems, das Transaktionen in dezentralen Beständen (→Distributed Ledger) auf mehreren Rechnern speichert und somit nicht (oder nur mit sehr hohem Aufwand) manipulierbar ist. Eine wesentliche Folge der Verteilung stellt die höhere Ausfallsicherheit dar, da gegenüber zentralisierten Architekturkonzepten kein zentraler Ausfallpunkt (→SPoF) existiert. Im Vordergrund von DLT-Systemen steht der Einsatz kryptografischer Verfahren (→Kryptografie) zur Gewährleistung von Vertraulichkeit und Datensicherheit sowie die Aktualisierung und Synchroni-

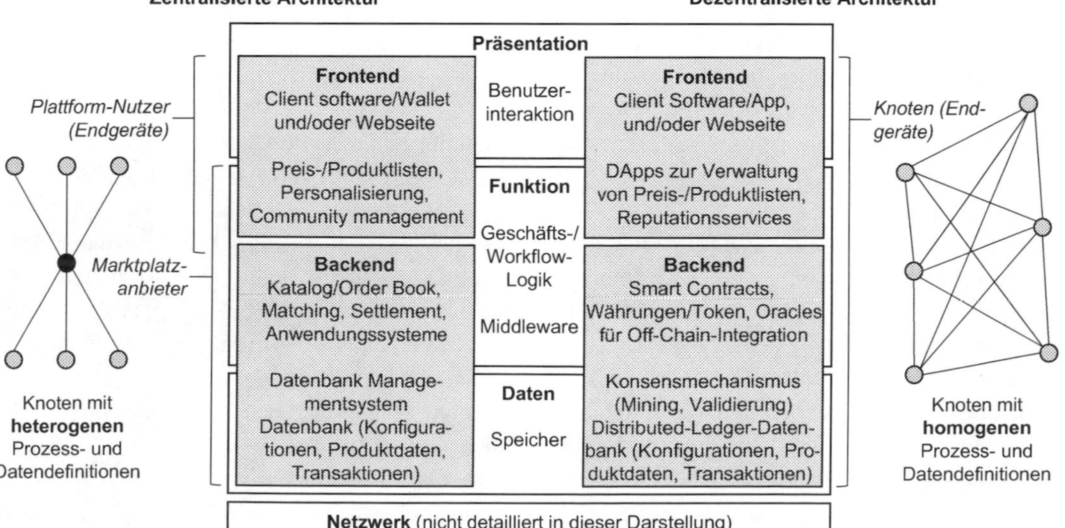

Abb. 27 Dezentrale DLT-Architektur gegenüber zentraler Plattformarchitektur (s. Alt 2020b)

sierung der verteilten Datenbestände (→Konsensmechanismus). Die bekannteste Ausprägung von DLT-Datenbanken sind die →Blockchain- und die →DAG-Technologien. Sie finden sich in einer Vielzahl von Ausprägungen, die sich nach der →Datenstruktur, der Offenheit bezüglich der Teilnehmer (z. B. →Public Blockchain, →Permissioned Blockchain), dem eingesetzten →Konsensmechanismus sowie der Architektur (→Distributed Ledger Framework) unterscheiden (s. Alt 2022).

Divesting Stage
Bezeichnet die siebte Phase der →Wagniskapital-Finanzierung mit dem Verkauf der bisher gehaltenen Anteile und der Realisierung des Kapitalgewinns. Die vorausgehenden Phasen sind (1) →Seed-Finanzierung, (2) Start-up-Finanzierung, (3) First Stage-Finanzierung, (4) Second-Stage-Finanzierung, (5) Third-Stage-Finanzierung und (6) Late-Stage-Finanzierung.

Dodd-Frank Act
Vorschriften zur Regulierung von Finanzgeschäften in den USA, die im Nachgang zur Finanzkrise seit dem Jahr 2008 durch maßgebliche Mitwirkung des Kongressabgeordneten Barney Frank sowie des Senators Chris Dodd entstand und im Jahr 2010 in Kraft trat. Ziel war die Erhöhung der Stabilität des Finanzsystems und die Stärkung der Rechte der Kunden. Die umfassende Regulierung besteht aus 16 Kapiteln und hat neben höheren Anforderungen für die Kreditvergabe auch Auswirkungen für Angebote für →Fintech-Unternehmen geschaffen. So können ähnlich der europäischen →PSD2-Vorschrift Dienstleister wie Mint Kontodaten von Banken erhalten, um dadurch Leistungen wie etwa →Personal Finance Management (→Multi-Bank) anbieten zu können.

Domain Name System (DNS)
Internet-Protokoll (→Protokoll), das die Namensauflösung von Internet-Adressen übernimmt. DNS wandelt benutzerfreundliche Domain-Namen wie etwa „leipzig.de" in eine IP-Adresse um, sodass das Speichern und Verwenden von komplexen IP-Adressen (Internet Protocol) für den Benutzer entfallen.

Domain Specific Language (DSL)
Während allgemeine, als General Purpose Languages (GPL) h bezeichnete Programmier- (z. B. Java, Python) und Modellierungssprachen (z. B. UML) für alle Anwendungsfelder bzw. -domänen einsetzbar sind, konzentrieren sich domänenspezifische Sprachen auf die Abbildung der Probleme einer bestimmten Domäne. Zu den Beispielen zählen HTML als Sprache für Webseiten, SQL für Datenbankabfragen oder XML für Datenstrukturen. Domänenexperten bilden damit die Datenobjekte, Aktivitäten und Regeln aus ihrem Umfeld ab, sodass mit der definierten Syntax und Semantik eine Formalisierung als Grundlage einer weiteren Automatisierung erfolgt. Dies lässt sich zum Test und zur Zertifizierung von →Anwendungssystemen einsetzen wie es beispielsweise →Fintech-Anbieter für ihre Systeme und auch →Smart Contracts verfolgen. So können etwa Entwickler mittels einer DSL für →Smart Contracts prüfen, ob die Implementierung dem Entwurf eines →Smart Contracts entspricht. Dies liefert die die Möglichkeit zur Zertifizierung von →Smart Contracts oder →Token (z. B. zertifizierte →ERC-20-Token).

Dotcom-Blase
Die nach der Internet-Domain-Endung „.com" benannte Wirtschaftskrise ist mit der New Economy-Phase verbunden als ab Mitte der 1990er-Jahre viele →Start-up-Unternehmen im Bereich der Informationstechnologie (→IT) entstanden. Zur steigenden Nachfrage nach Aktien des IT-Tech-Sektors kam eine gestiegene Nachfrage nach Kapital durch Börsengänge (→IPO) hinzu, sodass sich viele Unternehmen dafür entschieden. Die mediale Begleitung der Neugründungen und Börsengänge führte zu einer Euphorie der Nachfrage und gipfelte in einem Boom des Sektors. So gab es im Jahr 1999 allein 457 Börsengänge in Amerika, wovon ein Großteil internet- oder technologieorientierte Unternehmen waren. Bereits am ersten Börsentag verdoppelten 117 dieser 457 Unternehmen ihren Wert, jedoch brach im März 2000 die Dotcom-Euphorie zusammen und führte zur Insolvenz von vielen der neu gegründeten Technologieunternehmen. Dies betraf insbesondere die

sog. Dotcom-Unternehmen der New Economy und führte auch zu Vermögensverlusten für zahlreiche Kleinanleger.

Double Opt-in
Einwilligung von Nutzern, die gegenüber einem Single →Opt-in eine zusätzliche Bestätigung erfordert. So erhält der Nutzer beispielsweise nach Angabe seiner E-Mail-Adresse zum Eintrag in einen Verteiler eine anschließende Bestätigungs-E-Mail mit der Aufforderung, die Anmeldung erneut zu bestätigen. Der Double-Opt-in ist nach Bestätigung abgeschlossen. Das Double Opt-in-Verfahren verbessert den Schutz vor Spam und nicht autorisierten Zugriffen und bietet somit mehr Rechtssicherheit, da der Versand nicht angeforderter kommerzieller E-Mails untersagt ist.

Double Spending
Double Spending beschreibt das Risiko, dass eine digitale bzw. →virtuelle Währung aufgrund der Reproduzierbarkeit digitaler Daten doppelt ausgegeben wird. So könnte der Inhaber der Währung eine Kopie des digitalen →Tokens oder →Coins anfertigen und diese unter Beibehaltung des Originals an einen Händler oder eine andere Partei senden. Die Gefahr ist bei physischen Währungen gering, da diese nur mit hohem Aufwand replizierbar sind und die an der Transaktion beteiligten Parteien die Echtheit der Währung unmittelbar überprüfen können.

Drei-Ecken-Modell
Gegenüber dem →Vier-Ecken-Modell reduziert sich bei dieser Architekturvariante die Anzahl der Akteure, da →Issuer und →Acquirer in einer Gesellschaft gebündelt sind und nicht als unabhängige Institute agieren. Ein bekanntes Beispiel für ein derart geschlosseneres Netzwerk ist American Express (Abb. 28).

Drop
Im Zusammenhang mit Non-fungible Token (→NFT) hat sich der Begriff für den Verkauf eines →NFT durch einen Künstler etabliert. Häufig erfolgt die Ankündigung von Drops über Social Media.

Dunkelverarbeitung
→Straight Through Processing (STP).

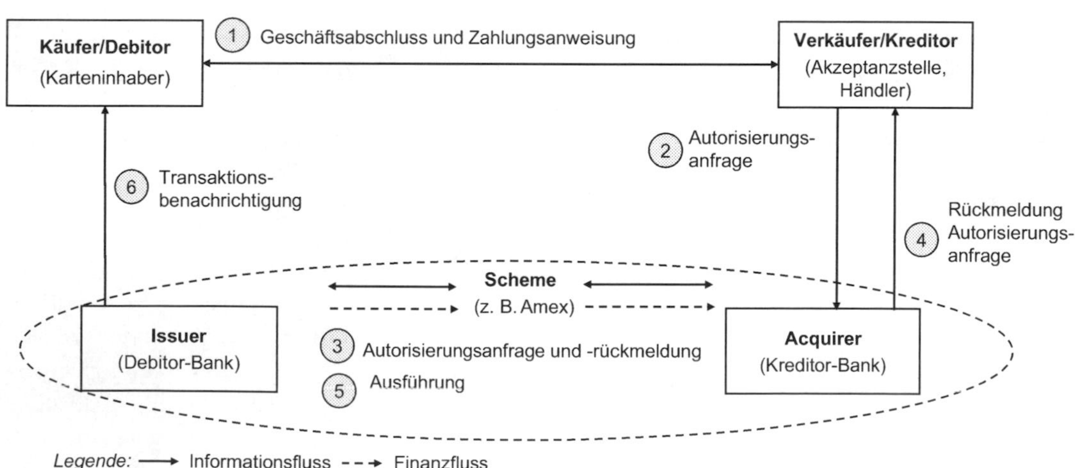

Abb. 28 Akteure und Aktivitäten im Drei-Ecken-Modell (in Anlehnung an Huch 2013, S. 39)

E – H

E-Money Directive (EMD)
Zur Regulierung von →elektronischem Geld (E-Geld) hat die Europäische Kommission nach der ersten Richtlinie aus dem Jahr 2000, im Jahr 2009 die zweite E-Money-Richtlinie 2009/110/EC verabschiedet, die im Jahr 2011 in das →Zahlungsdiensteaufsichtsgesetz Eingang gefunden hat. Die Richtlinie definiert die Eigenschaften von E-Geld-Geschäften sowie die Funktion sog. E-Geld-Institute, die gegenüber einer →Bankenlizenz geringere Kapitalanforderungen erfüllen müssen. Sie soll damit den Markteintritt für neue Anbieter erleichtern.

Early-Stage-Finanzierung
Die Anschub- oder Startfinanzierung (mit Eigenkapital) dient der Kapitalversorgung in der Frühphase einer Unternehmensentwicklung (→Start-up). Im Falle einer erfolgreichen Entwicklung des →Start-ups schließen sich weitere Finanzierungsformen (→Business Angel, →Wagniskapital) an.

Echtzeitüberweisung
Bei den Prinzipien der →Echtzeitverarbeitung durchgeführten →elektronischen Zahlungen erfolgt innerhalb weniger Sekunden (<10 sec.) eine Gutschrift auf dem Konto des Zahlungsempfängers (Settlement). Dadurch kann dieser unmittelbar und unwiderruflich über den Geldbetrag an allen Verkaufsstellen oder Ein- und Auszahlungsterminals verfügen. Derartige Sofortzahlungen (auch →Instant Payment oder →Real-time Payments) erfordern die permanente Verfügbarkeit von Zentralbankgeld und die elektronische Kopplung der Informationssysteme (z. B. mittels →EDI oder →DLT-Systemen). Beispiele sind SEPA Instant Credit Transfer oder →TARGET Instant Payment Settlement Network in Europa oder das →IMPS in Indien. In den USA existiert das von Banken getragene The Clearinghouse, während das öffentliche System FedNow dort erst ab dem Jahr 2023 über bestehende →ACH-Systeme hinaus verfügbar sein soll.

Echtzeitverarbeitung
Gegenüber der →Stapelverarbeitung erfolgt bei der Datenverarbeitung in Echtzeit (Real-time) eine verzögerungsfreie Verknüpfung von Funktionen in →Anwendungssystemen. Anstatt Daten zwischenzuspeichern und beispielsweise in einem nächtlichen Buchungslauf zu verarbeiten, findet dies bei der Echtzeitverarbeitung unmittelbar bzw. mit geringen Latenzzeiten statt. Maßgeblich ist dabei die Verbindung vom Ort der Datenverwendung und dem Ort der Datenentstehung. Echtzeit ergibt sich etwa, wenn Kunden zu jeder Zeit den aktuellen Bearbeitungsstand eines Auftrages (z. B. einer Überweisung) abrufen können und dieser nicht lediglich periodisch bzw. zu bestimmten Zeitpunkten (z. B. in der Nacht) eine Aktualisierung erfährt. Weitere Beispiele sind die →Echtzeitüberweisung oder Online-Kontostandsabfragen oder -Kreditprüfungen. Das

R. Alt, S. Huch, *Fintech-Lexikon*, https://doi.org/10.1007/978-3-658-32961-7_2

zeitliche (Latenz)Intervall ist im betriebswirtschaftlichen Verwendungszusammenhang nicht fest definiert, d. h., sowohl Verarbeitungszeiten im Bereich von Millisekunden, wie etwa an Finanzbörsen als auch Kreditprüfungen im Minutenbereich würden dem Echtzeitverständnis entsprechen. Echtzeitverarbeitung bildet damit ein zentrales Gestaltungsmerkmal der →Digitalisierung und liegt zahlreichen →Fintech-Lösungen zugrunde.

Ecosystem
→Ökosystem.

Edge Computing
Gegenüber dem zentralisierten →Cloud Computing bezeichnet das Edge Computing ein dezentrales Architekturkonzept, das die Datenverarbeitung und -speicherung „an den Rändern" eines Netzwerks vorsieht. Dadurch verlagern sich die Aktivitäten an den Ort der Datenentstehung bzw. -verwendung und der über das Netzwerk verlaufende Datenverkehr reduziert sich bei gleichzeitig (potenziell) verbesserten Antwortzeiten. Das Konzept hat insbesondere mit der Verbreitung dezentraler IT-Ressourcen wie etwa mobiler Geräte (z. B. →IoT-Devices, Smartphones) und dezentraler Netzwerkkonzepte (z. B. →Peer-to-Peer-Netzwerke) an Relevanz gewonnen. Anwendung findet Edge Computing mit vernetzten Fertigungsressourcen (z. B. →M2M) vor allem im industriellen Bereich (→I4.0), jedoch sind auch in der Finanzwirtschaft Beispiele bei datenverarbeitungsintensiven Anwendungsfällen bekannt. Dazu zählen etwa die situations- bzw. ortsspezifische →Personalisierung von Dienstleistungen in der Filiale oder die Verbindung mit Formen immersiver Kundeninteraktion (z. B. →Augmented Reality, →Mixed Reality, →Virtual Reality), aber auch der Einsatz von →Wallets (sog. Edge-Wallets).

Electronic Banking (E-Banking)
→Online Banking.

Electronic Banking Internet Communication Standard (EBICS)
Vom Verband „Die Deutsche Kreditwirtschaft" (vormals Zentraler Kreditausschuss) im Jahr 2006 entwickelter Standard für den bankübergreifenden internet-basierten Zahlungsverkehr, der auch im Rahmen von →SEPA zum Einsatz kommt (z. B. bei Zahlungsverkehrsaufträgen) und eine Weiterleitung an das →SWIFT-Netzwerk erlaubt. Im Vordergrund steht die sichere Übertragung, z. B. mittels →HTTPS und des →RSA-Verfahrens. Im Rahmen von →PSD2 ist EBICS neben →FinTS ein Verfahren, um →elektronische Zahlungen abzuwickeln. Während →FinTS sich vor allem im Bereich des →Online Banking und Personal Finance Management (→PFM) für Privatkunden findet, erlaubt EBICS auch die Abwicklung größerer Transaktionsvolumina (z. B. im Massenzahlungsverkehr mit mehr als 200 Aufträgen je Transaktion).

Electronic Bill (E-Bill)
Die elektronische Rechnung ist im einfachsten Fall eine Rechnung im digitalen Format (z. B. PDF), welche der Rechnungsempfänger in einer E-Mail erhält. Diese Form der elektronischen Rechnung hat sich bei vielen Transaktionen im →E-Commerce bereits etabliert und die physischen, den Warensendungen beiliegenden Rechnungen ersetzt. Allerdings ist der elektronische Rechnungsversand nur ein Teil des gesamten Bezahlprozesses und erfordert als gegenläufige Aktivität die Anweisung zur Begleichung der Rechnung. Dies erfolgt bei Privatkunden häufig über die →Online-Banking-Portale und bei Firmenkunden über ihre betriebswirtschaftlichen →Anwendungssysteme (→ERP, →Kernbankensystem) mittels →EDI. Eine weitere Integration von Rechnungsstellung und -bezahlung findet im Rahmen des →EBPP statt.

Electronic Bill Presentment and Payment (EBPP)
Verfahren der elektronischen Rechnungsstellung (→E-Bill) und -bezahlung, welches mehrere Ausprägungen besitzt und die Effizienz des Bezahlens auf Rechnung aufweist. Die Präsentation der Rechnungen kann danach zunächst auf Portalen der Rechnungssteller, einer Bank oder eines Dienstleisters (z. B. Serrala, Swisscom) erfolgen. So erlauben es Banken die Rechnungen im →Online Banking abzurufen, während sich Dienst-

leister häufig auf die Aggregation von Rechnungen über verschiedene Rechnungssteller und anschließend die Bezahlung über Konten mehrerer Banken (→Multi-Bank) konzentrieren. Während mit der Substitution papierbasierter Rechnungen bereits Effizienzeffekte entstehen, sehen umfassendere EBPP-Systeme auch die Bezahlung der Rechnung vor. Für Privatkunden findet dies häufig mittels einer im →Online Banking enthaltenen Funktion statt. Dabei schalten Rechnungsempfänger in ihrem →Online Banking die dort registrierten rechnungsstellenden Unternehmen frei, sodass sie anschließend die Rechnungen einsehen und „mit einem Klick" freigeben können. Obgleich dadurch ein vollständig digitaler Rechnungsbezahlprozess entsteht, hat sich dieses Verfahren gegenüber den anderen Verfahren für →elektronische Zahlungen wie etwa der Lastschrift oder Kartenzahlungen noch wenig durchgesetzt. Als eine Ursache gilt der Integrationsaufwand der rechnungsstellenden Systeme mit den Systemen der Bank. Positive →Netzwerkeffekte haben sich hier zumindest bislang nicht eingestellt. Eine höhere Durchdringung besteht im zwischenbetrieblichen Bereich, da die EBPP-Funktionalität häufig in betriebswirtschaftlichen →Anwendungssystemen wie etwa SAP enthalten ist.

Electronic Business (E-Business)
Gegenüber dem rein auf die Transaktionen des Kaufens und Verkaufens von Produkten und/oder Dienstleistungen ausgerichteten →E-Commerce ist E-Business breiter anlegt und umfasst die IT-basierte Unterstützung von ökonomischen Aktivitäten. Es lässt sich als →Digitalisierung im Bereich der Wirtschaft interpretieren. Analog den Zielen des →E-Commerce strebt auch das E-Business eine hohe Integration der Prozesse und Systeme zwischen sämtlichen Beteiligten an. E-Business gilt daher als Fortführung der unternehmensinternen Integration (z. B. im Rahmen von →ERP-Systemen) in den überbetrieblichen Bereich bzw. mit Kunden und Lieferanten. Es schließt dadurch weitere Aktivitäten wie Forschung und Entwicklung (R&D), Customer Relationship Management (CRM) oder auch das Supply Chain Management (SCM) ein.

Electronic Commerce (E-Commerce)
Bezeichnet mit dem elektronischen Handel die Unterstützung der Phasen ökonomischer Transaktionen durch →Informationstechnologie. Dazu zählen die Informations-(Marktübersicht, Anbieter- und Produktauswahl), die Vereinbarungs-(Aushandlung von Konditionen, Vertragsabschluss) und die Abwicklungsphase (Zustellung und Bezahlung von Leistungen). Mit der →Digitalisierung hat ein zunehmendes Umsatzwachstum der elektronischen Vertriebskanäle (Webseiten, Social Media) und der damit verbundenen Plattformen (z. B. →digitaler Marktplatz) stattgefunden. Finanzwirtschaftliche Leistungen kommen hier als abgeleitete (sekundäre) Nachfrage in der Abwicklungsphase einer Primärtransaktion (z. B. als elektronische Finanzierungs-, Bezahl- und Versicherungsdienste) zum Einsatz, wobei die E-Commerce-Systeme mit den finanzwirtschaftlichen Systemen (z. B. für das →elektronische Bezahlen) über Schnittstellen (→API) miteinander verbunden sind (s. auch Abb. 5 beim Stichwort →API-Banking für die Anbindung von Finanzdiensten bei einem Automobilhersteller). Wie in Abb. 1 dargestellt, sind im

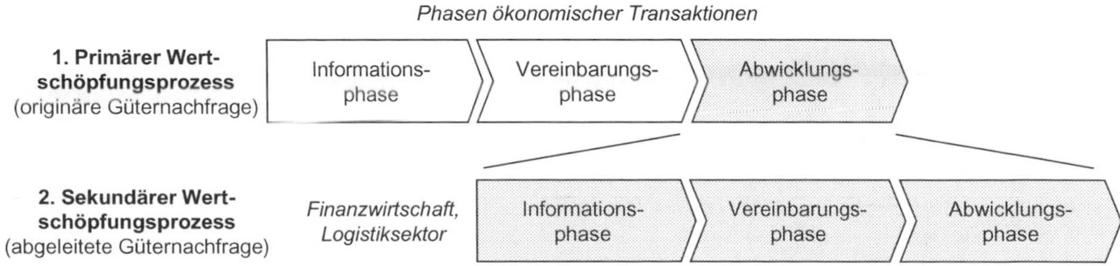

Abb. 1 E-Commerce und Finanzwirtschaft (s. Alt 1997, S. 143)

sekundären Wertschöpfungsprozess wiederum die Transaktionsphasen anzutreffen, da Finanzdienstleister auszuwählen, zu kontrahieren und zu bezahlen sind. Digitale →Plattformen und →Ökosysteme stimmen dabei die zahlreichen elektronischen Dienste aufeinander ab und erlauben damit eine integrierte bzw. medienbruchfreie Transaktionsabwicklung (→Medienbruch), die auch zur Senkung von →Transaktionskosten beiträgt. Einen eigenen Anwendungsfall liefert die Finanzbranche, wenn diese selbst den primären Wertschöpfungsprozess darstellt, wie dies etwa bei Finanzanlagen oder beim Aktienhandel der Fall ist.

Electronic Data Interchange (EDI)
Bezeichnet den elektronischen Austausch von Daten zwischen Anwendungssystemen (→Applikation), sodass Dokumente medienbruchfrei (d. h. ohne manuelle Wiedererfassung bzw. →Medienbruch) von einem Computersystem in ein anderes gelangen. Dazu müssen die Daten in einer definierten Syntax (Zeichensatz, Feldlänge und -bezeichnung) und Semantik (Bedeutung der Datenfelder) vorliegen. Nachdem jedoch die Datenmodelle von Unternehmen abweichen, haben sich Standardisierungsinitiativen herausgebildet, die Syntax und (teilweise) Semantik auf überbetrieblicher Ebene entwickeln. Branchenübergreifende Bedeutung haben dabei EDIFACT (Electronic Data Interchange for Administration Commerce and Trade) erreicht sowie →FinTS, →ISO20022 und →SWIFT für den Bankenbereich und →BiPRO für den Versicherungsbereich. Obgleich die Entwicklung von vielen dieser Standards bereits Jahrzehnte zurückreicht, sind sie für das Zusammenwirken (→Interoperabilität) von →Fintech-Lösungen mit den Leistungen von Kooperationspartnern, z. B. in →Ökosystemen, auch weiterhin relevant.

Electronic Health (E-Health)
Bezeichnet die →Digitalisierung im Gesundheitswesen. Die Lösungen erstrecken sich auf den Einsatz von →IT in Krankenhäusern und Arztpraxen, auf den Datenaustausch zwischen den einzelnen Akteuren im Gesundheitswesen (z. B. Leistungsanbieter und Krankenkassen) sowie auf Lösungen zur Unterstützung der Patienten. Zahlreiche innovative Anbieter besitzen mit Abrechnungs- und Dokumentationslösungen auch Schnittstellen zum →Fintech-Bereich.

Electronic Identity (eID)
Die elektronische Identifikation dient als Identitätsnachweis von juristischen oder natürlichen Personen. Als Basisdienst (qualifizierter Login) liegt er einer Vielzahl von Anwendungsfällen zugrunde, etwa dem Zugang zu Diensten von Regierungsbehörden, Banken oder anderen Unternehmen. Anwendung findet dies etwa bei mobilen Zahlungen (→mobile Payment) wie bei Apple Pay. Herausgeber elektronischer Identitäten können sowohl staatliche Institutionen (z. B. SwissID) als auch privatwirtschaftliche Unternehmen (z. B. →Big-Tech-Unternehmen oder spezialisierte Anbieter von Diensten im →Identitätsmanagement) sein. Der Umfang der →Identitätsprüfung (z. B. mit/ohne Nachweis eines amtlichen Identitätsausweises) entscheidet erheblich über die „Qualität" der qualifizierten Logins.

Electronic Identity Verification (eIDV)
Die elektronische Identitätsprüfung steht für die Prüfung bzw. →Authentisierung (Identity Verification) sowie den Nachweis der Identität (Identity Proofing).

Electronic Payments (E-Payments)
→Elektronische Zahlungen.

Electronic Venture (E-Venture)
→Start-up-Unternehmen in der Digitalwirtschaft (s. industrieökonomisches Verständnis der →Informationstechnologie).

Electronic Wallet (E-Wallet)
Gegenüber →Mobile Wallets sind E-Wallets im Internet gehostete →Wallet-Lösungen, die nicht über eine mobile Endgerätelösung ohne Internetbrowser nutzbar sind. Dennoch haben viele E-Wallet-Anbieter wie etwa PayPal auch mobile Lösungen (→App).

Elektronische Börse
Physischer und/oder virtueller Ort, an dem sich Angebot und Nachfrage zu einem bestimmten

Wirtschaftsgut treffen und unter Verwendung definierter Koordinationsmechanismen (z. B. Preis, Menge) eine Allokation erfolgt. Während zunächst die elektronischen Börsensysteme den physischen Handel an den Börsen durch Informations- und Abwicklungsleistungen unterstützt haben, haben vollelektronische Börsen den physischen (Parkett-)Handel vollständig ersetzt und sind heute an den meisten Börsen weltweit im Einsatz. Als →digitale bzw. elektronische Marktplätze reduzieren sie die →Transaktionskosten, sind jedoch häufig nur registrierten →Brokern zugänglich. Gegenüber diesen klassischen Börsen haben sich zahlreiche alternative Plattformen herausgebildet (z. B. →ATP, →MTF, →Kryptobörse), die einen zunehmenden Wettbewerb unter den Börsenplätzen bewirken und den Zugang gegenüber →Nicht-Banken öffnen. Eine weitere Entwicklung ist durch den Einsatz von →Distributed-Ledger-Technologien mit dem Entstehen dezentraler Marktplätze (→DEX) zu beobachten, welche die Marktfunktionalitäten vollständig digital und ohne einen zentralen Marktplatzbetreiber (→Intermediation) ausführen.

Elektronische Wertschöpfung
Beschreibt die makro- und mikroökonomische Wertsteigerung durch →Digitalisierung bzw. Strategien der →digitalen Transformation, indem Unternehmen einerseits Kosten reduzieren und andererseits Umsätze steigern. Elektronische Wertschöpfung findet nicht nur in bestehenden Branchen bzw. Bereichen statt (z. B. Verkauf bestehender Finanzprodukte durch elektronische Kanäle oder →Digitalisierung bestehender Geschäftsprozesse), sondern auch durch neue →Geschäftsmodelle und -prozesse (z. B. →Sharing Economy oder →Smart Services).

Elektronische Zahlungen
Die bargeldlosen Zahlungen umfassen alle Zahlungen, die über elektronische Medien wie etwa das Internet oder den POS stattfinden. Zu den elektronischen Bezahlverfahren können sowohl elektronisch durchgeführte bestehende (z. B. Zahlungskarten, Lastschriftverfahren, Überweisungen) als auch neue (z. B. →elektronisches Geld) Zahlungsinstrumente zählen. Abb. 2 zeigt sechs etablierte Verfahren mit der Aufgabenverteilung zwischen Käufer (grau hinterlegt) und Verkäufer (weiß hinterlegt). Traditionell bauen elektronische Zahlungen auf dem →Vier-Ecken-Modell auf, wonach Käufer (Debitoren) und Verkäufer (Kreditoren) jeweils Konten bei einer Bank führen und die Zahlungsabwicklung über elektronische Netzwerke (z. B. →SWIFT, →SEPA, →EMV) mit den entsprechenden Akteuren (→Acquirer, →Prozessor, →NSP, →Scheme) stattfindet. Zusätzlich stellt das →Vier-Ecken-Modell die Differenzierung zwischen →Issuer und →Akquirer sowie Drittanbietern (→TTP) dar (s. Abb. 31). Im Hinblick auf das Clearing lässt sich hervorheben, dass dies sowohl (1) intern, innerhalb der Bank oder Bankengruppe, (2) bilateral zwischen zwei miteinander verbundenen Banken oder (3) über die →Zahlungssysteme, also die →EZB über die →RTGS- oder →ACH-Systeme, erfolgen kann. Neuere Ansätze verwenden dafür die dezentrale →Blockchain-Technologie einerseits zur Abwicklung klassischer Zahlungen, erlauben andererseits aber durch →Kryptowährungen auch neue Bezahlverfahren mittels des elektronischen Geldes (→virtuelle Währung). Aus Prozesssicht sind vor allem die Zeitpunkte von →Authentisierung und der Belastung des Käuferkontos sowie des Kanals zu unterscheiden. So erfolgt die →Authentisierung bei der Lastschrift bereits vor der Kaufphase, während die meisten Verfahren diese am →Point-of-Sale in der Kaufphase vorsehen. Bezüglich der Belastung erfolgt diese bei Lastschrift, Überweisung und Kreditkarte entkoppelt vom Kaufzeitpunkt, bei Debitkarten und elektronischen Geldbörsen (→Wallet) hingegen im Zuge der Transaktionsabwicklung unmittelbar nach der Kaufphase. Nach dem Kanal schließlich finden Zahlungen an einem physischen →Point-of-Sale (→mobile Payment) oder einem virtuellen →Point-of-Sale (→E-Commerce) statt.

Elektronischer Datenaustausch
→Electronic Data Interchange (EDI).

Elektronischer Markt (E-Market)
→Digitaler Marktplatz.

	Kaufphase	Transaktionsabwicklung	Clearing	Settlement
Charge-/ Kreditkarte (z. B. Visa)	Prüfung Art der Autorisierung*	Identifizierung Karte (Acquiring Prozessor) Routing (Karten-Scheme) Identitätsprüfung z. B. PIN (Issuing Prozessor)	Bilaterale Schatten-kontobuchung mit Issuing Prozessor Bestätigung der Zahlungsgarantie (Karten-Scheme)	Gutschrift Bankkonto Bankkonto belasten (monatlich)
Debitkarte (Girocard)	Prüfung Art der Autorisierung*	Kopfstelle (Switch) Acquirer/Net-work Service Provider (Switch) Identitätsprüfung (z. B. PIN)	Intern vs. bilateral vs. ZV-System	Belastung auf Girokonto Gutschrift auf Girokonto
Überweisung (SCT)	Vorabinformation (z. B. Zahlungs-information)	Authentisierung (z. B. eID) Autorisierung (z. B. TAN)	Intern vs. bilateral vs. ZV-System	Belastung auf Girokonto Gutschrift auf Girokonto
Lastschrift (SDD)	Anfrage SEPA-Mandat Erstellung SEPA-Mandat	Einreichung SDD	Intern vs. bilateral vs. ZV-System	Belastung auf Girokonto Gutschrift auf Girokonto
PrePaid (SEPA)	*Aufladen Prepaid Karte*** Prüfung Art der Autorisierung*	Identifizierung Karte (Acquiring Prozessor) Routing (Karten-Scheme) Identitätsprüfung z. B. PIN (Issuing Prozessor)	Bilaterale Schatten-kontobuchung mit Issuing Prozessor Bestätigung der Zahlungsgarantie (Karten-Scheme)	Bank-konto belasten[2] Gutschrift auf Konto Schatten-konto belasten[1]
Elektronische Geldbörse (Wallet)	*Aufladen Wallet*** Konto Authentifizierung (z. B. Passwort)	Identifizierung der Wallet (z. B. Betrag), Weiterleitung, Vermittlung, Autorisierung von Zahlungsvorgängen	Intern vs. bilateral vs. ZV-System	Bank-konto belasten[2] Gutschrift Kreditor Wallet Belastung Debitor-Wallet[1]

Legende: Issuing Aktivitäten; Acquiring Aktivitäten; Drittanbieter (TPP) Aktivitäten; Issuing und Acquiring Aktivitäten

* keine Unterschrift oder elektronisches Lastschriftverfahren
** nur bargeldlos bzw. elektronisch, ZV: Zahlungsverkehr
1 Transaktionsvolumen, 2 aufgeladenes Volumen

Abb. 2 Verfahren elektronischer Zahlungen (vereinfacht nach Bons und Alt 2015, S. 172; Huch 2013, S. 79 ff.)

Elektronisches Geld (E-Geld/E-Cash/E-Money)
→Virtuelle Währung.

Eliptic Curve Digital Signage Algorithm (ECDSA)
Bei →Kryptowährungen eingesetztes →asymmetrisches Verschlüsselungsverfahren, das bei →Bitcoin auch die Bezeichnung Secp256k1 trägt. Es zeichnet sich gegenüber dem bekannten →RSA-Verfahren durch kürzere Schlüssellängen aus (z. B. 521 Bit anstatt 15.360 Bit bei 256-Bit-Schlüsseln) und beansprucht dadurch weniger Rechenleistung. Damit eignet es sich auch für Mobilgeräte und Netzwerkanwendungen wie etwa →Blockchain-Technologien.

Embedded Finance
Konzept, das die Integration von Finanzdienstleistungen in die Produkte und Dienstleistungen von →Nicht-Banken vorsieht. Dazu gehören →E-Commerce-Unternehmen und insbesondere die großen Technologieunternehmen (→Big Tech), die nicht nur eine nahtlose Verbindung zu Zahlungs- und Versicherungsdiensten herstellen, sondern auch den Zugang zu Girokonten und Anlageprodukten ermöglichen. So enthalten die Kundenkonten bei einem →E-Commerce-Händler bereits Daten über das Bankkonto und verschiedene Zahlungsarten (→elektronische Zahlungen) sowie Kredite (Lending-as-a-Service). Die eingebettete (oder kontextuelle) Finanzierung folgt der Logik, dass Finanzdienstleistungen in vielen Fällen Teil der Abwicklungsphase einer wirtschaftlichen Transaktion sind und dazu dienen, eine primäre Transaktion (→E-Commerce) zu unterstützen. Beispielsweise können dadurch Unternehmen der Automobilbranche, des Einzelhandels oder der Unterhaltungsindustrie, die Verbindung zu ihren Kunden aufrechterhalten und zumindest potenziell zum →Kundenerlebnis beitragen. Die Grundlage von Embedded-Finance-Diensten sind →Banking-as-a-Service-Angebote von →Fintech-Unternehmen und zunehmend auch von etablierten Unternehmen (→Incumbent), die auch die →Authentifizierung (→KYC) umfassen, um regulatorische Anforderungen (→Regtech) zu erfüllen.

EMV
Standard für Chipkarten-basierte Zahlungen, der auf Initiative der Kreditkartenunternehmen Europay International, MasterCard und VISA (EMV) entstanden ist. Dem heutigen EMV-Konsortium (EMVCo) gehören darüber hinaus weitere Kartenunternehmen wie etwa American Express oder Discover an. EMV geht über den physischen Abdruck von Kreditkarten oder das Auslesen des Magnetstreifens hinaus, indem es die Schritte und technischen Konventionen (z. B. Offline PIN-Prüfung, Verschlüsselung) beim Einsatz des Chips in Zahlkarten (Prepaid-, Debit-, Charge- und Kreditkarten) sowie Händlerterminals und Geldautomaten regelt.

Enabler
Das „Emöglichen" bezeichnet im Sinne der →Wirtschaftsinformatik die Rolle der →Informationstechnik bei der →Digitalisierung von Unternehmen. Sie soll etablierte oder neue Finanzdienstleister dabei unterstützen, die sog. „digitale Lücke" zu schließen, um etwa die Wettbewerbsfähigkeit (z. B. Kostenbasis) oder die →Customer Journey (z. B. Kundeninteraktion) mittels innovativer digitaler →Geschäftsmodelle und -prozesse zu verbessern.

Encryption
Die Verschlüsselung (→Kryptografie) beschreibt Rechenvorgänge, die Klartext oder jede andere Art von Daten in eine verschlüsselte Version umwandeln. Zur Entschlüsselung der Daten und Umwandlung in Klartext ist ein Schlüssel (→eID) erforderlich, der in der Regel einer Zugriffsbeschränkung unterliegt. Die Verschlüsselung trägt zur Gewährleistung der Datensicherheit bei, insbesondere bei der End-to-End-Datenübertragung über (öffentliche) Netzwerke.

Enterprise Architecture (EA)
→Unternehmensarchitektur.

Enterprise Blockchain
Bezeichnung für eine →Blockchain-Implementierung, die auf die Anforderungen eines oder mehrerer Unternehmen abgestimmt ist.

Im Vordergrund stehen dabei häufig die Vertraulichkeit der Daten und die Zugriffskontrolle (→Permissioned Blockchain), da die private Nutzung durch ein Unternehmen, also nur für zugelassene Teilnehmer mit unterschiedlichen Zugriffsrechten, von besonderer Bedeutung ist. Ein damit verbundenes Merkmal sind Möglichkeiten einer übergreifenden bzw. zentralen Steuerung und damit ein zumindest partielles Abweichen vom vollständig dezentralen →P2P-Modell.

Enterprise Ethereum Alliance (EEA)
Zusammenschluss von Unternehmen zur Weiterentwicklung der →Ethereum-Blockchain. Dazu zählt auch die Verbesserung der →Interoperabilität zwischen verschiedenen →Enterprise Blockchains mittels Zertifizierungen. Zu den Mitgliedern der EEA zählen auch zahlreiche Unternehmen aus dem Finanzbereich (z. B. Accenture, Avaloq, ING, J.P.Morgan Chase, Sberbank und UniCredit).

Enterprise Resource Planning (ERP)
Bezeichnet integrierte betriebswirtschaftliche →Anwendungssysteme, die auf eine umfassende elektronische Unterstützung der Aufgaben eines Unternehmens zielen. Dazu zählen die wertschöpfenden (z. B. Ein- und Verkauf, Vertrieb, Produktion, Kundendienst) ebenso wie die unterstützenden Funktionsbereiche (z. B. Finanz-, Rechnungs- und Personalwesen). Indem ERP-Systeme die betrieblichen Ressourcen (z. B. Material, Maschinen, Mitarbeiter, Kunden, Lieferanten, Stellen, Aufträge) eines Unternehmens möglichst umfassend in einer zentralen Datenbank organisieren und funktionsbereichsübergreifende Abläufe abbilden, entsteht die Voraussetzung einer innerbetrieblichen →Digitalisierung, die wiederum die Grundlage der überbetrieblichen →Digitalisierung (→E-Business) bildet. Anbieter von ERP-Systemen wie etwa SAP haben in den vergangenen Jahrzehnten ihre Standardlösungen auf einzelne Branchen (sog. Branchenlösungen) ausgerichtet, sodass sie dadurch auch als Anbieter von →Kernbankensystemen auftreten.

Entwicklungsumgebung
→Software Development Kit (SDK).

Eos
Im Jahr 2017 eingeführte →Kryptowährung mit →Smart-Contract-Funktionalität, deren Software als →Open Source verfügbar ist und die als →Konsensmechanismus →Proof-of-Stake verwendet. Nach eigenen Angaben verzichtet Eos auf Transaktionsgebühren und erzielt hohe Transaktionsraten (→TPS).

ERC-20
Bei der →Kryptowährung →Ethereum für die technische Implementierung von →Token eingesetzte technische Vorgabe (Ethereum Request for Comments), die eine Kompatibilität der →Token (z. B. bezüglich ihrer Funktionalitäten) gewährleistet. Ein ERC-20-Token ist ein →Smart Contract, der vom Nutzer definierte →Token ausgeben kann. Die meisten →Kryptowährungen mit dem →Proof-of-Stake-Konsensmechanismus beruhen auf dem ERC-20-Token, wobei OmiseGo, Golem oder →WETH zu den bekannten ERC-20-Token zählen. Gegenüber den bei nicht-fungiblen Gütern (→NFT) anzutreffenden ERC-721-Token bilden ERC-20 primär fungible →Token ab.

Escrow Service
Bezeichnet einen Treuhänder-Dienst zur Abwicklung von Transaktionen zwischen einander nicht bekannten Partnern. Beispielsweise verwaltet der Dienstleister (z. B. →Fintech-Unternehmen wie Paylax oder Intersolve) Gelder oder Vermögenswerte auf Treuhandkonten, bis die Gelder oder Vermögenswerte bei Erhalt entsprechender Anweisungen oder bis zur Erfüllung vorher festgelegter vertraglicher Verpflichtungen für den Empfänger freigegeben werden. Ein ähnliches Verfahren ist das Dokumentenakkreditiv.

Ether
→Coins der →Kryptowährung →Ethereum mit der Bezeichnung ETH.

Ethereum
Neben →Bitcoin ist Ethereum die bekannteste →Kryptowährung mit der zweithöchsten Marktkapitalisierung bezogen auf die Bewertung der →Coins (→Ether). Ethereum ist seit dem Jahr 2015 als →Open-Source-Lösung in mehreren

→Forks verfügbar, wobei →Ethereum Classic die ursprüngliche Version darstellt. Die →Blockchain-Technologie hat im Bereich geschäftlicher Anwendungen (z. B. für schnelle Bezahltransaktionen) eine hohe Bedeutung erlangt, die u. a. auf der Funktionalität der →Smart Contracts zur Ausführung von Geschäftslogik beruht. Ethereum gilt daher als wichtigste programmierfähige →Kryptowährung und u.a. deshalb als →Kryptowährung mit den höchsten Nutzungspotenzialen. So beruhen die meisten dezentralen Finanzanwendungen (→DeFi) sowie die meisten Lösungen mit nicht-fungiblen Token (→NFT) auf der Ethereum-Infrastruktur. Ein wesentlicher Faktor ist die durch die Schweizerische Ethereum-Stiftung laufend getriebene Weiterentwicklung, die ihr insbesondere gegenüber →Bitcoin als führende →Kryptowährung wichtige Vorteile verschafft. Dazu zählt die jüngste Erweiterung bezüglich →Skalierbarkeit, Sicherheit und Dezentralisierung (Ethereum 2.0 bzw. Eth2.0), die unter der Bezeichnung Beacon Chain u. a. einen Wechsel des →Konsensmechanismus von →PoW bei der bisherigen Ethereum-Chain (Eth1) auf →Proof-of-Stake beinhalten soll.

Ethereum Classic
Im Jahr 2015 entstandene ursprüngliche Version von →Ethereum, die auf eine im Jahr 2016 erfolgte Spaltung zurückgeht. Während die neuere Version (→Ethereum) Korrekturen zum Diebstahl zahlreicher →Coins enthält, gibt die Ethereum Classic den ursprünglichen Zustand einschließlich dieses Vorfalls wieder.

Euro-on-Ledger
Auch als E-Euro oder digitaler Euro bezeichnete und im Oktober 2020 angekündigte Initiative der →EZB zur Realisierung von digitalem Zentralbankgeld (→CBDC) auf Basis von →DLT. Entsprechend der zwei Ausgestaltungsmöglichkeiten von →CBDC kann sich der E-Euro an Banken (Wholesale-CBDC) oder auch an private Haushalte (Retail-CBDC) richten. Im letzteren Fall halten nicht mehr nur Finanzinstitute Konten bei der Zentralbank, sondern auch Privathaushalte. Damit würde die →virtuelle Währung einen ähnlichen Stellenwert erhalten wie Bargeld und gegenüber diesem mit einer höheren Effizienz und einer höheren Transparenz verbunden sein. Noch offene Punkte in diesem Projekt betreffen die genaue Ausgestaltung bezüglich der Einbindung der Geschäftsbanken und des Datenschutzes der Nutzer (z. B. Umfang des anonymisierten Geldes).

Europäische Bankenaufsichtsbehörde (EBA)
Die European Banking Authority ist eine Behörde der Europäischen Union, die für die nationalen Aufsichtsbehörden (z. B. →BaFin in Deutschland) übergreifende Regelungen entwickelt, die anschließend die nationalen Behörden umsetzen. Im →Fintech-Bereich hat die EBA u. a. eine →Fintech Roadmap und einen →Fintech Action Plan entwickelt, die als Grundlagen der Regulierung von Entwicklungen wie etwa →Kryptowährungen dienen.

Europäische Zentralbank (EZB)
Als Organ der Europäischen Union ist die EZB die verantwortliche Zentralbank für die in einigen Gemeinschaftsländern eingeführte Währung (Euro). Sie hat verschiedene Aktivitäten im →Fintech-Umfeld angestoßen, z. B. einen Leitfaden zur Zulassung als →Fintech-Kreditinstitut oder zur Einführung einer →virtuellen Währung (→CBDC, →Euro-on-Ledger).

European Committee for Banking Standards (ECBS)
Ein im Jahre 1992 gegründeter Verbund europäischer Bankenvereinigungen aus den drei wesentlichen Banksektoren: privatwirtschaftliche (Banking Federation of the European Union, EBF), öffentlich-rechtliche (European Savings Banks Group, ESBG) und genossenschaftliche (European Association of Co-operative Banks, EACB) Banken. Ziel war die Formulierung technischer Standards in Zusammenarbeit mit weiteren Akteuren wie etwa →EMV und →SWIFT. Zum bekanntesten Standard zählt die →IBAN. Die Aktivitäten der ECBS sind seit dem Jahr 2004 sukzessive im Europäischen Zahlungsverkehrsausschuss (European Payments Council, EPC) aufgegangen.

European Payments Initiative (EPI)
Im Jahr 2020 als Fortsetzung der Pan-European Payments System Initiative (PEPSI) von 20 europäischen Großbanken (z. B. Deutsche Bank, Santander, Unicredit) ins Leben gerufene und von Zentralbanken unterstützte Initiative zur Schaffung eines europaweiten Zahlungsverkehrssystems. EPI soll auf bestehenden Systemen zu elektronischen →Echtzeit-Überweisungen (z. B. Instant Credit Transfer von →SEPA, Instant Payment Settlement von →TARGET) aufbauen und sich als Wettbewerber zu Kartennetzwerken (→EMV, →Scheme) positionieren. Dadurch sollen Kunden beispielsweise europaweit eine einheitliche Karte und elektronische Geldbörse (→Wallet) nutzen können.

Exchange Traded Fund (ETF)
Börsengehandelte Fonds haben mit der →Digitalisierung von Finanzinstrumenten und Börsen (→elektronische Börse) bei institutionellen und privaten Anlegern einen großen Zuspruch erfahren. Gegenüber klassischen, aktiv bewirtschafteten Fonds sind sie an einen Finanzindex (z. B. Aktien- oder →Fintech-Index, Gold- oder Rohstoffpreis) gebunden (z. B. den S&P 500) und damit weniger von der individuellen Einschätzung von Fondsmanagern abhängig. Zu den weltweit größten Anbietern zählen iShares/Blackrock, Vanguard und State Street. Seit dem Jahr 2016 bestehen auch Initiativen, →Kryptowährungen, insbesondere →Bitcoin, als Basiswerte zuzulassen, denen bislang jedoch häufig Bedenken bezüglich möglicher Marktmanipulationen bzw. mangelnder Regulierung gegenüberstehen.

Exchange Traded Product (ETP)
Oberbegriff zu börsengehandelten Finanzprodukten bzw. -instrumenten, die u. a. Fonds (→ETF), Wertpapiere (sog. Exchange Traded Commodity, ETC) und Währungen (sog. Exchange Traded Notes, ETN) umfassen. Seit jüngerem existieren auch ETP, welche die Preise von →Kryptowährungen wie etwa →Bitcoin abbilden und an Börsen wie etwa →Xetra in Frankfurt gelistet sind.

Expansionsphase
Entwicklungsphase eines Unternehmens (→Start-up), die sich mit der Finanzierung von Expansionsschritten oder mit speziellen Finanzierungsanlässen, etwa der Übernahme anderer Unternehmen oder die Überbrückung von Kapital- oder Liquiditätsengpässen bei Börsengängen, befasst.

Extract Transform Load (ETL)
Vorgehen im Bereich →Business Analytics, das die Extraktion von Daten aus Quellsystemen und deren Angleichung in ein übergreifend definiertes Datenformat im Zuge eines Transformationsschrittes vorsieht. Derart homogenisierte Daten sind die Voraussetzung zur Kalkulation von Kennzahlen (→KPI), deren Berechnung nach einem Ladeschritt im Zielsystem erfolgen kann. Für die ETL-Schritte haben sich zahlreiche dedizierte →Anwendungssysteme etabliert (z. B. von Apache Nifi oder Pentaho Data Integration im →Open-Source-Bereich sowie Lösungen von Microsoft, Oracle, SAP oder SAS). Das ETL-Konzept liegt zahlreichen Anwendungen im →Fintech-Bereich zugrunde, z. B. den Auswertungen zu Liquidität, Gesamtvermögenssituation oder Ausgabeverhalten im Personal Finance Management (→PFM).

Face Recognition
→Gesichtserkennung.

Face-to-Face (F2F)
Ähnlich dem →P2P-Konzept finden bei F2F Interaktionen direkt zwischen Individuen statt, wobei eine unmittelbare physische Nähe gegeben sein muss. Neben der Abgrenzung verschiedener Interaktionsformen (z. B. Social Media, E-Mail, Telefon) bezeichnet F2F im Finanzbereich beispielsweise digitale Zahlungen (→Digital Payment), bei denen Debitor und Kreditor private Personen sind und Zahlungstransaktionen bargeldlos über →Mobile-Payment-Lösungen stattfinden. Dazu müssen Debitor und Kreditor über eine miteinander kompatible mobile Zahlungslösung wie etwa PayPal, Apple Pay, Google Wallet etc. verfügen.

Fiat Gateway
Bezeichnet eine Schnittstelle von →Kryptowährungen zu →Fiat-Währungen, die →Kryptobörsen

anbieten. Dadurch können Nutzer →Kryptowährungen (z. B. →Bitcoin) mit →Fiat-Währungen (z. B. US-Dollar) kaufen und →Kryptowährungen in →Fiat-Währungen tauschen.

Fiat-Währung/Fiat Money
Bei Fiat-Geld handelt es sich um Währungen, die auf Papiergeld ohne Deckung durch knappe Ressourcen (z. B. Referenzobjekte wie Gold oder Silber) bzw. ohne eigenen inneren Wert beruhen. Während klassisches Fiat-Geld eine Deckung durch Regierungen besitzt, ist dies bei den meisten →Kryptowährungen nicht der Fall. Daraus ergibt sich der Vorteil der Unabhängigkeit von Eingriffen staatlicher Institutionen. Umgekehrt entsteht durch die Bindung an ein Referenzobjekt eine höhere Stabilität und liegt daher →Stable-Coin-Initiativen wie etwa →Diem oder →Tether zugrunde.

Financial Inclusion
Die finanzielle Eingliederung oder Integration bezweckt, Finanzprodukte und -dienstleistungen zu günstigen Konditionen für Privatpersonen und Unternehmen zugänglich zu machen, unabhängig von ihrem Vermögen bzw. ihrer Größe. Nachdem weiterhin große Teile der Weltbevölkerung auf informelle bzw. nicht-beaufsichtigte Finanzdienstleister angewiesen sind, bezeichnet Financial Inclusion das Bestreben, Lösungen anzubieten, um derzeit ausgeschlossene Menschen am formellen Finanzsektor teilhaben zu lassen. Oftmals ist der Zugang zu einem Konto ein erster Schritt in Richtung einer breiteren finanziellen Eingliederung und gesteigerten gesellschaftlichen und wirtschaftlichen Teilhabe. Ein Beispiel sind →Microfinance-Lösungen.

Financial Industry Business Ontology (FIBO)
Semantischer Datenstandard für die Finanzbranche mit dem Ziel, eine einheitliche Terminologie mit präzisen Definitionen, Begriffskontexten und Synonymen zu schaffen. Mittels ontologischer Technologien (RDF/OWL) und der etablierten Modellierungssprache UML soll damit eine Grundlage zur →Datenaggregation und -verarbeitung entstehen.

Financial Information Exchange (FIX)
Ein im Jahr 1992 initiierter Datenstandard zum →elektronischen Datenaustausch bei Wertpapiergeschäften, der heute als de-facto-Nachrichtenstandard für den globalen Wertpapierhandel zwischen Banken, Börsen und Brokern gilt. FIX umfasst technologische Spezifikationen auf den Ebenen Transport- und Session-Layer sowie syntaktische Konventionen zu dem in den Nachrichten verwendeten Vokabular (bzw. Datenfeldern) und letztlich den Application-Layer mit zahlreichen Nachrichten für die Phasen Pre-Trade (z. B. mit Quotation Negotiation, Market Data), Trade (z. B. Program Trading, Cross Orders) und Post-Trade (z. B. mit Settlement Instruction, Confirmation).

Financial Instrument Global Identifier (FIGI)
Im Jahr 1989 von der Open Management Group (OMG) zur Kennzeichnung von Finanzinstrumenten ins Leben gerufener frei verfügbarer 12-stelliger Identifikationsstandard (s. Abb. 3).

Financial Service Provider (FSP)
Unternehmen, das ausgewählte und häufig hochstandardisierte Finanzdienstleistungen anbietet. Dazu zählen etwa die Finanzberatung und/oder Vermittlungsdienstleistungen (wie Makler, Versicherungsgesellschaften usw.). Innerhalb der FSPs besteht es eine rechtliche Differenzierung zwischen sog. Schlüsselpersonen und repräsentativen Vertretern. Während die Schlüsselpersonen die Verantwortung für regulatorische Berichte sowie für alle Handlungen des FSP innehaben, sind die Vertreter die Personen, die potenzielle Versicherungsnehmer in Bezug auf Finanzdienstleistungen beraten und alle notwendigen Ver-

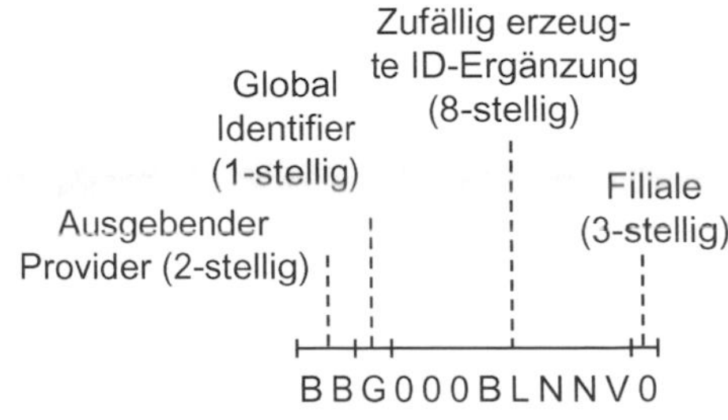

Abb. 3 Aufbau der FIGI

mittlungsdienstleistungen in Bezug auf die ausgewählten Produkte abschließen.

Financial Transaction Services (FinTS)
Bezeichnet die Fortführung des →HBCI-tandards für →Online-Banking-Lösungen zur Vereinheitlichung der Kommunikationsschnittstelle zwischen Bankkunde und Kreditinstitut. Getrieben durch den Zentralen Kreditausschuss (heute „Die Deutsche Kreditwirtschaft") und damit gestützt durch die drei Banksäulen in Deutschland (Genossenschaftsbanken, öffentlich-rechtliche Banken bzw. Sparkassen und Landesbanken, Privatbanken wie Deutsche Bank und Commerzbank) erfolgte im Jahr 2002 die Veröffentlichung von Version 3.0 als Fortsetzung von →HBCI 2.2 und liegt heute in Version 4.1 vor. FinTS bietet Vereinbarungen in mehreren Bereichen, z. B. der Nachrichtenprotokolle (z. B. HTTPS, SOAP), Sicherheitsverfahren (z. B. PIN/TAN, Chipkarte, →RSA), Geschäftsvorfälle (bislang >100 Geschäftsvorfälle, z. B. Auslandsüberweisung) als auch Datenformate (z. B. Datenfelder in Geschäftsvorfällen). Diese zielen auf einen elektronischen Datenaustausch (→EDI) zwischen Firmen- und Geschäftskunden und Banken (→SWIFT) sowie auf eine verbesserte →Multi-Bank-Fähigkeit. Abb. 4 zeigt den Einsatz von FinTS gegenüber Privat- und Firmenkunden mit der Unterscheidung einer Anbindung über Portale (→PFM) oder einer direkten Kopplung der →Anwendungssysteme (→EDI) wie sie insbesondere bei Firmenkunden verbreitet ist. In diesem Segment findet sich vor allem das auf Massenzahlungsverkehr ausgerichtete →EBICS-Verfahren.

Financial Wellness
Bezeichnet das finanzielle Wohlergehen von Privatpersonen bzw. aus Unternehmensperspektive betrachtet, von Mitarbeitern. Durch eine umfassende Betrachtung von vergangenen und geplanten Ausgaben, Einkünften und Rücklagen unterstützen entsprechende →Anwendungssysteme dabei Risiken und Problemsituationen zu vermeiden. Zu den Beispielen zählen →Apps zur Ausgaben- und Budgetplanung, zur Cashflow-Analyse oder zur Portfolio-Optimierung. Häufig fassen derartige Lösungen die Financial Wellness in einem Score (→KPI) zusammen.

Finanzierungsrunde
Meetings oder Gespräche mit Kapitalgebern, die →Start-up- oder →Fintech-Unternehmen mit verschiedenen Investoren in aufeinander folgenden Stufen durchführen. Nach ihrer Abfolge sind dies die →Seed-Runde oder die →Serien A bis C. Ziel von →Start-up- oder →Fintech-Unternehmen ist es, durch das Abtreten von Anteilen an Investoren eine Eigenkapitalfinanzierung abzuschließen und damit ein weiteres Unternehmenswachstum zu ermöglichen.

Finanzintermediär
Vermittler bzw. Akteure, die im Namen von Wirtschaftssubjekten als zusätzliche Partei zwischen Anbietern und Nachfragern von Finanzinstrumenten und Finanzierungsinstrumenten auftreten. Abhängig von den Marktstrukturen kann der Einsatz von Finanzintermediären (→Intermediation) die →Transaktionskosten erhöhen oder verringern. So können einerseits Vermögensberater durch ihre eigene Provision den Preis von Finanzprodukten erhöhen, andererseits können Vergleichsportale (→digitaler Marktplatz) durch die verbesserte Markttransparenz die Konkurrenz unter den Anbietern erhöhen. Wenngleich bei →Fintech-Anbietern beide Richtungen

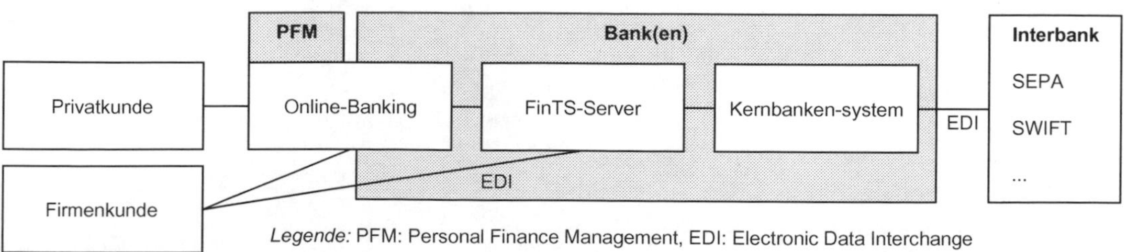

Abb. 4 Einsatzbereiche von FinTS

möglich sind, so steht bei ihnen doch ein Beitrag zum Kundennutzen im Vordergrund.

Fintech
Verbindung der Anfangssilben der englischen Begriffe Finance (Finanzen) und Technology (Technologie), wobei sowohl die Schreibweise Fintech als auch FinTech anzutreffen ist. Zudem finden sich zwei grundsätzliche Verwendungen: Eine *institutionelle Sicht* versteht darunter einen bestimmten Unternehmenstyp. Dies sind meist →Start-up-Unternehmen, die klassische Finanzdienstleistungen durch den Einsatz moderner Technologie erneuern und versuchen, ihre Leistungen innovativer, effizienter und/oder kundenorientierter als bestehende Dienstleister (→Incumbents wie etwa Banken) anzubieten. Eine zweite Sicht ist funktionsorientiert und charakterisiert Fintech-Lösungen, die vermehrt auf Standardisierung (Skaleneffekte) und weniger komplexe Produkte oder Dienstleistungen im Finanzbereich setzen, die dem Kunden oftmals bereits geläufig sind oder sich mittels kurzer Beschreibungen (z. B. Verbindungen von intuitivem Text mit Bildern oder Video) erläutern lassen. In der Regel beruhen Fintech-Lösungen auf umfassender →Digitalisierung und sind nicht nur auf →Start-up-Unternehmen beschränkt. Ebenso finden sich zunehmend Kooperationen von →Incumbents mit Fintech-Unternehmen. Nach der *funktionalen Sicht* lassen sich Fintech-Lösungen für den Banken- und den Versicherungsbereich unterscheiden (s. Abb. 5). Erstere umfassen nach dem →Bankmodell die Bereiche Finanzieren, Zahlen (→Paytech) und Anlegen (bzw. Sparen und Investieren, →Wealthtech) und letztere die Bereiche Vorsorgen und Absichern sowie teilweise auch Investieren (etwa bei Lebensversicherungen) bei den →Insurtech-Lösungen. Gemischte Lösungen aus bank- und versicherungsfachlichen Leistungen finden sich unter dem Begriff →Allfinanz. Weitere Teilbereiche sind →Regtech für regulatorische Anwendungen sowie →Contech und →Proptech für die Bau- und Immobilienbranche. Aufgrund des innovativen Charakters von Fintech-Lösungen bietet sich eine Unterscheidung nach Produkt-, Prozess- und Technologieinnovationen an (→Innovation). Danach liefert innovative →Informationstechnologie die Grundlage zur Realisierung effizienter Prozesse und diese wiederum für die Verwertung am Markt in Form neuer Produkte. Gegenüber Prozess- und insbesondere Produktinnovationen ist bei Technologieinnovationen aber eine unmittelbare Zuordnung zu den fachlichen Bereichen nicht unmittelbar gegeben. Beispielsweise sind →Blockchain oder →IoT-Technologien sowohl für Bezahl- als auch für Versicherungslösungen anwendbar. Bei Prozess- und Produktinnovationen sind für Fintech-Unternehmen die regulatorischen Rahmenbedingungen zu beachten, da die Durchführung von Bank- und Versicherungsgeschäften eine Zulassung der Regulierungsbe-

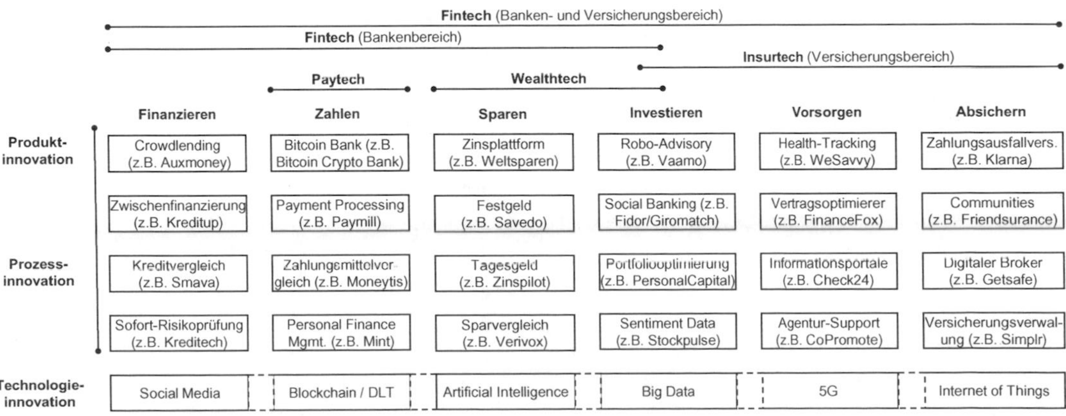

Abb. 5 Strukturierung der Fintech-Bereiche (in Anlehnung an Alt und Ehrenberg 2016, S. 13)

hörden (z. B. der →BaFin in Deutschland, der FMA in Österreich und der Finma in der Schweiz) erfordern (→Banklizenz). Fintech-Leistungen unterliegen nicht diesen Richtlinien, wenn sie unmittelbar die geldschöpfenden bzw. risikotragenden Aktivitäten betreffen (z. B. Beratung, Vergleich) oder einen bislang nicht regulierten Bereich betreffen wie dies etwa bei →Kryptowährungen anfänglich der Fall war.

Fintech-Inkubator
Ein →Inkubator, der das Wachstum und den Erfolg von →Fintech-Unternehmen durch die kostenlose oder kostengünstige Bereitstellung von Ressourcen und Dienstleistungen beschleunigt. Typische Unterstützungsleistungen sind die Bereitstellung physischer Räume und gemeinsamer Dienste sowie von Kapital, Coaching und (Beziehungs-) Netzwerk.

First-Stage-Finanzierung
Bezeichnet die dritte bis vierte Phase der →Wagniskapital-Finanzierung. In der First-Stage-Phase erfolgen die Produktionsaufnahme und Markteinführung, der Auf- und Ausbau des Personals, die Steigerung der Umsätze, Anpassungs- und Weiterentwicklung des Leistungsangebots, Sicherung von Geschäftsbeziehungen. Die Risikoeinschätzung für Kapitalgeber ist ab dieser Phase bereits besser zu beurteilen, da erste Markterfahrungen vorliegen und die Marktresonanz und damit die Renditemöglichkeiten besser abzuschätzen sind. In dieser Phase steigt zudem die Bedeutung von Fremdkapital für die Unternehmen (Leverage-Effekt).

Follower
In sozialen Medien wie Facebook, Instagram oder Twitter bilden Follower, Fans oder Freunde die Grundlage der sozialen Vernetzung. Eine Person, eine Organisation oder ein →Bot können einem anderen Profil folgen und darüber die von diesem Profil veröffentlichten Nachrichten erhalten bzw. selbst an seine Follower Nachrichten verschicken. Auch Finanzdienstleister sind seit einigen Jahren um eine große Anzahl an Followern auf den einzelnen Social-Media-Plattformen bemüht, da sich dadurch eine direkte und interaktive Kommunikationsbeziehung herstellen lässt, die sich insbesondere in kundenorientierten Prozessen (→Social CRM) nutzen lassen.

Foreign Exchange (FX)
Der Handel von Devisen und der grenzüberschreitende Zahlungsverkehr gelten als ein von der →Digitalisierung stark betroffener Anwendungsbereich. Treiber sind elektronische Bezahlsysteme (→elektronische Zahlungen), die auf Zahlungen zwischen Banken über das →SWIFT-Netzwerk und perspektivisch aufgrund von Zeit- und Kostenvorteilen insbesondere über die jüngeren →Blockchain-Systeme erfolgen.

Forging
Prozess der Generierung von Blöcken bei →Blockchain-Systemen, der dem →Proof-of-Stake-Verfahren folgt. Das Forging bzw. Schmieden spricht die Transaktionsgebühren der letzten abgeschlossenen Transaktion demjenigen zu, der aufgrund der Zuteilung mittels des →Proof-of-Stake-Prinzips zum Zuge gekommen ist.

Fork
Eine Gabelung bezeichnet einen Entwicklungszweig nach der Aufspaltung eines Projektes in zwei oder mehrere Folgeprojekte. In der Softwareentwicklung bezeichnet dieser einen modifizierten →Open-Source-Code, wobei der „forked"-Code dem Original-Code in der Regel ähnlich ist, jedoch wichtige bzw. grundsätzliche Änderungen zu diesem aufweist. Ein häufiger Anwendungsfall von Forks besteht in Testzwecken oder der Entwicklung neuer →Kryptowährungen mit ähnlichen, aber nicht identischen Eigenschaften. Ein Fork bedeutet zudem die Weiterentwicklung von →Open-Source-Software, da diese infolge ihrer freien Zugänglichkeit jedem Entwickler die Möglichkeit bietet, eine eigene Kopie anzufertigen und diese für eigene Zwecke zu modifizieren (bzw. zu forken). Im Kontext der →Blockchain- bzw. →DLT-Netzwerke haben Forks zu zahlreichen Varianten von →Kryptowährungen geführt. Diese Abspaltungen gehen häufig auf Meinungsverschiedenheiten über die Weiterentwicklung zurück, z. B. bezüglich der Blockgrößen, der verwendeten →Token, der Offenheit (→Permissioned Blockchain) oder dem ein-

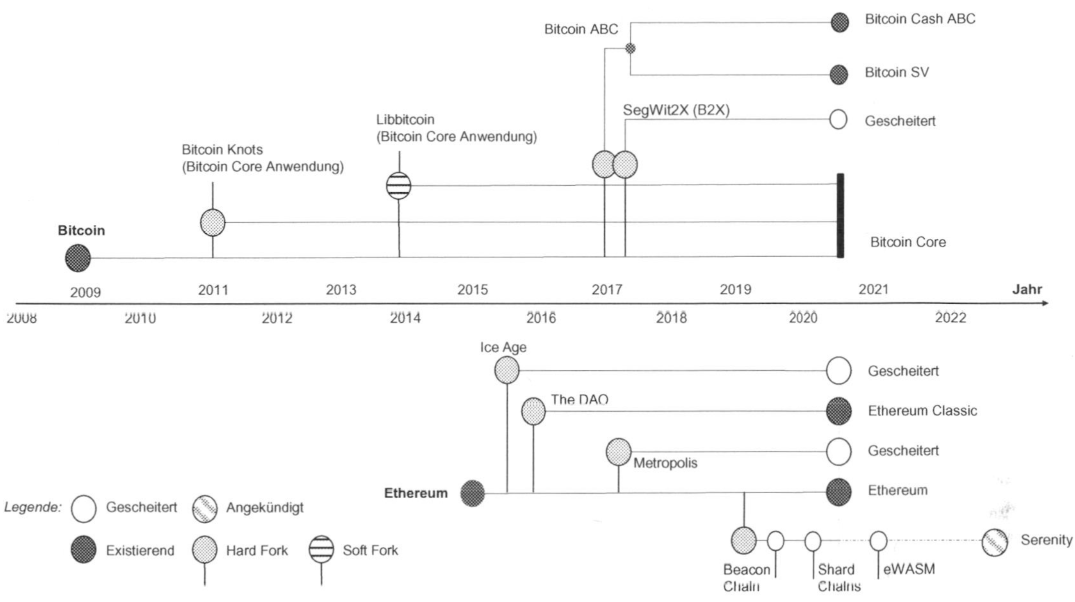

Abb. 6 Ausgewählte Forks bei Bitcoin und Ethereum 2008–2022 (In Anlehnung an Viens 2019a, b)

gesetzten →Konsensmechanismus. Nach einem Änderungsvorschlag kann entweder eine →Soft Fork oder eine →Hard Fork stattfinden, die sich primär in der Kompatibilität zur Vorversion unterscheiden. Einen Überblick zu wichtigen Forks bei →Bitcoin und →Ethereum zeigt Abb. 6.

Four-Corner-Modell

→Vier-Ecken-Modell.

Framework

Der Begriff eines (Ordnungs)Rahmens findet sich einerseits im Kontext von →Referenzmodellen zur strukturierten Darstellung und Abgrenzung von (fachlichen und/oder technischen) Gestaltungselementen. Andererseits ist er häufig gebraucht im Zusammenhang mit →Kryptowährungen. Hier umfasst das Framework mehrere Elemente dieser Systeme, etwa das →Betriebssystem des →Blockchain- bzw. →DLT-Systems, die Datenbank mit einer definierten →Datenstruktur, die →Token als Austauschobjekte zwischen den Teilnehmern und eine →Entwicklungsumgebung. Bekannte →Blockchain-Frameworks sind beispielsweise →Corda, →Ethereum oder →Hyperledger.

Frontend

Bezeichnet die →Applikationen für die Abbildung von Präsentationsfunktionalitäten bzw. Funktionalitäten für die Nutzerinteraktion. Als Synonyme finden sich auch die Begriffe der Benutzerschnittstelle oder des Graphical User Interface (GUI) sowie der Gestaltung dieser Nutzerschnittellen (→UX). Frontends, wie etwa →Wallets, ergänzen →Backend-Funktionalitäten, die beispielsweise eine →Blockchain bzw. →DLT-Systeme abbilden. Sie sind ein wichtiger Bestandteil von →Blockchain- bzw. →DLT-Frameworks.

Frontoffice

Bezeichnet alle kundenorientierten Prozesse (z. B. Vertragstransaktionen), Organisationseinheiten (z. B. Schalter) und Systeme (z. B. →Online Banking) einer Bank.

Full Node

Ein Full Node ist ein Programm in der Distributed-Ledger-Technologie (→DLT), das Transaktionen und Blöcke vollständig validiert. Full Nodes akzeptieren und validieren Transaktionen und Blöcke von anderen Full Nodes und leiten diese weiter. Damit sind sie ein elementarer Bestandteil der dezentralen Systeme. Ähnlich verwendete Begriffe sind jene der →Master- und Supernodes.

Fundraising
Beschreibt das Handeln, Geld für einen bestimmten Zweck zu beschaffen (Mittelakquisition). Häufig steht das Fundraising im Zusammenhang mit einer Organisation, die darauf abzielt, die für die Erfüllung des Satzungszwecks benötigten Ressourcen (Geld-, Sach- und Dienstleistungen) durch eine konsequente Ausrichtung an den Bedürfnissen der Ressourcenbereitsteller (Privatpersonen, Unternehmen, Stiftungen und öffentliche Institutionen) zu akquirieren.

GAFA
Abkürzung für die „Big Four" der Digitalwirtschaft (→Big Tech), die mit Google, Amazon, Facebook und Apple die derzeit größten und marktbeherrschenden plattformbasierten (→Plattform) Unternehmen in der →IT-Branche der Vereinigten Staaten bezeichnet. Diese agieren mittlerweile auch als Anbieter von Finanzdienstleistungen (z. B. Google Pay, Amazon Pay, Facebook Pay, Apple Pay und →Diem) und verknüpfen vor allem Zahlungsdienstleistungen mit weiteren Diensten, insbesondere im →E-Commerce-Bereich. Während sich GAFA auf US-amerikanische Unternehmen beschränkt, bezieht sich die Abkürzung →BATX auf chinesische Unternehmen.

Gamification
Konzept, das die Anwendung von spielerischen Elementen in Nicht-Spielsituationen vorsieht. Zu den Elementen des Game-Designs zählen beispielsweise Leaderboards, die eine Rangliste von Teilnehmern darstellen, das Erzielen von primär nicht-monetären Punkten, Rewards, Badges oder bestimmter Levels, die wiederum mit bestimmten Leistungen verbunden sind oder das „Verpacken" inhaltlicher Ziele (z. B. Strategieentwicklung, Schulung) in Spielsituationen. Gamification findet sich in zahlreichen →Fintech-Lösungen (z. B. →PFM), um Bewusstsein für Ausgabe- oder Sparverhalten zu erzeugen, oder im →Social CRM, wenn Kunden für die Beratung anderer Kunden Punkte oder andere Gegenleistungen erhalten.

Gatekeeper
Im Digital Markets Act (→DMA) der Europäischen Kommission verwendete Bezeichnung für →digitale Plattformen, die einen zentralen Plattformdienst (z. B. Suchmaschine, Betriebssystem, Social-Media-/Nachrichten, →Intermediation) in mindestens drei EU-Ländern durch eine hohe Anzahl an Nutzern (> 45 Millionen aktive Endnutzer/Monat und > 10.000 aktiver Geschäftsnutzer/Jahr in der EU) dominieren. Der →DMA quantifiziert diese Unternehmen mit einem Jahresumsatz im EU-Raum von mindestens 6,5 Milliarden Euro in den vergangenen drei Jahren oder einer Marktkapitalisierung von mindestens 65 Milliarden Euro im vergangenen Jahr. Qualifizieren sich →Plattformen als Gatekeeper, so dürfen sie ihre dominante Stellung nicht opportunistisch ausnutzen, sondern müssen bestimmte Regeln bezüglich Offenheit und Transparenz erfüllen.

Gateway
Im (elektro)technischen Kontext bezeichnet ein Gateway eine Schnittstelle zwischen zwei Komponenten und hat sich als Begriff auch im deutschen Zahlungsverkehr etabliert. So kennzeichnet es etwa als →Kopfstelle eine Eigenart des deutschen Kartengeschäfts, die als technische Schnittstelle zwischen den drei Banksäulen (Privat-, Genossenschaftsbanken, öffentlich- rechtliche Institute) oder als Schnittstelle zwischen einem Händler und der Bank bzw. dem Kreditkartenanbieter (→Issuer) zur Abwicklung von Finanztransaktionen fungiert. Darüber hinaus finden sich auch die Begriffe Payment Provider oder Payment Processor häufig als synonym für ein Gateway.

Gebührenfluss
Eine den Verrechnungs- und Transaktionsströmen vergleichbar ausgeprägte Komplexität ist auch bei der Verrechnung der einzelnen Gebühren bei →elektronische Zahlungen zwischen den beteiligten Marktteilnehmern anzutreffen. Der Gebührenfluss beim Einsatz von Zahlungs-

karten hat die Besonderheit, dass dieser für Charge- und Kreditkarten dem der Debit-Karten gleicht, jedoch die interne Kostenverrechnung der beteiligten Parteien vernachlässigt. Demzufolge unterteilt sich bei →elektronischen Zahlungen der Gebührenfluss in drei Bereiche: (1) Nationale POS-Abwicklung von Kartenzahlungen (→MSC), (2) Kartenzahlungen am →ATM, (3) Gebühren im Clearing und Settlement (→CSM, →Interchange Fee).

Geldwäsche
→Anti-Money Laundering (AML).

General Data Protection Regulation (GDPR)
→Datenschutzgrundverordnung (DSGVO).

Generation
Bezogen auf das Alter von Nutzern digitaler Dienste und Geräte ergeben sich mehrere, als Generation X, Y oder Z genannte Nutzerkategorien. Zugrunde liegt die Annahme, dass junge Nutzer digital affiner sind, da sie bereits in einer zunehmend digitalisierten Welt aufgewachsen sind. Während die Geburt der →X-Generation (von 1965 bis 1980 geboren) in eine frühe und damit auf Teilbereiche der Unternehmen und der Gesellschaft beschränkte Phase der →Digitalisierung fiel, gelten die beiden darauf folgenden Phasen der →Y-Generation (von 1981 bis 1996 geboren) und der →Z-Generation (von 1997 bis 2012 geboren) als Ausdifferenzierungen der →Digital Natives. Jünger geborene gelten als Generation Alpha. Eine Überlappung von →X- und →Y-Generation bezeichnet die →Now-Generation, die zwischen 1985 und 2000 Geborene umfasst. Typischerweise ist mit den Generationen eine unterschiedliche Nutzung der digitalen Medien verbunden (z. B. nutzt die →Z-Generation stärker den Social-Media-Dienst Tiktok, während bei der →Y-Generation Instagram und bei der →X-Generation Facebook und Twitter beliebter sind).

Genesis Block
Ein Genesis Block ist der erste, häufig mit „0" bezeichnete Block einer →Blockchain. Er hat keinen vorgelagerten Block, auf den er sich beziehen kann und ist daher auch nicht vom Netzwerk errechenbar. Der Genesis Block wird vielmehr im Rahmen einer offiziellen Veröffentlichung vergeben und ist fest im Quellcode verankert. Jede →Kryptowährung auf Basis der →Blockchain-Technologie verfügt über einen eigenen Genesis Block, von dem aus sich die →Master- und mögliche →Sidechains ableiten.

Geo-IP
Geo IP bezieht sich auf die Methode zur Lokalisierung des geografischen Standortes eines Computers durch Identifizierung seiner IP-Adresse. Obwohl Geo-IP den Standort eines Terminals einer Stadt zuordnen kann, ist die Methode ungenauer als andere Methoden der →Geolokalisierung. Bekannt ist der Einsatz von Geo-IP, um Inhalte auf bestimmte Standorte zuzuschneiden, um gezielt Werbung zu schalten oder um ortsabhängige Zugangsbeschränkungen einzusetzen.

Geolokalisierung
Verfahren zur Identifizierung des geografischen Standortes einer Person oder Einrichtung mittels digitaler Technologien (z. B. Smartphone, →Wearables), die es ermöglichen, orts-spezifische Leistungen (z. B. Aktionen, →PAYD) anzubieten.

Geschäftsmodell
Beschreibt die Ausrichtung und Positionierung einer Geschäftsidee im Markt. Es enthält u. a. Angaben zum (differenzierenden) Geschäftszweck bzw. Kundennutzen, zu den Kernressourcen und -aktivitäten sowie zu den finanziellen Konsequenzen des Geschäftsbetriebs. Typischerweise konkretisieren Geschäftsmodelle eine allgemeiner gefasste Geschäftsstrategie in mehreren Dimensionen. Ein etabliertes Modell zur Strukturierung von Geschäftsmodellen im →Fintech-Bereich bildet die Business Model Canvas (→BMC).

Gesichtserkennung
Mittels biometrischer Verfahren (→Biometrics) lassen sich Gesichter identifizieren und diese einer bestimmten Person zuordnen. Letztere Verfahren finden im Bereich von →Video-Ident-Verfahren zur →Authentifizierung von Personen

Verwendung, erstere auch zur Ermittlung von Personenströmen etwa in Einkaufszentren. Die Verknüpfung mit Personendaten ist offensichtlich eng mit der Einhaltung des Datenschutzes (→DSGVO) verbunden.

Gesture Control
Interpretation menschlicher Gesten durch mathematische →Algorithmen, um dadurch Geräte zu steuern. Dies kann über Kameras oder Sensoren geschehen, die etwa in mobilen Geräten oder →Wearables verbaut sind und die Bewegungen der Nutzer aufnehmen und verarbeiten. Finanzdienstleister haben diese Technologien versuchsweise zur Unterstützung der Nutzerinteraktion eingesetzt, z. B. zur Steuerung von Displays oder Eingabegeräten in der Filiale, sowie zur Freigabe von Zahlungen im Rahmen nutzungsabhängiger Dienste (→PAYU). Ziel ist hierbei ein positiver Beitrag zum →Kundenerlebnis.

Global Gateway
Ein Online-Dienst zur elektronischen Identitätsprüfung (→eID) für den internationalen Markt, um Unternehmen bei der Einhaltung der Regeln zur Bekämpfung der Geldwäsche (→AML) und zur Kenntnisnahme ihrer Kunden (→KYC) zu unterstützen.

Goal-based Investment
Die zielbasierte Anlageberatung ist ein an Kundenzielen ausgerichtetes Anlagekonzept, das mittels →Algorithmen die zur Zielerreichung im geplanten Zeitraum geeigneten Anlageinstrumente ermittelt. Relevante Faktoren bilden das Startkapital und die Risikopräferenz des Kunden, die möglichen Ein- und Auszahlungen sowie der geplante Zeitraum. Der Ansatz findet sich beispielsweise in →Robo-Advisory und →Wealthtech-Lösungen.

Gossip
Ein in dezentralen Netzwerken (→P2P) eingesetztes Verfahren, um die Synchronisation der Netzwerkknoten (→Node) und damit die Konsistenz der verteilten Datenbestände sicherzustellen. Es findet sich beispielsweise bei →Kryptowährungen in verschiedener Form mit den →Konsensmechanismen, die das Hinzufügen von Datenfeldern (z. B. Blöcken bei →Blockchain-Systemen, Transaktionen bei →Hashgraph-Systemen) regeln. Erkennen beispielsweise mehr als die Hälfte der Knoten einen neuen Datensatz an, so ergänzt diesen das System im verteilten Datenbestand. Aufgrund der mit der Kommunikation verbundenen Zeit-, Rechen- und auch Energieintensität konnte sich das Verfahren bislang nur eingeschränkt (z. B. in der Variante von →Ripple) in Anwendungsfeldern mit hohem Transaktionsvolumen (z. B. dem Zahlungsverkehr) etablieren.

Governance
Übersetzt mit Kontrolle, Herrschaft oder Steuerung befasst sich die Governance mit der Frage, wie sich diese Aufgaben in sozioökonomischen und politischen Systemen gestalten lassen. Mit der →Digitalisierung zählen dazu auch elektronische Netzwerke und →Plattformen sowie der gesamte Bereich der →Kryptowährungen. Bei letzteren bestimmt die Gestaltung der Governance wie die Regeln im System (z. B. für das →Mining, den →Konsensmechanismus oder die Aufgaben der →Nodes) ausgestaltet sind und wer über die Weiterentwicklung des Netzwerks entscheidet. Während dies bei öffentlichen →Blockchains über fast basisdemokratische Prinzipien (→DAO) erfolgt, finden sich bei →Proof-of-Stake-Systemen quasi-demokratische Prinzipien (→Validatoren) und bei geschlossenen →Enterprise-Blockchains eher hierarchische bzw. zentralistische Prinzipien.

Graphical User Interface
→Frontend.

Hackathon
Das Kofferwort aus „Hack“ und „Marathon“ bezeichnet ein Veranstaltungsformat, das in einem typischerweise eng definierten Zeitraum von einem bis drei Tagen physisch oder virtuell stattfindet und die kompetitive Entwicklung einer häufig soft- oder hardware-basierten Lösung vorsieht. Im Sinne einer →Sandbox sollen in einem kurzen Zeitabschnitt neue innovative und bereits

prototypisch realisierte Ideen entstehen, sodass Hackathons kreative, fachliche und technische Kompetenzen gleichermaßen erfordern und dadurch gemischte Teams begünstigen. Die Teams treten mit ihren erarbeiteten Lösungen am Ende der Hackathon-Tage gegeneinander an und erhalten neben der Prämierung Feedback durch eine Jury. Der Verlauf eines Hackathons findet typischerweise in unterschiedlichen Phasen statt (z. B. Vorbereitungs-, Durchführungs- und Nachbereitungsphase).

Halving
Verfahren im →Bitcoin-System, das nach 210.000 von den →Minern neu erzeugten bzw. geminten Blöcken die Entlohnung für die →Miner halbiert. Beispielsweise erhalten diese ab der für den Mai 2020 erwarteten dritten Halbierung ab Block 630.001 anstatt 12,5 →Bitcoins nur noch 6,25 →Bitcoins. Halvings finden unter der Annahme statt, dass die verringerte Geldschöpfung die Inflationstendenzen des →Bitcoin eindämmt und dadurch positive Effekte auf dessen Kursentwicklung hat. Bei den beiden ersten Halvings war dies zu beobachten: In den zwölf Monaten nach dem Halving im Jahr 2012 stieg der Kurs um 8000 % und in den zwölf Monaten nach jenem im Jahr 2016 um 290 %.

Handelsplattform
Eine Handelsplattform ist eine →digitale Plattform mit Marktfunktionalitäten (→digitaler Marktplatz) für den elektronischen Handel (→E-Commerce). Im Finanzbereich existieren etablierte Akteure wie die Finanzbörsen (→elektronische Börse) sowie jüngere Akteure wie die außerbörslichen Handelssysteme (→MTF) und insbesondere die →Kryptobörsen. Über Handelsplattformen können Anleger und Händler direkt oder über →Finanzintermediäre Wertpapiere, Devisen, Optionen, Futures, →Kryptowährungen etc. online kaufen und verkaufen. Durch die Vielzahl an Handelsplätzen ist ein permanenter und ortsloser Handel möglich, welcher zu einer Reduktion der →Transaktionskosten im Finanzbereich beiträgt.

Händlerkommission
→Merchant Service Charge (MSC).

Hard Fork
Bei einer harten Gabelung erfährt das →Protokoll bzw. der Code der →Blockchain eine Änderung, die das bisherige →Protokoll bzw. den alten Code ungültig macht. Damit ist diese Art der →Fork nicht abwärtskompatibel und bestehende →Nodes müssen ihre Software zwingend aktualisieren, um neue Blöcke berücksichtigen zu können. Die Inkompatibilität der Versionen führt zu einer Aufspaltung und häufig existiert die alte Version dann neben der neuen (z. B. bei →Bitcoin und →Bitcoin SV).

Hash-Baum
Eine nach dem Wissenschaftler Ralph Merkle benannte Datenstruktur in der →Kryptografie. Ein Hash Tree oder →Merkle Tree bezeichnet eine Struktur aus →Hashwerten von Datenblöcken, die der Verzweigung eines Baumes ähnelt. Die sich daraus ableitende Datenstruktur besteht aus Kanten und Knoten, die wie ein Baum aufgebaut ist und insbesondere die Vollständigkeit und Integrität von Daten sicherstellen soll.

Hashed Timelock Contract (HTLC)
Verfahren, das →Interchain-Transaktionen bzw. →Atomic Swaps erlaubt. Es beruht dazu auf sog. Hashlocks, welche die →Coins auf den jeweiligen Systemen blockieren, bis es die Gegenseite entsperrt hat. Beispiele existieren etwa für Transaktionen zwischen →Bitcoin und →Litecoin.

Hashgraph
Datenstruktur, die ebenso wie →DAG und →Holochain als Alternative zur →Blockchain entstanden ist, um deren Nachteile bezüglich energieintensiver →Konsensmechanismen (insbesondere →PoW) und der begrenzten →Skalierbarkeit (z. B. bei →Proof-of-Stake) zu vermeiden. Während bei →Blockchain-Systemen keine Blöcke parallel entstehen können und die Anzahl je Zeiteinheit generierter Blöcke begrenzt ist, verarbeitet Hashgraph Transaktionen mit dem →Gossip-

Protokoll (Geschwätz-Protokoll) laufend und asynchron mittels eines Wahlmechanismus (anstatt eines →Konsensmechanismus wie →PoW oder →PoS). Danach gibt ein Knoten die signierten Informationen (bzw. Events) an zwei zufällig ausgewählte Nachbarknoten weiter, welche diese wiederum mit Informationen von anderen Knoten zu einem neuen Event zusammenfassen und an andere zufällig ausgewählte Nachbarknoten weiterleiten. Dieser Prozess verläuft, bis alle Knoten die zu Beginn erzeugten oder empfangenen Informationen kennen. Im Idealfall haben damit sämtliche Knoten die gleiche Sicht auf alle Transaktionen. Außerdem kann jeder Knoten durch virtuelle Abstimmung feststellen, ob eine Transaktion gültig ist, indem er mehr als zwei Drittel der Knoten im Netzwerk als „Zeugen" hat. Als Vorteil dieses Verfahrens gegenüber der →Blockchain gilt unter anderem die höhere Geschwindigkeit von > 250.000 Transaktionen pro Sekunde gegenüber sieben pro Sekunde (und einem Block je zehn Minuten) bei der →Bitcoin-Blockchain. Allerdings der hat das Hashgraph-System des Unternehmens Swirlds (kein →Open Source) im Vergleich zu →Blockchain-basierten-Währungen wie →Bitcoin oder →Ethereum bislang nur eine geringe Verbreitung erreicht (Abb. 7).

Hashrate

Bezeichnet die Maßeinheit für die Leistung von →Kryptowährungen, welche als →Konsensmechanismus →PoW einsetzen. Bei →Bitcoin bezieht sich die Hashrate auf den Leistungsverbrauch für die Generierung von Blöcken in den Zehn-Minuten-Intervallen. Sie lag im März 2020 zwischen ca. 95 und 120 Tera-Hashes pro Sekunde. Kritisch für die stabile und vertrauensvolle Funktionsweise des →PoW-Mechanismus ist es, dass kein Knoten eine Mehrheit (> 51 %) der Hashrate besitzt und damit die Blockbildung zu seinen Gunsten (→Double Spending) beeinflussen kann.

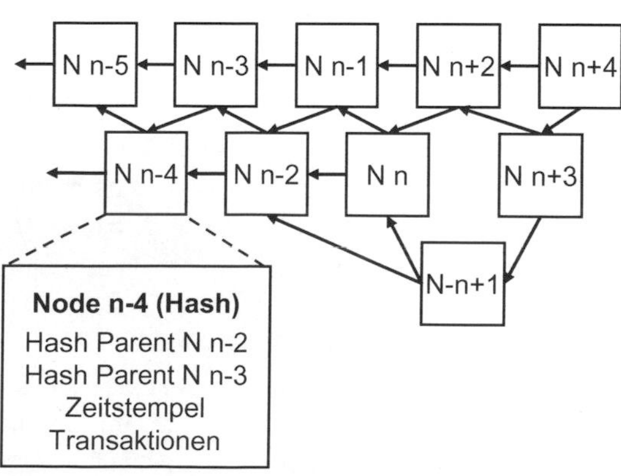

Abb. 7 Aufbau von Hashgraph (in Anlehnung an Hays 2018)

Hashwert

Das in der IT-Sicherheit als Streuwertfunktion bekannte Verfahren beruht auf der mathematischen Umwandlung eines numerischen Inputs von beliebiger Länge in einen komprimierten numerischen Output fester Länge. Die daraus resultierenden Hashwerte sind in der Regel deutlich kleiner als die Ursprungswerte und haben eine einheitliche Länge. Dadurch sind sie leichter und schneller zu verarbeiten als die Ursprungswerte. Die mittels kryptografischer Verfahren (→Kryptografie) ermittelten Hashwerte sind als Einwegfunktionen kaum auflösbar (bzw. rückberechenbar) und kommen daher als digitaler Fingerabdruck zur Unterzeichnung von Nachrichten (jede Veränderung der Eingangsdaten führt zu einem anderen Hashwert) oder der Sicherstellung von Datenintegrität (bzw. Unversehrtheit von Daten) zum Einsatz. So erfolgt beispielsweise die Teilnehmeridentifikation und die Speicherung von Transaktionen in →Blockchain-Systemen durch Hashfunktionen.

Healthtech

Bezeichnet →Start-up-Unternehmen im Gesundheitswesen, die innovative digitale Lösungen im Bereich →Electronic Health anbieten.

HedgeTrade

HedgeTrade ist eine →Kryptowährung auf →Ethereum-Basis, die auf ein →Social Trading abzielt. Dabei erstellen Teilnehmer auf Basis ihrer Marktkenntnis und -einschätzung eine Preisprognose, in die andere Teilnehmer investieren können. Falls die Prognose eintritt, erhält der Ersteller die →Coins, während er diese im Falle des Nicht-Eintritts zurückerstatten muss.

High Frequency Trading (HFT)
Mit der →Digitalisierung von Abläufen an →elektronischen Börsen kommt es zum Hochfrequenzhandel, wenn Systeme bei kurzen Haltefristen hohe Volumina automatisiert ausführen (→Algorithmic Trading). Die →Algorithmen führen dabei die Aufträge teilweise im Mikrosekundenbereich aus und können aufgrund der hohen Mengen dadurch Arbitragegewinne erzielen.

HODL
Mit der Abkürzung „Hold on for Dear Life" ist im Umfeld von →Kryptowährungen die Strategie verbunden, die jeweiligen Investitionen auch bei große Kursveränderungen zu halten bzw. die Volatilität „auszusitzen".

Holochain
Neben →DAG und →Hashgraph eine weitere Alternative zu →Blockchain-basierten →DLT-Systemen. Ähnlich →Hashgraph verwendet es ein →Gossip-Verfahren anstatt eines →Konsensmechanismus und beruht auf dem Konzept verteilter Hashtabellen (Distributed Hash Tables). Dabei handelt es sich um eigenständige lokale Datenbestände (→Ledger), die sich nach einem definierten Suchverfahren aber gegenseitig durchsuchen können. So erfolgt beispielsweise eine Abfrage der verteilten Datenbestände, bis der gesuchte Inhalt gefunden ist. Es gilt gerade zur Realisierung verteilter →Applikationen (→DApps) als geeignet, ist jedoch noch wenig verbreitet.

Home Banking Computer Interface (HBCI)
Seit Mitte der 1990er-Jahre durch eine branchenweite Standardisierungsinitiative in Deutschland entstandene Vereinbarungen für das →Online Banking. Unter Beteiligung von Akteuren aus den drei Sektoren des deutschen Bankwesens (genossenschaftliche, öffentlich-rechtliche und privatwirtschaftliche Säule) sowie dem zentralen Bankenverband „Die Deutsche Kreditwirtschaft" ist mit den verschiedenen Versionen von HBCI ein offener Standard (→Open Source) entstanden, der Sicherheitsverfahren (z. B. PIN/TAN) und zahlreiche Funktionalitäten (sog. Geschäftsvorfälle wie Einzel-, Sammelüberweisungen oder das Anzeigen von Kontoständen und Salden) festlegt. Aufgrund seiner breiten Unterstützung im deutschen Bankwesen ist HBCI eine wichtige Grundlage für →Multi-Bank-Beziehungen und hat im Jahr 2002 eine Umbenennung in →FinTS erfahren.

Host Card Emulation (HCE)
Ein Emulator ist ein Informationssystem, das ein anderes System in bestimmten Teilaspekten nachbildet. Im Falle von HCE übernimmt eine Software die Funktion einer physischen Hardware und ist insbesondere im Kartenbereich (Ausweise, Krankenversicherungskarten, Bankkarten usw.) anzutreffen. So bildet HCE den Sicherheitschip bei →Mobile Payments nach und erübrigt etwa eine separate SIM-Karte der Mobilfunkbetreiber für die Zahlungsabwicklung. Es bildet die Grundlage von vielen bekannten Smartphone-basierten →NFC-Bezahlverfahren (z. B. Apple Pay, Google Pay), worin die Anbieter von Zahlungsnetzwerken (→EMV) dem Mobile-Payment-Anbieter ein Sicherheits-Token (→Token) übertragen und mit diesem dann die sichere →NFC-Kommunikation mit dem Bezahlterminal erfolgt. Der Zahlungsnetzwerkanbieter agiert damit als Token Service Provider (→TSP) und der Zahlungsdienstanbieter als sog. Token Requestor.

Howey Test
Findet bei der Beurteilung Verwendung, ob ein →Token als →Utility Token oder als Security Token gilt. Der Test geht auf eine Prüfung des US-amerikanischen Supreme Court im Jahre 1946 zurück, als in einem Verfahren zu entscheiden war, ob es sich bei einer Transaktion um einen Kapitalanlagevertrag handelt oder nicht. Wenn es sich um eine Geldanlage in ein Unternehmen mit Gewinnerzielungsaussicht handelt, dann ist der Howey Test positiv und ein →Token als Security Token einzustufen.

Huobi Token
Auf →Ethereum basierende →Kryptowährung, welche der Betreiber der →Kryptobörse Huobi herausgibt. Sie dient primär zur Begleichung der Gebühren auf der eigenen Handelsplattform.

Hyperledger
Im Jahr 2015 von der Linux Foundation veröffentlichtes →Blockchain- bzw. →DLT-Framework, das ein Konsortium namhafter Unternehmen aus dem Finanz-, Logistik- und dem →IT-Bereich (u. a. ABN Amro, Accenture, Cisco, Deutsche Börse, IBM, Intel, J.P. Morgan, →R3, State Street, Wells Fargo) entwickelt. Wie zahlreiche →Blockchain-Frameworks ist auch Hyperledger als →Open Source konzipiert, soll aber eine höhere Leistungsfähigkeit als →Kryptowährungen wie etwa →Bitcoin besitzen und eine umfassende Funktionalität (z. B. bezüglich der eingesetzten →Konsensmechanismen, der Zugangskontrolle oder der →Smart Contracts) aufweisen. Das Hyperledger-Framework hat keine eigene →Kryptowährung und zielt insbesondere auf die Realisierung von →Enterprise Blockchains. Die größte Verbreitung hat Hyperledger Fabric als →Permissioned Blockchain erfahren.

Hyperscaling
Bezeichnung für Anbieter von →Cloud-Computing-Diensten, die aufgrund ihrer Größe hohe Skaleneffekte und damit Kostenvorteile realisieren können. Zu den Beispielen zählen etwa Amazon (AWS), Google (Cloud Platform), Microsoft (Azure) ebenso wie IBM (SoftLayer), Oracle (Cloud) oder Salesforce. Gegenüber Unternehmen anderer Branchen greifen Finanzdienstleister (Großbanken ebenso wie →Start-up-Unternehmen aus dem →Fintech-Bereich) häufiger auf Hyperscaling-Dienste zurück.

Hypothekenvergleich
Eine Möglichkeit der Finanzierung für →Fintech-Unternehmen, bei welcher der Kauf von Sachwerten wie bei einem Kauf einer Immobilie verläuft, zum einen Teil eigen- und zum anderen Teil fremdfinanziert. Die Fremdfinanzierung findet in der Regel mit einer Hypothek statt. Der Gläubiger der Hypothek (zumeist ein Kreditinstitut oder eine Bausparkasse) stellt dem →Fintech-Unternehmen das benötigte Fremdkapital zur Verfügung und erhält im Gegenzug das Pfandrecht auf Lizenzen, Patente etc. Im Falle der Zahlungsunfähigkeit des →Fintech-Unternehmens kann der Gläubiger die Titel in eigenem Sinne verwerten.

I – M

Identitätsmanagement
Ansatz zur Verwaltung von Identitäten und Berechtigungen in Unternehmen, der meist auf einem eigenen →Anwendungssystem bzw. -modul beruht, das mit weiteren →Anwendungssystemen des Unternehmens gekoppelt ist. Über die Verwaltung der Daten auf einem Wortwiederholung zentralen →IDM-Server gilt es einen hohen Grad an Konsistenz und Integrität der Daten sicherzustellen, sodass etwa →Front-, →Middle- und →Backoffice-Bereiche zu →Authentisierungs- und →Autorisierungszwecken jeweils auf die aktuellen Datenbestände zugreifen können. Das Identitätsmanagement ist meist die Voraussetzung für Mehrkanal-Strategien (→Multi-Channel, →Omni-Channel) und das Single-Sign-On (→SSO). Mit der Öffnung in Richtung von →Multi-Bank-Beziehungen (z. B. aufgrund von →PSD2) und der Nutzung von digitalen Identitäten in anderen Lebensbereichen (z. B. Gesundheit, öffentliche Verwaltung), haben sich Dienste für das Identitätsmanagement etabliert. In diesem auch →KYC genannten Anwendungsfeld finden sich zentralisierte Lösungen (z. B. Postident, Verimi, Veriff oder WebID) sowie dezentrale Lösungen auf Basis der →Blockchain-Technologie wie etwa Hyperledger Indy, Sovrin oder Vetri (→SSI).

Identitätsprüfung
Umfasst die Aufgaben der →Authentisierung, der →Authentifizierung (→KYC) und bildet die Voraussetzung für die →Autorisierung bzw. →Legitimation von Leistungsangeboten von Finanzdienstleistern.

Identity Management (IDM)
→Identitätsmanagement.

Immediate Payment Service (IMPS)
Begriff für elektronisches Zahlungsnetzwerk in Indien, das die Zahlungsabwicklung in Echtzeit unterstützt (→Echtzeitüberweisung).

InCar
Bezeichnet Anwendungsfälle, bei denen das Fahrzeug als Vertriebs- und Kommunikationskanal im Vordergrund steht. Über entsprechende Geräte (z. B. Displays, →Augmented Reality, →Wearables) im Fahrzeug können die Insassen elektronische (Finanz-)Dienstleistungen nutzen.

Incumbent
Bezeichnung für Unternehmen, die in einer Branche etabliert sind und im Zuge der →digitalen Transformation Konkurrenz von neuen Akteuren (→Start-up) erhalten. Incumbents in der Finanzwirtschaft sind typischerweise die von →Fintech-Unternehmen herausgeforderten Banken oder die von →Insurtech-Unternehmen herausgeforderten Versicherungsunternehmen.

Industrie 4.0 (I4.0)
Industrie 4.0 bezeichnet die weitgehende →Digitalisierung von Prozessen in Produktionsunter-

R. Alt, S. Huch, *Fintech-Lexikon*, https://doi.org/10.1007/978-3-658-32961-7_3

nehmen und integriert dazu sämtliche Ressourcen (z. B. Maschinen, Fördersysteme, Werkstücke, Material, Lager) und Abläufe mittels →Informationstechnologie innerhalb sowie zwischen Unternehmen. Für die Vernetzung von intelligenten Maschinen, Lagersystemen und Betriebsmitteln findet sich auch der Begriff der cyberphysischen Systeme (→CPS), die in Verbindung mit →IoT-Technologien und dezentraler Steuerlogik zunehmend die übergreifende zentrale Steuerung von Abläufen durch flexiblere dezentrale Verfahren (z. B. →Kanban, Verhandlungslösungen) in Echtzeit (→Echtzeitverarbeitung) ersetzen. I4.0-Konzepte finden sich nicht nur im Bereich physischer Produkte und Prozesse, sondern auch für informationsbasierte Leistungen und Abläufe, wie sie im Finanzbereich (z. B. den →Backoffice-Prozessen) vorherrschen.

Influencer
Diese Teilnehmer in sozialen Netzwerken besitzen, aufgrund ihrer großen Anzahl an mit ihnen verknüpften Teilnehmern (sog. Freunde, Fans, Follower) sowie mit ihren eigenen Beiträgen, eine hohe Reichweite und gelten daher als meinungsbeeinflussend. Influencer haben sich zu einem wichtigen Bestandteil des Online-Marketings entwickelt, insbesondere für rein digital agierende Unternehmen, wie dies bei →Fintech-Unternehmen der Fall ist. Ein Überblick zu Influencern im →Fintech-Bereich findet sich beispielsweise bei Influencer.World.

Informationsfluss
→Transaktionsfluss.

Informationstechnologie (IT)
Aus *funktionaler Sicht* bezeichnet der Begriff zur Informationsverarbeitung und -übertragung eingesetzte Technologien. Wenngleich diese auch nicht-elektronisch realisiert sein können, ist der Begriff mit Aufkommen des Computerzeitalters ab Mitte des 20. Jahrhunderts als Sammelbegriff für die elektronische Daten- oder Informationsverarbeitung sowie für Systeme der Informations- und Kommunikationstechnologie (IKT) gebräuchlich. Systeme der IT bestehen aus einem Hardware- und einem Softwaresystem, die sich einerseits in Computerhardware mit Peripherie und andererseits in System- und Anwendungssoftware (→Applikation) unterscheiden lassen. Mit dem →Cloud Computing hat eine Virtualisierung stattgefunden, wodurch sich die IT-Ressourcen flexibilisieren lassen. Aus *institutioneller Sicht* bezeichnet „die IT" häufig die für den Einsatz und den Betrieb der IT-Systeme verantwortliche Organisationseinheit eines Unternehmens. Aufgrund des hohen Stellenwertes von Softwareentwicklung und dem Betrieb der IT-Systeme ist in →Fintech-Unternehmen die Verantwortung für die IT auf Ebene der Unternehmensführung (und nicht in Unterabteilungen) verankert. Aus *industrieökonomischer Sicht* bezeichnet IT die IT-Branche alle Bereiche bzw. Branchen einer Volkswirtschaft, die aus Hard- und Softwareanbietern, Telekommunikationsunternehmen und -dienstleistern sowie zunehmend auch Medienanbietern und -dienstleistern bestehen. Zahlreiche →Fintech-Unternehmen ordnen sich aufgrund der informationstechnologischen Relevanz (→Digitalisierung, →Software-defined Business) diesem Sektor zu.

Initial Coin Offering (ICO)
Auch als →Crowdsale oder →Token Generating Event bezeichnet, orientiert sich ICO am →Initial Public Offering (IPO), und sieht vor, dass der Investor für reales Geld zunächst einen virtuellen Gegenwert in Form eines →Token erhält. Dabei handelt es sich um eine →virtuelle Währung bzw. →Kryptowährungen. Abhängig von der Art des →Token gelten als Gegenwert aber auch Dienstleistungen oder das Anrecht auf ein Produkt, das sich noch in Entwicklung befindet. Abb. 1 zeigt den Ablauf eines ICO nach einer Kreditauktion (→Crowdlending). Dabei haben sich über die →Plattform zwei Investoren bereit erklärt, einem Darlehensnehmer insgesamt 30.000 Euro zur Verfügung zu stellen (Schritt 1). Der →Smart Contract dokumentiert das Schuldverhältnis und enthält die Kreditbedingungen wie Zins (in diesem Falle 5,5 %), Laufzeit, Kreditsumme und den Saldo. Die Investoren erhalten in ihre →Wallets jeweils 10.000 bzw. 20.000 →Token und der Darlehensnehmer die Auszahlung von 30.000 Euro (Schritte 2 und 3). Die Schritte vier bis sechs enthalten die monatlichen Rückzahlungen (Paybacks), welche zu einer Aktualisierung des Saldos im →Smart Contract und zu einer Auszahlung an die Investoren führen.

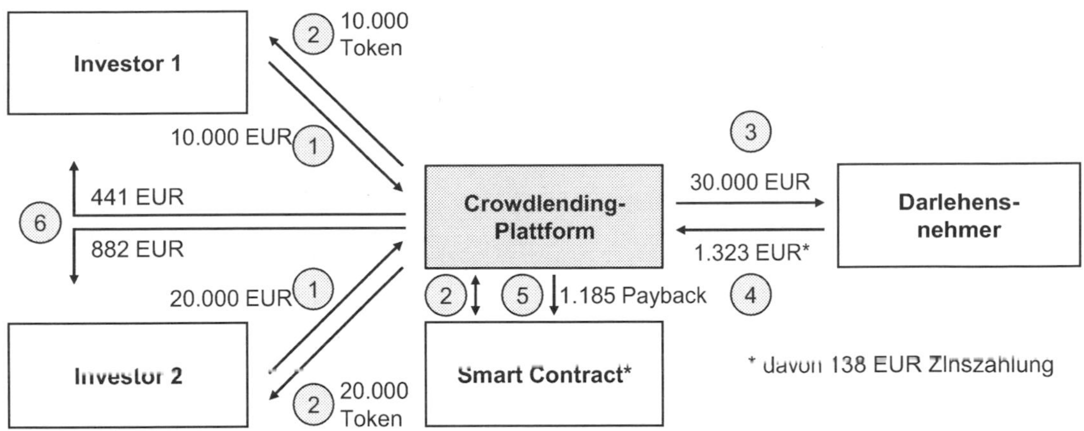

Abb. 1 Ablauf eines ICO (s. Swisspeers 2019)

Initial Exchange Offering (IEO)
Finanzierungsstrategie, bei der (→Start-up) Unternehmen ihre Finanzierung vollständig über →Kryptobörsen abwickeln. Nach entsprechenden Prüfungen (z. B. Due Diligence) durch den Börsenanbieter übernimmt dieser den vollständigen →ICO-Prozess.

Initial Public Offering (IPO)
Der auch als Primary Offering oder Going Public anzutreffende englische Begriff bezeichnet die Börsenersteinführung bzw. den Börsengang eines Unternehmens. Für →Start-up-Unternehmen ist dies meist das Ergebnis mehrerer erfolgreicher →Finanzierungsrunden und mit der Hoffnung auf substanzielle Kapitalaufnahme verbunden.

Inkrementell
Inkrementell bzw. iterativ bezeichnet ein Vorgehen in kleinen Schritten. Dabei erfolgen nach jedem Schritt eine Selbstreflexion und Neubeurteilung der erbrachten Leistung. Das iterative Vorgehen wiederholt diese Schritte im Rahmen der kontinuierlichen Wiederholung (iterativ), bis die Lösung bzw. der angestrebte verbesserte Zustand zufriedenstellend erreicht ist. Inkrementelles Vorgehen findet sich in zahlreichen Methoden, die bei →Start-up-Unternehmen verbreitet sind (z. B. →Design Thinking, →DevOps, →Scrum).

Inkubator
Der aus der Medizin stammende Begriff bezeichnet einen Brutkasten für Frühgeborene, z. B. bei der Züchtung von Küken, der die optimale Umgebung für die Aufzucht bzw. Entwicklung in einem frühen Lebensstadium gewährleistet. Im →Start-up-Bereich unterstützen Inkubatoren Unternehmen, damit sich diese in einer „behüteten" Umgebung unter den bestmöglichen Bedingungen entwickeln können. Sie fördern diesen Zustand mit dem Ziel, ein schnelles Wachstum zu erzeugen, um den Marktwert des →Start-up-Unternehmens zu steigern. Inkubatoren sind oftmals Institutionen, Einrichtungen oder private Investoren, die ein →Start-up-Unternehmen auf verschiedene Art und Weise, z. B. mit →Wagniskapital oder Know-how, auf ihrem Weg in die Selbstständigkeit begleiten und unterstützen. Für →Start-up-Unternehmen im →Fintech-Bereich findet sich auch der Begriff des →Fintech-Inkubators.

Innovation
Ausgehend von der Übersetzung des lateinischen Wortes Innovatio für Erneuerung und „etwas neu Geschaffenes", bezeichnet Innovation eine neue Idee und deren Umsetzung. Als wesentliche Merkmale einer Innovation gelten der Bezug zu einem Innovationsobjekt (es kann sich um →Geschäftsmodell-, Produkt-, Prozess- oder Technologieinnovationen handeln, s. Tab. 1), der Neuigkeitsgrad (es ist zwischen disruptiven (→Disruption) und graduellen Innovationen zu unterscheiden), die Anwendung bzw. Marktfähigkeit sowie die damit einhergehende Verbindung mit einem Innovationsprozess. Im Finanzbereich ist der →Fintech-Begriff inhärent

Tab. 1 Bereiche von Innovationen im Bankenbereich (s. Alt und Sachse 2020, S. 225 f.)

Innovationsbereich	Beispiele von Banking Innovations
Strategische Innovationen	
→Geschäftsmodell	→Crowdfunding, →PAYU
Produkt/Dienstleistung	Beratung zwischen Kunden (→P2P)
Organisatorische Innovationen	
Prozess	→Hypothekenvergleich, Online-Hypothek
Organisation	→Outsourcing, →Single Point of Contact
Informationstechnologische Innovationen	
→Anwendungssystem	→Personal Finance Management
Infrastruktur	Hardware zur sicheren Informationsübertragung (→Token)

mit Innovationen verbunden, wobei es sich im Zeitalter der →Digitalisierung häufig um technologieinduzierte Innovationen (z. B. durch Anwendung von →Big Data-, →Blockchain-, →IoT- oder →KI-Technologien) handelt. Ebenso können diese markt- bzw. bedarfsgetriebene Ziele, wie etwa ein verbessertes →Kundenerlebnis, unterstützen. Bezogen auf den bankfachlichen Anwendungsbereich findet sich zur präziseren Abgrenzung neben dem →Fintech-Begriff auch jener der →Banking Innovations.

Insurtech
Das Kofferwort aus Insurance und Technology bezeichnet einen Teilbereich von →Fintech-Lösungen im Versicherungsbereich. Insurtech-Unternehmen sind →Start-up-Unternehmen, die digitale Lösungen für die Vorsorge und Absicherung erbringen. Beispiele finden sich mittlerweile in allen Versicherungssparten (z. B. Lebens-, Sach-, Krankenversicherung) und ähnlich den →Fintech-Unternehmen im Bankenbereich ist zunehmend eine Zusammenarbeit mit bestehenden Versicherungsunternehmen (→Incumbent), aber auch mit Anbietern von Produkten und Dienstleistungen (z. B. →E-Commerce, →Smart Service, →Mobility Service) zu beobachten. Kooperationen bieten sich insbesondere an, da das Zeichnen sowie Tragen von Risiken der Regulierung unterliegen, während dies bei Beratungs- und Vermittlungsdienstleistungen nicht der Fall ist. Ein Modell ist beispielsweise die Entwicklung eines innovativen Versicherungsproduktes durch ein Insurtech-Start-up-Unternehmen, die Kooperation mit einem Erstversicherer als Risikoträger und einem Vertriebspartner (z. B. einer Bank) für den Vertrieb des Versicherungsproduktes.

Instant Payment
→Echtzeitüberweisung.

Integrator
Auf der Bündelung von Leistungen beruhendes →Geschäftsmodell der →Intermediation, das ähnlich dem →Aggregator-Modell Leistungen verschiedener Anbieter verbindet. Im Vordergrund steht jedoch weniger die Vermittlung als die Verbindung der Leistungen entlang einer Wertschöpfungskette (Anbietersicht) oder eines Problemlösungsprozesses (Kundensicht). Der wesentliche Wertbeitrag von Integratoren liegt in der Abstimmung der Leistungen zu einer Gesamtleistung für den Kunden. Im Bankenbereich erbringen beispielsweise Zentralinstitute wie die DZ-Bank Integrator-Leistungen für andere Banken. Ebenso finden sich Integrator-Modelle im Zahlungsverkehr, wenn Anbieter wie Klarna oder PayPal eine Vielzahl an elektronischen Zahlungsverfahren (→elektronische Zahlungen) unterstützen.

Intelligent Personal Assistant (IPA)
→Intelligent Virtual Assistant (IVA).

Intelligent Virtual Assistant (IVA)
Ein intelligenter virtueller Assistent (IVA) oder intelligenter persönlicher Assistent (IPA) ist ein Software-Agent, der auf der Grundlage von Befehlen bzw. Regeln oder ihm gestellter Fragen, Aufgaben oder Dienste als virtueller Mitarbeiter für eine Person ausführen kann. Häufig wird der Begriff synonym verwendet mit →Chatbot oder

virtueller Assistent (→Virtual Assistant). Einige virtuelle Assistenten sind in der Lage, menschliche Sprache zu interpretieren (→NLP) und über synthetische Stimmen zu antworten. Benutzer können mit ihren Assistenten interagieren und Fragen stellen oder geschäftliche Aufgaben wie E-Mails, Aufgabenlisten und Meetings über verbale Befehle verwalten.

Interchain
Bezeichnet Transaktionen in →DLT- bzw. →Blockchain-Systemen, die zwischen verschiedenen →Kryptowährungen stattfinden. Gegenüber einem Handel von →Coins über Handelsplattformen (→Kryptobörse) finden Interchain-Transaktionen direkt bzw. Cross-chain statt. Ähnliche auf die →Interoperabilität verschiedener →DLT-Frameworks abzielende Begriffe sind →Cross-Chain, →Cross-Ledger Interoperability oder →Multi-Chain.

Interchange Fee (IF)
Bei Kreditkartenzahlungen im →Vier-Ecken-Modell vom →Acquirer an den →Issuer fließende Zahlungen. Diese bilden einen Teil der vom →Acquirer an den Händler verrechneten Merchant Service Charge (→MSC) und liegen bei →EMV häufig in der Größenordnung von 0,20 % bis 0,30 % vom Transaktionswert.

Intermediation
Intermediäre bezeichnen das →Geschäftsmodell eines Vermittlers zwischen Anbietern und Nachfragern in Wertschöpfungsketten. Abhängig von ihren Funktionen existieren verschiedene Ausprägungen (z. B. →Aggregator, →Broker, →digitaler Marktplatz, →Integrator), die den Marktteilnehmern einen Mehrwert bieten (z. B. verbesserter Marktüberblick, vereinfachte Transaktionsabwicklung, unabhängige Vertrauensinstanz) bieten. Dafür berechnen sie eigene Gebühren und erhöhen damit die Kosten in Wertschöpfungsketten. Intermediation liegt zahlreichen →Fintech-Initiativen zugrunde und bildet die Gegenbewegung zur →Disintermediation.

International Bank Account Number (IBAN)
Standardisierte Syntax für eine internationale Kontonummer, die aus 22 Zeichen besteht und den ISO-Ländercode (→ISO 3166), zwei Prüfziffern sowie eine Banknummer und eine Kontonummer (→BBAN) enthält. Die IBAN ist seit dem Jahr 1997 auf Grundlage zahlreicher nationaler Nummernsysteme durch die Initiative von →ECBS entstanden und heute als →ISO 13616 international verankert. Sie hat eine Länge von bis zu 34 Stellen, die jeweils national variiert. In Deutschland hat die IBAN 22 Stellen und besteht wie in Abb. 2 dargestellt, aus der achtstelligen →Bankleitzahl sowie einer institutsspezifischen Kontonummer.

International Organization for Standardization (ISO)
Die im Jahr 1947 gegründete Standardisierungsorganisation umfasst Vertreter von gegenwärtig über 160 Ländern und zielt als unabhängige Nicht-Regierungsorganisation auf die Entwicklung von Standards zur Vereinfachung des Handels. Seit ihrem Bestehen hat die ISO Standards in vielen Branchen (z. B. Telekommunikation, Agrarwirtschaft, Gesundheitswesen) und für viele Anwendungszwecke entwickelt, darunter auch für die Finanzbranche (→ISO 20022) Die Entwicklung erfolgt in über 250 Technical Committees (TC) nach einem definierten Standardisierungsprozess. So befasst sich seit dem Jahr 2017 das →ISO/TC 307 mit der Entwicklung von Standards für →Blockchain- und →DLT-Anwendungen. Neben der ISO existieren weitere Standardisierungsorganisationen, die teilweise konkurrieren. Dazu gehören technologieorientierte Organisationen im Internet- (z. B. World Wide Web Consortium, W3C) oder Blockchain-Kontext (z. B. →EEA) sowie branchenbezogene Organisationen wie →BIAN, →SWIFT oder die Blockchain in Transport Alliance (BiTA).

International Payment Instruction (IPI)
Ein vom →ECBS spezifizierter Standard für eine internationale Zahlungsanweisung. Das sog. EBS206-Dokument enthält dazu sowohl die →BIC als auch die →IBAN. Mit der Einführung von →SEPA-Zahlungen hat IPI im Euro-Raum an Bedeutung verloren und ist lediglich vereinzelt außerhalb dieses Bereichs anzutreffen (z. B. im Zahlungsverkehr mit der Schweiz).

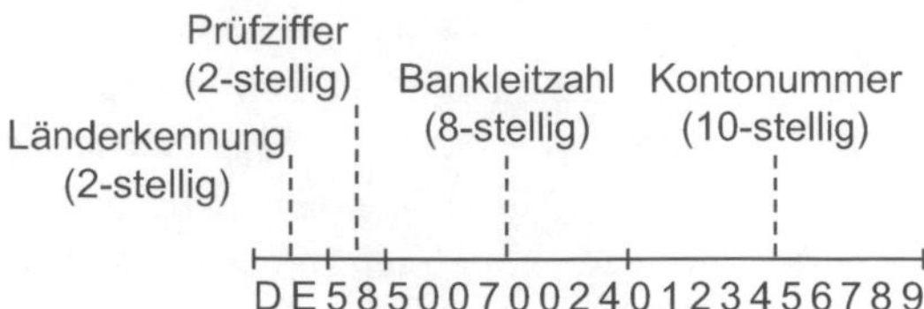

Abb. 2 Aufbau der IBAN

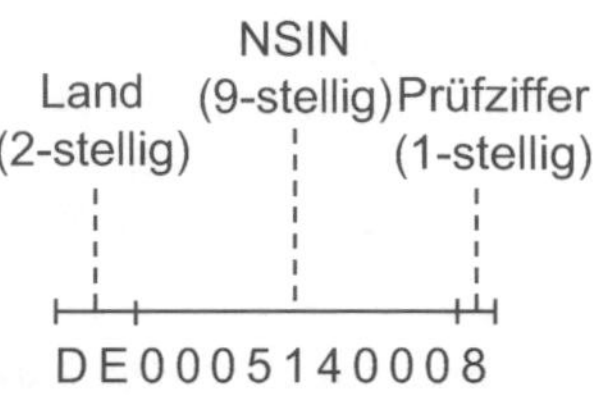

Abb. 3 Aufbau der ISIN

International Securities Identification Number (ISIN)
International gültiger Identifikationsstandard zur semantischen Kennzeichnung von Wertpapieren sowie Derivativen, der auf das US-amerikanische Unternehmen ISIN Network zurückgeht und seit dem Jahr 1990 von der →ISO als ISO 6166 verfügbar ist. Die ISIN ist zwölf-stellig und spezifiziert mit den ersten beiden Buchstaben das ausgebende Land nach →ISO 3166-1 alpha-2 (z. B. DE für Deutschland), mit den folgenden neun numerischen Stellen die nationale Wertpapiernummer (→NSIN) und schließt mit einer Prüfziffer ab. Die ISIN ist bei zahlreichen nationalen und internationalen Clearingsystemen (→ACH) in Verwendung sodass perspektivisch nationale Identifikationssysteme wie die →WKN darin aufgehen. Abb. 3 zeigt den Aufbau der ISIN für die Aktie der Deutschen Bank.

International Token Identification Number (ITIN)
Von dem deutschen Verein „International Token Standardization Association (ITSA) e.V." ins Leben gerufene Initiative zur standardisierten Identifikation von →Token in →Kryptowährungen. Analog dem Konzept der Wertpapierkennnummer (→ISIN, →WKN) kennzeichnet die ITIN die verschiedenen →Token und sieht dafür eine achtstellige nach dem Zufallsprinzip vergebene eindeutige alphanumerische Kennnummer sowie eine Prüfziffer vor (z. B. NDGU-PH5K-Q für ein →Token von →Ethereum). Die einheitliche Bezeichnung soll u. a. vermeiden, dass unterschiedliche →Kryptobörsen die gleiche →Kryptowährung mit unterschiedlichen Symbolen handeln (z. B. →Bitcoin Cash als BCC oder BCH) und ermöglichen auch eine Identifikation über →Forks hinweg.

Internet-of-Things (IoT)
Bezeichnet die Vernetzung von Objekten der realen Welt mittels der →Digitalisierung auf Basis einer weitgehend automatisierten Machine-to-Machine-Kommunikation (→M2M). Ziel ist die umfassende Einbindung von Sensoren, Prozessoren und Aktoren in betriebliche und/oder gesellschaftliche Anwendungsfälle. Damit ausgestattete Alltagsgegenstände sind in der Lage, Umgebungsinformationen aufzunehmen und auf deren Basis mit Hilfe vorab festgelegter Regeln (künftig im Sinne der →KI ggf. auch selbstentscheidend) zu handeln. Das IoT gilt als wichtiger Treiber für die →digitale Transformation entlang der Wertschöpfungskette sowie für integrierte Konzepte wie Industrie 4.0 (→I4.0). Der Aufbau von IoT-Konzepten lässt sich dabei in drei Ebenen unterteilen (s. Abb. 4): Die Ebene der Infrastruktur verwaltet Hardware und die Netzwerktechnik, die Plattformebene Dienste, Speicherressourcen und →Middleware und die Anwendungsebene stellt das →Frontend zu den verschiedenen Kunden- bzw. Verbrauchergruppen bereit.

Internet-of-Things Iota (IOTA)
Im Jahr 2015 ins Leben gerufene →Kryptowährung, deren Bezeichnung dem kleinsten Buchstaben im griechischen Alphabet (Iota) folgt und damit einen Bezug zu ihrem primären Anwendungsbereich, dem Internet der Dinge (→IoT) herstellt. Iota ist eine Distributed-Ledger-Technologie (→DLT), die auf der Directed-Acyclic-Graph-Technologie (→DAG) aufbaut (→Tangle) und dadurch Eigenschaften, wie eine hohe →Skalierbarkeit bietet. Die Eignung für

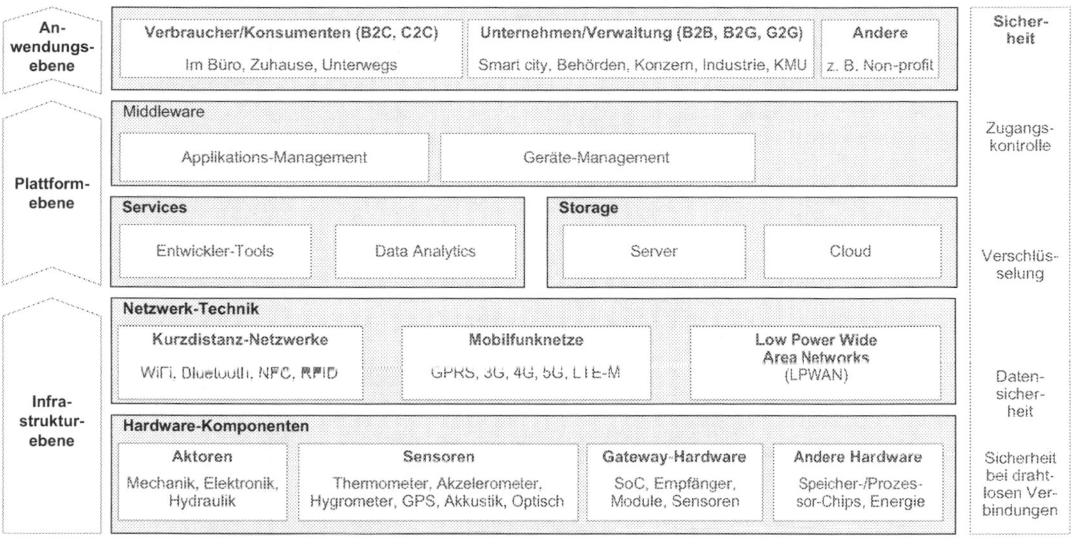

Abb. 4 Elemente einer IoT-Architektur (Capgemini 2020)

das →IoT-Umfeld ergibt sich aus den gebührenfreien Transaktionen, sodass häufige Transaktionen zwischen Geräten ökonomisch sinnvoll abbildbar sind.

Internetblase
→Dotcom-Blase.

Interoperabilität
Bezeichnet die Fähigkeit zur Zusammenarbeit zwischen Organisationen und Informationssystemen bzw. →Applikationen. Als wichtiger Erfolgsfaktor in vernetzten →Geschäftsmodellen (z. B. →Banking 2.0, →Collaborative, →Open Banking, →Sharing Economy, →Sourcing, →Smart Service) beeinflusst die Interoperabilität die →Transaktionskosten zwischen Organisationen. Das Vorhandensein branchenweiter oder branchenübergreifender Standards gilt als ein Instrument zum Herstellen von Interoperabilität. Dazu zählen Standards für Geschäftsprozesse (z. B. →BiPro), Applikationsschnittstellen (→API) oder Datensemantik (→BIC, →IBAN) und -syntax (→EDI, →ISO 20022) sowie der Einsatz von integrationsunterstützenden Systemen (→Middleware). Fragen der Interoperabilität stellen sich ebenfalls beim Datentransfer zwischen verschiedenen →Kryptowährungen und →DLT-Infrastrukturen, da weder die →Datenstrukturen noch die →Coins derzeit übergreifend standardisiert sind. Entsprechende Ansätze für →Cross-Chain bzw. →Interchain-Transaktionen und →digitale Identitäten zeichnen sich bereits ab (z. B. Chainlink, →Corda oder →Cosmos).

Investtech
Die Verbindung aus Investment und Technology bezeichnet Unternehmen, die Investitions-Dienstleistungen (Geldanlage) digitalisieren und häufig dazu Verfahren der künstlichen Intelligenz (→KI) einsetzen. Beispiele finden sich seit langem im Bereich des Portfoliomanagements und seit jüngerem auch im Bereich der Anlageberatung (→Robo-Advisory).

ISO 20022
ISO 20022 ist ein Nachrichtenstandard der →ISO, der auch unter der Bezeichnung →UNIFI bekannt ist. Er spezifiziert Daten- und Nachrichtenformate zur Abwicklung von Finanztransaktionen, insbesondere im Zahlungsverkehr. Bekanntes Beispiel in Europa sind die →SEPA-Überweisung und die →SEPA-Lastschrift. ISO 20022 umfasst acht Teile, u. a. ein übergreifendes (Daten-)Meta-Modell, Datenmodelle in der UML-Notation und XML-Schemata zur Implementierung der insgesamt über 400 bereits spezifizierten Nachrichten. Ein Beispiel-Szenario im →Vier-Ecken-Modell zeigt Abb. 5. Die Bedeutung von ISO 20022 soll perspektivisch durch

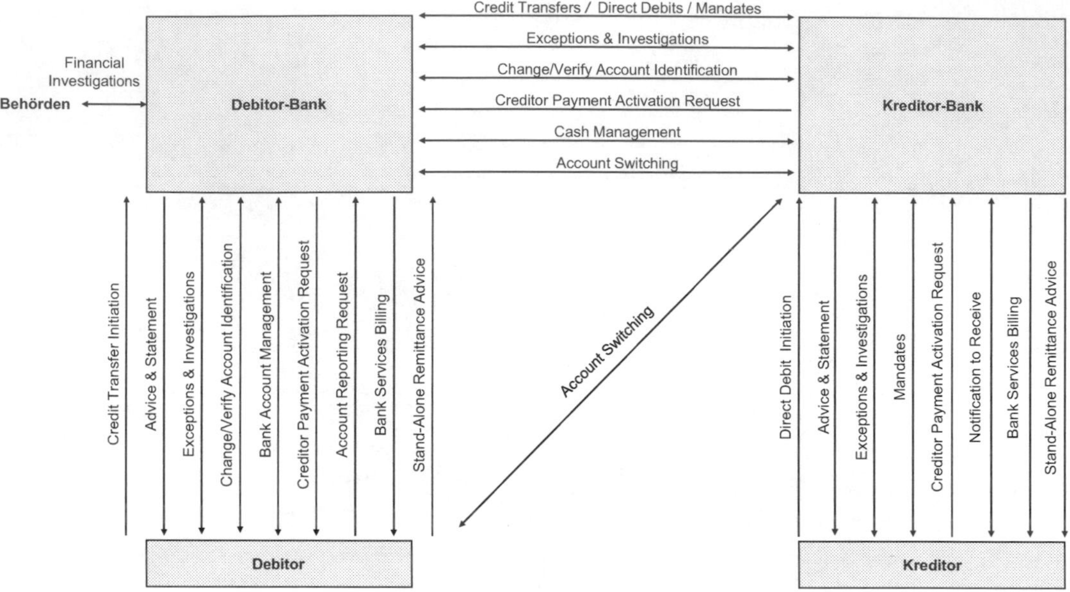

Abb. 5 Nachrichtenaustausch-Szenario im Zahlungsverkehr mit ISO 20022 (ISO 2020)

den Einsatz im →TARGET- und im →SWIFT-System zunehmen.

ISO/TC 307

Gremium (Technical Committee) der →ISO zur Entwicklung eines Standards für Distributed-Ledger- (→DLT) und →Blockchain-Technologien. Zu den Arbeitsbereichen zählen neben der Terminologie und Architektur die Bereiche →Interoperabilität, Sicherheit, →Smart Contracts, →Governance und Anwendungsfälle.

Issuer

Bezeichnet im engeren Sinne ein Finanzinstitut, das dem Karteninhaber die Zahlungskarte zur Nutzung überlässt und eine vertragliche Rechtsbeziehung zu ihm unterhält. Der Issuer nutzt eine Issuing-Lizenz des jeweiligen Zahlungssystems, welche den Zugang zum Zahlungs- und Akzeptanznetzwerk gewährleistet. Darüber hinaus trägt der Issuer die Verantwortung für das Marketing und die Vermarktung der Zahlungskarte sowie die Bereitstellung und Abwicklung von Kartentransaktionen an Terminals (→ATM). Zudem steht die Bezeichnung im weiteren Sinne für eine Organisation (Unternehmen, Behörde oder Investmentgesellschaft), die Wertpapiere (z. B. Aktien, Anleihen, →Kryptowährungen) oder Bezahlinstrumente (z. B. Debit-, Kredit- oder Prepaid-Karten) an Kunden herausgibt und der Aufsichtspflicht unterliegt. →Fintech-Unternehmen, wie etwa Revolut, kooperieren mit Issuern wie American Express, Discover oder Banken (z. B. Wells Fargo, Deutsche Bank, UBS).

Issuer Identification Number (IIN)

Kennzeichnung des Herausgebers (→Issuer) eines Finanzinstruments mit einer Länge von sechs oder acht Stellen (seit der Überarbeitung im Jahr 2017). Nachdem es sich bei den herausgebenden Organisationen häufig um Banken handelt, ist auch der Begriff der Bank Identification Number (→BIN) in Verwendung, der nicht mit dem Bank Identifier Code (→BIC) zu verwechseln ist.

Iterativ

Bezeichnet ein iteratives und/oder inkrementelles Vorgehen für die Verbesserung in kleinen Schritten (→inkrementell) im Sinne einer kontinuierlichen Verbesserung.

JavaScript Object Notation (JSON)

Strukturiertes textorientiertes und dadurch menschen- und maschinenlesbares Datenformat, das bei der Kommunikation zwischen →Anwendungssystemen zum Einsatz kommt und sich insbesondere bei der Nutzung über Programmierschnittstellen (→API) und →REST-basierten Schnittstellen etabliert hat. Ein Beispiel für eine Nachricht im →JSON-Format zeigt Abb. 6 (bei Stichwort →API) für eine Wechselkursabfrage bei der britischen →Smartphone-Bank Revolut.

Kanban
Methode zur Prozesssteuerung nach dem Prinzip dezentraler selbststeuernder Regelkreise zwischen einer anfordernden und einer liefernden Stelle. Die Steuerung findet verbrauchsorientiert über sog. Kanban-Karten statt, welche die anfordernde Stelle nach Verbrauch an die liefernde Stelle übergibt und dadurch die Produktion bzw. Nachbevorratung anstößt. Das Verfahren findet sich in zahlreichen Logistikprozessen und hat auch Eingang in die →agile Softwareentwicklung und das agile Projektmanagement zur Koordination von Aufgaben zwischen den Teams gefunden.

Kartenscheme
→Scheme.

Kernbankensystem
Integriertes →Anwendungssystem (→Applikation) für Dienstleister im Bankenbereich, das mehrheitlich die Funktionalitäten ihres Geschäfts unterstützt. Dazu bildet ein Kernbankensystem mindestens zwei der drei bankfachlichen Prozesse (nach →Bankmodell Anlegen, Finanzieren und Zahlen) mit den notwendigen Funktionalitäten für Stammdaten, Führungs-, Vertriebs-, Ausführungs-/Abwicklungs-, transaktionsbezogene und -übergreifende Prozesse ab (s. Abb. 6). Einen zentralen Bestandteil bildet dabei die Transaktionsabwicklung (→OLTP oder Booking Engine), während für Vertriebs- und Führungsprozesse häufig auch weitere →Anwendungssysteme (im Sinne von Umsystemen) zum Einsatz kommen (z. B. Customer-Relationship-Management- und Business-Intelligence-Systeme). Der Integrationscharakter von Kernbankensystemen beruht anlog dem Konzept integrierter betrieblicher Anwendungssysteme (→ERP) auf einer zentralen Datenbank, applikationsweit aufeinander abgestimmten Funktionsmodulen und funktionsübergreifenden Prozessen. Kernbankensysteme sind zunehmend modular (→SOA) und plattformorientiert aufgebaut. Sie besitzen auf der →Plattform etwa ein Verzeichnis mit sämtlichen Funktionsbausteinen (→Appstore), das im Sinne des →Open Bankings auch →Applikationen externer Anbieter enthält. Über die →Plattform lassen sich die Module im Sinne einer Laufzeitumgebung über Anwendungsschnittstellen (→API) nutzen, weshalb häufig auch die Begriffe des →API-Bankings oder des →Bank-as-a-Service anzutreffen sind. Letzterer beinhaltet auch die Verbindung zum Betrieb der Lösung bei einem Dienstleister (→Cloud Computing).

Key Information Documents (KID)
Strukturierte Übersicht über die Produktinformationen von Investmentfonds. Diese Produktinformationsblätter beschreiben die Art des Finanzinstruments, dessen Funktionsweise sowie die damit verbundenen Risiken, Gewinnaussichten und Kosten.

Key Performance Indicator (KPI)
Bezeichnet eine Leistungskennzahl oder Schlüsselgröße, welche Aspekte der unternehmerischen Leistung widerspiegelt, d. h., als Kenngröße betriebliche Erfolge bzw. Misserfolge abbildet. KPIs messen den Erfüllungsgrad hinsichtlich betrieblicher Zielsetzungen oder kritischer Erfolgsfaktoren innerhalb (z. B. Wachstum, Profit) oder außerhalb einer Organisation (z. B. Wachstum, Marktanteil) und haben einen engen Bezug zum Controlling. Sie dienen Entscheidern und Investoren, Prozesse und Unternehmen zu bewerten und zu kontrollieren, um bei Abweichungen von den Zielvorgaben geeignete Maßnahmen treffen zu können. Die Vielzahl der Bereiche eines Unternehmens bedingt unterschiedliche KPI, z. B. sind für die Marketingabteilung Kennzahlen wie Marktanteil oder Image ausschlaggebend und für das Rechnungswesen eher Größen wie Rentabilität oder Kostendeckung. Für Investoren im →Start-up-Umfeld

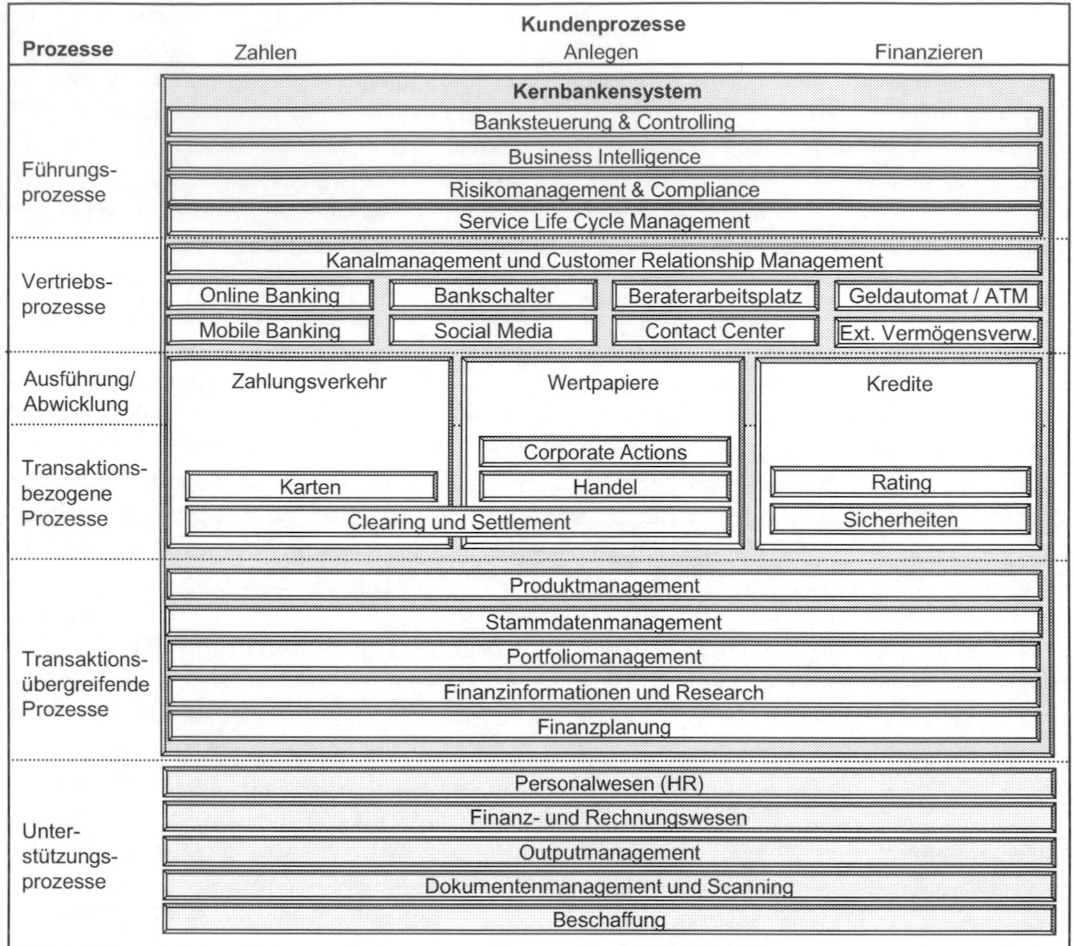

Abb. 6 Funktionsbereiche von Kernbankensystemen im Bankmodell (s. Alt und Puschmann 2016, S. 160)

stehen Kennzahlen wie die Kapitalrendite (→ROI), der Kapitalwert (→NPV) oder die Rentabilität der Produktentwicklung (→RoPDE) im Vordergrund. Ein bekannter Strukturierungsansatz für KPIs ist die Balanced Scorecard, die KPIs in den Bereichen Finanzen (z. B. Umsatz, Gewinn), Kunden (z. B. Kundenzufriedenheit und -rentabilität), interne Prozesse (z. B. Prozesskosten und -durchlaufzeiten) sowie Potenziale (z. B. Time-to-Market, Mitarbeiterfluktuation) unterscheidet. Das Beispiel einer Balanced Scorecard zeigt Abb. 7.

Kleine und mittlere Unternehmen (KMU) Begriff zur Klassifizierung von Unternehmen hinsichtlich ihrer Größe. Vorherrschende Indikatoren zur Messung der Unternehmensgröße sind die Anzahl der Mitarbeiter, der Umsatz sowie die Bilanzsumme. Die Europäische Union gruppiert KMU in drei Kategorien (Micro-, Small- und Medium-sized) und beziffert den Anteil von KMU an der Gesamtheit der Unternehmen in der EU auf 99 %. Die Europäische Union hat als Größenkriterien EU-weit die folgenden Obergrenzen festgelegt: (1) Bei Kleinstunternehmen liegt die Mitarbeiterzahl unter zehn und der Umsatz sowie die Bilanzsumme bei unter 2 Millionen Euro. (2) Bei Kleinunternehmen liegt die Mitarbeiterzahl zwischen 10 und kleiner 50 Mitarbeitern, der Umsatz und die Bilanzsumme zwischen 2 und 10 Millionen Euro. (3) Bei mittleren Unternehmen liegt die Mitarbeiterzahl zwischen 50 und 250

Finanzielle Perspektive	Kundenperspektive
• Marktanteil (absolut/relativ) • Umsatz • EBIT/EBITDA, Gewinn, ROS, →ROI, →RoPDE • Marktkapitalisierung (Aktienwert)	• Neukundengewinnung • Kundenerlebnis und -wert (→Customer Experience) • Kundenwert (Customer Lifetime Value) • Wiederholkaufrate
Prozessperspektive	**Mitarbeiter-/Potenzialperspektive**
• Digitalisierungsgrad von Prozessen • Anteil digitalisierter Produkte/Services • Umfang der elektronischen Integration externer Partner	• Mitarbeiterzufriedenheit und -identifikation • Mitarbeiterqualifizierung im Bereich Digitalisierung • Beteiligung von Mitarbeitern in Innovationsprozessen

Abb. 7 KPI in der Balanced Scorecard (in Anlehnung an Kreutzer et al. 2018, S. 187)

Mitarbeitern und der Umsatz zwischen 10 und 50 Millionen Euro. Während das Kriterium der Mitarbeiterzahl grundsätzlich erfüllt sein muss, ist dies bei den Kriterien Umsatz und Bilanzsumme nur bei mindestens einem der Fall. Global ist die Klassifizierung von KMU zudem branchen- und marktabhängig.

Know-Your-Customer (KYC)
„Lerne Deinen Kunden kennen" oder „Kenne Deinen Kunden" sind nicht nur Phrasen aus dem Marketing, sondern regulatorische Vorgaben, die primär Kreditinstitute und Versicherungen zur Sicherstellung der Legitimationsprüfung bzw. →Autorisierung von Neukunden oder verdächtigen Bestandskunden erfüllen müssen, um Geldwäsche, Terrorismusfinanzierung etc. zu unterbinden. KYC versteht sich als Prozess innerhalb eines Unternehmens zur Prüfung der Identität seiner Kunden (→Authentifizierung), findet sich aber auch im Umfeld von Bankenverordnungen, um Kunden von rein digital agierenden Finanzunternehmen (z. B. →Direktbanken) bei der Akquise so zu kennen, als wäre diese persönlich zugegen. Mit dem Öffnen bilateraler Bank-Kunde-Beziehungen mittels der →PSD2-Verordnung erhalten bankübergreifend (→Multi-Bank) einsetzbare Verfahren eine höhere Bedeutung. Finanzunternehmen beteiligen sich daher an der Entwicklung eigener oder kooperativer Lösungen des →Identitätsmanagements, für die sich zunehmend eigene Dienste (z. B. nPA, Verimi, Veriff, yes) und Standards (z. B. Blockcerts, Liberty Alliance, OAuth, OpenID) entwickelt haben. Gegenüber den bekannten Ansätzen, die einem zentralisierten Architekturansatz folgen, kommen dezentrale Verfahren dem Prinzip der Konsumentensouveränität entgegen (→SSI).

Knowledge-based Authentication (KBA)
Ein Verfahren zur →Authentifizierung, das Endbenutzer über vorab festgelegte Sicherheitsfragen identifiziert, um darüber eine →Autorisierung zur Nutzung digitaler Dienste zu erhalten.

Kodak-Falle
Sinnbildlich für die Insolvenz des Fotokameraherstellers Kodak, der dem disruptiven Wandel (→Disruption) hin zur Digitaltechnologie (technologisches Verständnis der →Digitalisierung) zu spät gefolgt ist und durch die verspätete Einführung von Digitalkameras nicht mehr konkurrenzfähig war. Die Falle (bzw. Trap) bezeichnet das Gefangensein bzw. den Verbleib in einer alten Technologie, in diesem Falle in der analogen Fotografie. Analogien zur Kodak-Falle bieten sich in der Finanzwirtschaft insbesondere durch den Übergang von physischen zu →virtuellen Währungen oder durch die Substitution von Intermediären durch dezentrale Infrastrukturen wie etwa →DLT.

Konsens
Bei bestimmten →Blockchain-Anwendungen (z. B. →Bitcoin und →Ethereum) müssen sich die Netzwerkknoten (→Node) über verschiedene Versionen des jeweiligen →Ledgers einigen. Um diesen Konsens über den aktuellen Zustand der →Blockchain zu erreichen, nutzen sie ver-

Tab. 2 Übersicht über Konsensmechanismen (s. Alt 2022)

→Practical Byzantine Fault Tolerance	→Proof-of-Activity
→Proof-of-Burn	→Proof-of-Capacity
→Proof-of-Elapsed Time	→Proof-of-Importance
→Poof-of-Reserve	→Proof-of-Stake
→Proof-of-Work	→XRP LCP

schiedene Formen von →Konsensmechanismus bzw. Consensus Formation-Algorithmen.

Konsensmechanismus
Konsensmechanismen sind Verfahren zur Gewährleistung, dass sich alle beteiligten Knoten in einem →DLT-Netzwerk über den wahren und gültigen Zustand der Datenbank einig sind. Der Konsensmechanismus ist die zentrale Grundlage der Vertrauensbildung zwischen den beteiligten Knoten (→Node) bzw. Organisationen, da in dezentralen →P2P-Netzwerken eine zentrale vertrauenswürdige Entität (→Intermediation, →TTP) fehlt. Der Konsensmechanismus ersetzt damit den Single Point of Truth (→SPoT), denn abhängig vom jeweiligen Mechanismus, sind die einzelnen Netzwerkknoten beim Erreichen eines gemeinsamen Netzwerkkonsens bzw. an der Verifizierung der neu hinzugefügten Datenfelder beteiligt (→Gossip). Eine Übersicht zu existierenden Ausprägungen von Konsensmechanismen zeigt Tab. 2.

Kopfstelle
Eine Kopfstelle kennzeichnet innerhalb der Wertschöpfungskette im Zahlungsverkehr (→Zahlungsdienste, →elektronische Zahlungen) Akteure, die z. B. bei Kartenzahlungen zur Zahlungsabwicklung notwendig sind. Dabei existieren sowohl eine →Issuer- als auch eine →Acquirer- bzw. Händler-Kopfstelle. Im Kartengeschäft ist die Aufgabenverteilung wie folgt: Die Kopfstelle des →Acquirers sendet etwa die Anfrage zur →Autorisierung vom Händler zur Kopfstelle des →Issuers, der eine finale Bestätigung bzw. Belastung des Kontos vornimmt und eine Rückmeldung an die Kopfstelle des →Acquirers für die finale Zu- oder Absage der Kartentransaktion sendet.

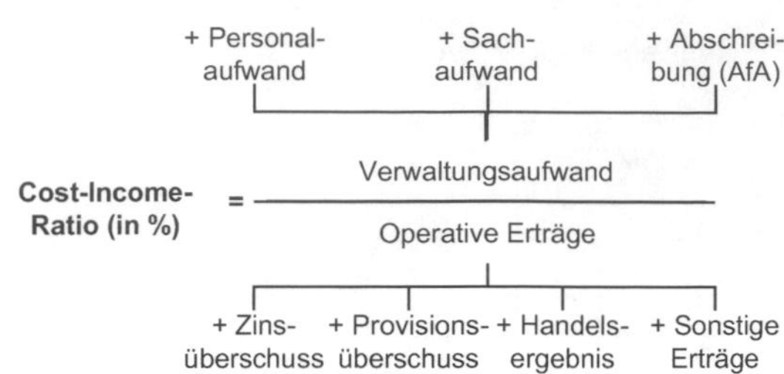

Abb. 8 Kalkulation des Kosten-Ertrags-Verhältnisses (s. Alt und Puschmann 2016, S. 32)

Kosten-/Ertragsverhältnis
Zentrale Performancekennzahl (→KPI) zur Beurteilung der Ertragskraft eines Finanzdienstleistungsunternehmens, die insbesondere im Bankenbereich als Cost-Income Ratio (→CIR) verbreitet ist. Sie setzt sich zusammen aus sämtlichen Aufwänden sowie Erträgen (s. Abb. 8) und liegt bei größeren und breit ausgerichteten Banken bei 70 bis 80 %, während die spezialisierteren →Direktbanken und →Fintech-Unternehmen ohne Filialnetz häufig eine CIR von 40 bis 50 % besitzen. Zu den Aufwandstreibern zählen insbesondere Personal sowie Infrastruktur (Gebäude, →IT) und umzusetzende regulatorische Auflagen.

Kreditauktion
→Crowdlending.

Kritische Masse
Das insbesondere für Netzwerkgüter relevante Maß bestimmt über das Eintreten positiver oder negativer →Netzwerkeffekte. Es bezeichnet das Vorhandensein einer Mindestanzahl an Teilnehmern und insbesondere von Transaktionsvolumina, welche die →Liquidität einer →Plattform bestimmen. Als stark sozial bedingte Größe ist die kritische Masse selten unmittelbar kalkulierbar, sondern von den Marktsegmenten und den Erwartungen der Teilnehmer abhängig.

Krypto-Asset
Auf Basis einer →Kryptowährung digital repräsentierter Vermögenswert, der mit der →Tokenisierung nicht nur Geld und Wertpapiere, sondern

auch andere materielle sowie immaterielle Werte umfasst. →Geschäftsmodelle finden sich im Umfeld der →Krypto-Vermögensverwaltung sowie von →Krypto-Banken.

Krypto-Bank
Obgleich →Kryptowährungen klassische →Finanzintermediäre substituieren, unterstützen Finanzdienstleister private sowie institutionelle Anleger bei der Verwendung dieser Anlageinstrumente. Um ihren Kunden umfassende Investitionsmöglichkeiten (z. B. mittels →Token) zu bieten, entwickeln sie sich mit Beantragung einer →Banklizenz bzw. einer →Krypto-Lizenz zu einer Krypto-Bank. Beispiele für Krypto-Banken sind Bitwala in Deutschland sowie Seba und Sygnum in der Schweiz. Zu den Leistungen zählen die →Tokenisierung von Wertpapieren oder anderen Gütern (z. B. Immobilien, Kunstgegenstände, Wein).

Krypto-Lizenz
Anbieter von Leistungen zur Verwahrung, Verwaltung und Speicherung von →Kryptowährungen wie etwa →Bitcoin sowie anderen →digitalen Assets unterliegen zunehmend einer Regulierungspflicht. Hierzu definiert seit im Jahr 2020 in Deutschland die Geldwäscherichtlinie das sog. →Krypto-Verwahrgeschäft. Unternehmen, die sich dafür registrieren lassen, erwerben eine Krypto-Lizenz und können dadurch Kunden in Deutschland entsprechende Leistungen anbieten.

Krypto-Vermögensverwaltung
Form des Digital Asset Management (→DAM), die Anbieter von Diensten zur Verwaltung von →Krypto-Assets bzw. →Token verwenden. Zu den Leistungen zählen etwa die Ausführung von →OTC-Transaktionen im Bereich von →Kryptowährungen oder die sichere Speicherung digitaler Werte und von →Smart Contracts (→Custodian).

Krypto-Verwahrgeschäft
Mit der Umsetzung der Änderungsrichtlinie zur vierten EU-Geldwäscherichtlinie (Directive EU 2018/843) erfolgt eine Regulierung für sog. Krypto-Verwahrgeschäfte. Damit sind seit 2020 in Deutschland lt. § 1 des Kreditwesengesetzes (KWG) Leistungen zur Speicherung und Übertragung von Kryptowerten (→Digital Asset) wie etwa →Kryptowährungen (→Coin) und →Token gesetzlich geregelt. Die Leistungen umfassen das Anbieten und Tauschen →virtueller bzw. →digitaler Währungen durch Finanzdienstleister sowie →Kryptobörsen.

Kryptobörse
Bezeichnet einen →digitalen Marktplatz, der Wechsel von einer →Kryptowährung in eine andere →Kryptowährung oder in andere Vermögenswerte (z. B. gesetzliche Zahlungsmittel wie →Fiat-Währungen) unterstützt. Es haben sich zwei Formen herausgebildet: einerseits →elektronische Börsen, welche den Wechsel von →Krypto- und →Fiat-Währungen (z. B. Coinbase, Kraken) und andererseits Börsen, die primär den Wechsel zwischen →Kryptowährungen unterstützen (z. B. →Binance mit Sitz in Malta, Bitcoin.de mit Sitz in Deutschland, Bitpanda mit Sitz in Österreich). Einen umfassenden Ansatz zum Handel von →Digital Assets bzw. tokenisierter Werte (→Tokenisierung) findet sich bei der SDX als Initiative der Schweizer Börse SIX. Obgleich Kryptobörsen eine wichtige Handelsfunkion erfüllen, sind mit ihnen zahlreiche Sicherheitsbedenken verbunden. Diese sind primär auf die meist zentralisierte Architektur (→SPoF) und das Verlassen der als sicher geltenden →Kryptowährungen verbunden. So sind Fälle gestohlener →Coins, die auf gehackte Systeme von Kryptobörsen zurückzuführen sind, ebenso bekannt wie Vorfälle zur Geldwäsche (→AML) durch Mischen von →Coins (→Mixing Service) und gestohlener Identitäten (welche etwa beim Überweisen anonymer →Coins auf traditionelle Konten erforderlich sind).

Kryptografie
Abgeleitet aus den griechischen Worten „krypto“ (= ich verberge) und „graphe“ (= das Schriftstück) kennzeichnet es Verfahren zur Verschlüsselung von Nachrichten bzw. der darin enthaltenen Inhalte (im Sinne eines verborgenen Schreibens). Derartige Verfahren existieren seit Jahrhunderten in Form von Geheimschriften, damit nur die inten-

dierten bzw. autorisierten Sender und Empfänger die Nachrichteninhalte lesen können. Mit der Informationstechnologie (→IT) haben elektronische Verschlüsselungsverfahren an Bedeutung gewonnen. Als wichtigste Ausprägungen gelten →symmetrische und →asymmetrische Verschlüsselungsverfahren, wobei letztere bei →Kryptowährungen Einsatz finden.

Kryptowährung

Eine auf →Kryptografie aufbauende Zahlungseinheit (→Coin, →Token), die Verrechnungsprozesse in →Blockchain-Frameworks (z. B. →Block Reward, Zahlungstransaktionen) erlauben. Seit Aufkommen von →Bitcoin ist eine große Anzahl von →Kryptowährungen entstanden. Im Februar 2021 waren es 8484 (Stand 16.02.2021 bei coinmarketcap.com) mit einer gesamten Marktkapitalisierung von 1,471 Billionen USD, während es Anfang Juni 2020 noch 5549 Kryptowährungen (Stand 06.06.2020 bei coinmarketcap.com) waren. Dabei handelt es sich um →DLT-Systeme, die eine sichere verteilte Datenhaltung mittels →Kryptografie ermöglichen und →Coins bzw. →Token zu Zahlungs-, Verrechnungs- oder Anlagezwecken einsetzen. Die als „Währung" ausgetauschten →Token sind unabhängig von Zentralbanken und damit nicht wie gesetzliche Zahlungsmittel besichert und reguliert (→Fiat-Währung). Letzteres hat sich mit der Schaffung von →Krypto-Verwahrgeschäften seit 2020 jedoch geändert, sodass zu Bezahlzwecken verwendete Kryptowährungen und entsprechende →Kryptobörsen auch einer Zulassungspflicht unterliegen. Die Akzeptanz ist primär auf das eigene Netzwerk sowie Handelsplattformen im Internet beschränkt. Vereinzelt erstreckt sich die Akzeptanzreichweite auch auf den stationären Handel wie im Falle von →Bitcoin oder der ehemals als „Weltwährung" konzipierten →Diem. Grundsätzlich erfüllen →virtuelle Währungen damit nicht die typischen Geldfunktionen (Zahlfunktion, Wertbemessung, Aufbewahrung). Dies ist allerdings auch darauf zurückzuführen, dass abhängig vom Anwendungszweck der Kryptowährung neben der Geldfunktion auch weitere Funktionen, wie etwa der Nachweis von Zustand, Echtheit, Identität oder Besitzverhältnissen, im Vordergrund stehen.

Kundenerlebnis

Bezeichnet die Erlebnisse, die ein Kunde in der umfassenden Betrachtung des Kontakts mit dem Unternehmen von der Anbahnung (Pre-Sales/Marketing) über die Durchführung (Sales/Verkauf) bis zur Nachbereitung (Customer Service/Kundendienst) erfährt (→CJ). Während es sich dabei primär um nicht-monetäre Erfahrungswerte handelt, die Kunden beispielsweise auf Social-Media-Plattformen äußern, versuchen Unternehmen häufig die (monetären) Umsatzpotenziale durch den sog. Customer Lifetime Value zu errechnen. Dies führt etwa dazu, dass in der Anbahnungsphase die Qualität der Kundeninteraktion bzw. des Kundenservice einen hohen Stellenwert besitzt und im Bereich des Kundendienstes häufig abfällt. Gerade digitale →Geschäftsmodelle wie etwa →Smartphone-Banken bieten zwar häufig kostengünstige Konditionen und Leistungsvorteile, begrenzen die Kontaktaufnahme jedoch auf Call-Center, →Chatbots und E-Mail. Das im englischen als →Customer Experience bezeichnete Kundenerlebnis lässt sich daher als Ansatz der Kundenorientierung interpretieren, der nicht aus Anbietersicht (Inside-out), sondern aus Kundensicht die (Dienst-)Leistung beurteilt. Gerade bei den stark von elektronischen Kontaktkanälen geprägten Konzepten von →Fintech-Unternehmen, haben die Kundenerfahrungen über die Kanäle hinweg (→Omni-Channel) entlang der Customer Journey (→CJ) eine hohe Bedeutung. Beispielsweise ist die Abbildung gesamter Kundenbedürfnisse (z. B. Hauskauf) umfassender als ein in diesem Gesamtprojekt enthaltenes Finanzierungsprodukt oder die Gesamtsicht auf eine Altersvorsorge umfasst mehrere Absicherungsprodukte. Die Zusammenführung der Einzelleistungen zu übergreifenden, das Kundenerlebnis unterstützenden, Lösungen ermöglichen u. a. die Ansätze des →API oder →Open Banking. Zur Messung dienen verschiedene Performancekennzahlen (→KPI), u. a. die automatisierte Analyse von Kundenstimmungen (→Sentimentanalyse).

Kundenrelevanz

Das Modell der →Customer Relevancy beurteilt die Berührungspunkte eines Unternehmens mit dem Kunden (→CJ) im Vergleich zur Konkurrenz. Beispielhafte Kriterien sind, wie in Abb. 9 dargestellt, der Zugang zum Kunden, der Preis, die Produkteigenschaften, der Service und die Gesamterfahrung (→Kundenerlebnis), wobei abhängig von der Einstufung auf Skalen bei einer Bewertung von drei ein Gleichstand, bei vier eine Differenzierung oder bei fünf eine Dominanz gegenüber Wettbewerbern gegeben ist.

Künstliche Intelligenz (KI)
Das Gebiet der Artificial Intelligence (→AI) befasst sich seit Mitte des 20. Jahrhunderts mit dem Ziel, menschliche Intelligenz maschinell zu erreichen. Nach den Neurowissenschaften lässt sich die Intelligenz mittels der Aktivitäten Wahrnehmung, Verarbeitung, Aktion und Lernen operationalisieren. Bereits in den 1980er-Jahren haben sich regelbasierte Systeme etabliert, die unter Verwendung einer Wissensbasis und dem Abarbeiten situativer Bedingungen (If then) eine Entscheidung bzw. eine Handlungsempfehlung ausgegeben haben (sog. Expertensysteme). Mittlerweile reichen, getrieben durch die breite Verfügbarkeit von Daten (→Big Data), die Fähigkeiten von KI über die einfache →Prozessautomatisierung (→RPA) hinaus und umfassen Lösungen, die aus komplexen unstrukturierten Datensätzen selbständig Muster herausfiltern und aus diesen lernen bzw. ihr künftiges Verhalten auf Basis von vergangenen Ereignissen anpassen können. Wie in Abb. 10 dargestellt, lassen sich die KI-Verfahren nach den Konzepten in das maschinelle Lernen (→ML) und dieses wiederum nach den eingesetzten Verfahren in künstliche neuronale Netze und diese wiederum je nach Anzahl der Neuronen-Schichten als →Deep Learning (i. d. R. ab zwei bis drei Schichten) charakterisieren. Danach verarbeiten neuronale Netze Eingangsdaten gemäß bekannter Merkmale bzw. Zielwerte (sog. Supervised Learning) oder beobachten Ähnlichkeiten und Abweichungen unter den Eingangsdaten, um ohne Kenntnis über etwaige Zielwerte Muster in den Daten zu identi-

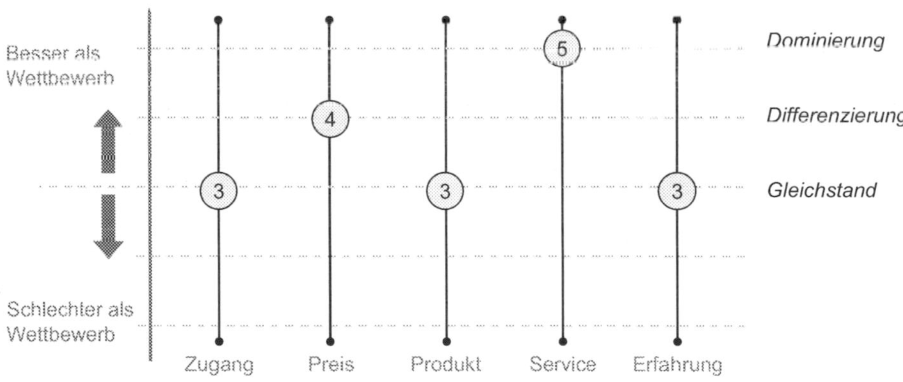

Abb. 9 Bewertung der Wettbewerbssituation im Kundenrelevanz-Modell

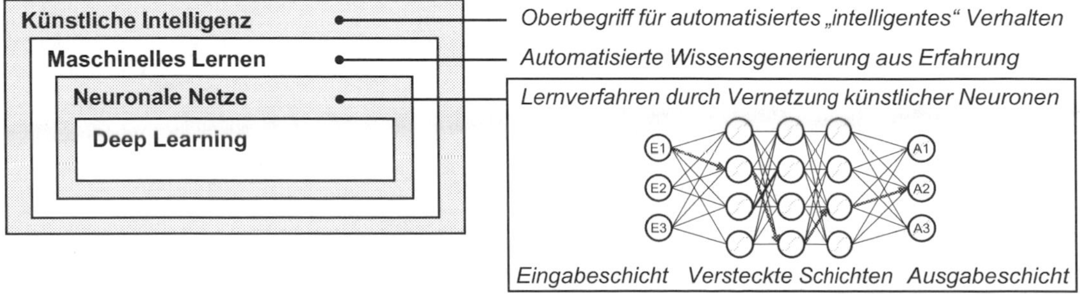

Abb. 10 Bereiche der künstlichen Intelligenz

fizieren (sog. Unsupervised Learning). Die Handlungsergebnisse bzw. die Entscheidungspfade werden in einem Netz von Knoten (bzw. Neuronen) gespeichert, die wiederum Übergangswahrscheinlichkeiten (visualisiert als Kurve in den Knoten der versteckten Schichten) für eine Ausgabe bzw. Handlungsempfehlung kalkulieren und mit jedem Durchlauf optimieren. Mit der Anzahl an Neuronenschichten nimmt einerseits der „Erfahrungsschatz" dieser Systeme zu, jedoch sinkt mit der Anzahl der Schichten auch die Nachvollziehbarkeit der sich aus der Verschaltung der einzelnen Neuronenschichten ergebenden Entscheidungen (der Entscheidungspfad ist in Abb. 10 rot markiert) für den Menschen. Aus diesem Grund findet sich auch die Bezeichnung der versteckten Schichten. Ein allgemeiner Einsatzbereich von künstlichen neuronalen Netzen ist die Sprachverarbeitung (→NLP), wobei die Netze Zusammenhänge von Wörtern speichern und anschließend zur Sprachgenerierung nutzen. Abhängig von den Lernformen und der Komplexität des Anwendungsfalls bestehen im Finanzbereich zahlreiche Anwendungsfelder (→KI-Anwendungsfelder).

Künstliche-Intelligenz-Anwendungsfelder
→KI-Technologien kommen bereits in vielen Bereichen der Finanzwirtschaft zum Einsatz. Zur Strukturierung lassen sich Darstellungen in Anlehnung an das aus der Chemie bekannte Periodensystem verwenden (s. Abb. 11). Dabei sind entlang der x-Achse Einsatzbereiche von KI-Verfahren und entlang der y-Achse Komplexitätsstufen aufgetragen. Danach finden sich zunächst Anwendungen, die eine visuelle oder akustische *Wahrnehmung* der Welt ermöglichen, z. B. zur Erkennung von Bildern, Sprache oder Gesichtern. Im Falle der visuellen Wahrnehmung speichern neuronale Netzwerke Merkmalsausprägungen wie Augen, Nase und Mund, um diese anschließend als Gesichter auf anderen Bildern erkennen zu können. In der Finanzwirtschaft finden sich Anwendungsfelder etwa im →KYC-Prozess, der die Identifikation von High Risk Individuals unterstützt. Auf *Verarbeitung* ausgerichtete Einsatzbereiche stellen die schlussfolgernde Verarbeitung der Wahrnehmungen in den Mittelpunkt. So kann bei der Sprachverarbeitung (→NLP) das System nicht nur Worte als solche wahrnehmen, sondern aufgrund der verschiedenen Wortkombinationen den Sinn sowie bei entsprechender Spezifikation des Systems auch die Stimmung des Textes erkennen. Im Finanzbereich findet sich dieses Anwendungsfeld etwa bei der Kundeninteraktion, um die Stimmung des Kunden in der mündlichen oder schriftlichen Konversation einschätzen

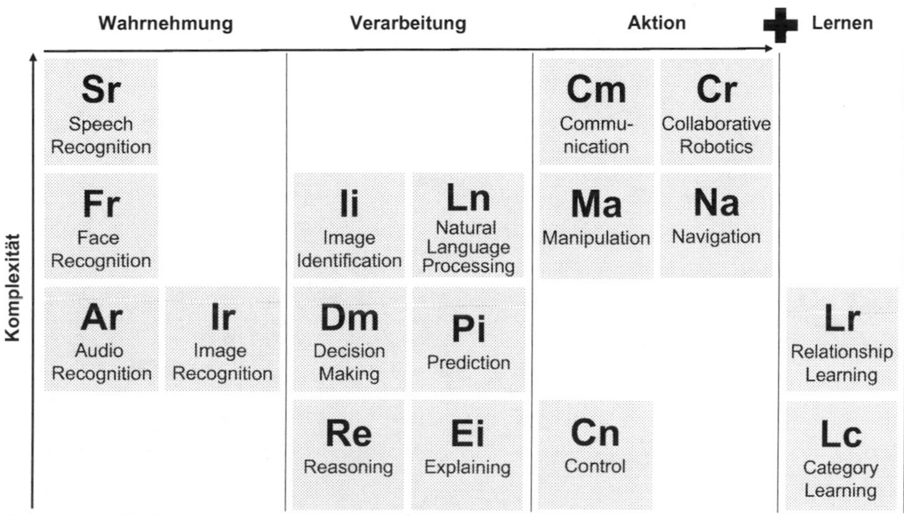

Abb. 11 Einsatzbereiche von Verfahren der künstlichen Intelligenz im Finanzbereich (in Anlehnung an Dietzmann und Alt 2020)

(→Sentimentanalyse) und darauf reagieren zu können. *Aktion* charakterisiert Einsatzbereiche, die Handlungen zur Erreichung bestimmter Ziele betreffen. Das einfachste Einsatzgebiet ist hierbei „Control", das die Steuerung von Software oder Hardware in Abhängigkeit definierter Messgrößen bezeichnet. Hierbei könnte es sich etwa um automatisierte KI-Systeme zur Finanzanlage handeln, welche den Wert von Investmentportfolios in vorgegebenen Anlageklassen maximieren. Wenn das KI-System aufgrund der vom Anleger definierten Präferenzen und der aktuellen Marktsituation eine Kauf- oder Verkaufsentscheidung für ein Wertpapier initiiert, so führt es diese Transaktion an einer →elektronischen Börse durch und passt das Portfolio entsprechend an (→Robo-Advisory). Demgegenüber ist das Einsatzgebiet Collaborative Robotics komplexer, da (physische) →Roboter letztlich situativ sinnvolle Aktionen selbstständig ausführen sollen. Ein Beispiel hierfür ist der vom japanischen Technologie-Unternehmen SoftBank Robotics entwickelte humanoide →Roboter Pepper im Bereich der Kundenberatung in der Bankfiliale. Dieser kann etwa eine Vorselektion der für den Kunden relevanten Produkte vornehmen, solange der Kunde auf das Gespräch mit dem (echten) Kundenberater wartet. Das Cluster *Lernen* ist komplementär und mit den Bereichen Wahrnehmung, Verarbeitung und Aktion kombinierbar. So können intelligente →Agenten während der Wahrnehmung und Verarbeitung sowie bei der Ausführung von Handlungen neues Wissen über ihre Umwelt generieren. Das Category Learning zielt etwa darauf ab, Kombinationen von Merkmalsausprägungen zu lernen und damit Kategorisierungen vorzunehmen. Pepper könnte beispielsweise Gesichter gemäß ihrer Gemütslage kategorisieren (z. B. wirkt der neue Besucher der Bankfiliale aufgrund seines Verhaltens sicher oder unsicher?) und aus der Kategorie der „unsicheren Besucher" neue Unterkategorien erlernen (z. B. diejenigen Besucher, die etwas zu suchen scheinen, und diejenigen Besucher, die Pepper als potenzielle Bankräuber einstufen würde). Der Einsatzbereich des Relationship Learning geht über das Erlernen von Kategorien hinaus, indem der →Roboter z. B. Gesichter von Kunden identifiziert und durch Analyse der Social Media-Kontakte weitere mit dem Kunden befreundete Personen ausfindig macht, die kürzlich ebenfalls die Filiale besucht haben. Die Schlüsse aus dieser Erkenntnis können vielfältig sein und z. B. derart ausgestaltet sind, dass die Kunden in einem entsprechenden Netzwerk individuell ausgestaltete Vergünstigungen für die Vermittlung von Freunden erhalten. Die Reaktionen ließen sich um weitere Interaktionsmöglichkeiten ergänzen (z. B. könnte Pepper lernen, dass er einigen Besuchern lediglich den Weg zum Wasserspender weisen muss, wenn diese im Sommer unsicher und unglücklich aussehen), wobei die Sinnhaftigkeit derartiger Szenarios bzw. deren Aufwand-Nutzen-Risiko-Verhältnis jeweils zu prüfen ist.

Late-Stage-Finanzierung
Bezeichnet die sechste Phase der →Wagniskapital-Finanzierung und umfasst Finanzierungen von Akquisitionen, Nachfolgeregelungen, Konsolidierungen oder Restrukturierungen, Buyouts, Sanierungen sowie auch →Bridge Finance.

Launch
Beschreibt die Anfangsphase eines Projektes und findet sich sowohl im Umfeld der Neueinführung von Produkten und Dienstleistungen als auch von Unternehmen. Letzere Interpretation umfasst die →Start-up-Phase, während der die Gründer zunächst versuchen, das →Geschäftsmodell zu spezifzieren und zu validieren. Dies erfolgt typischerweise →iterativ und grundlegend (→pivot), da Idee und Pläne während des Suchzeitraums aufgrund des dynamischen technologischen Wandels einerseits und des Marktumfeldes anderseits in dieser Phase häufig anzupassen sind.

Lean Start-up
Beschreibt die „Industrialisierung" bzw. Professionalisierung des Unternehmensgründungsprozesses. Danach verläuft die Gründung in mehreren →Start-up-Phasen ab, um dadurch eine möglichst hohe Kapitaleffizienz zu erzielen. Weitere Prinzipien neben dem schrittweisen Vor-

gehen (anstelle eines einmaligen „Big Bangs") sind ein experimenteller Ansatz (z. B. mittels frühzeitig erstellter →MVP) an statt einer (zu) umfassenden Planung (z. B. von im Detail ausdifferenzierten →Business Plänen) und die Zusammenarbeit mit dem Kunden anstelle eines rein intuitiven Vorgehens.

Ledger
In der Form von (Haupt-, Kassen-, Lager- oder Neben-)Büchern, Journalen, Konten oder Registern finden sich zahlreiche Ausprägungen von Ledgern im wirtschaftlichen und im gesellschaftlichen Leben. Aus Sicht der →Informationstechnologie handelt es sich dabei um eine Sammlung von Daten (bzw. Transaktionen), die nach einer bestimmten →Datenstruktur organisiert sind. Üblicherweise besitzt jedes Wirtschaftssubjekt einen oder mehrere Ledger, die in arbeitsteiligen Wirtschaftsstrukturen an zahlreichen Stellen zusammenwirken (→elektronische Wertschöpfung). Eine systematische Abstimmung bzw. Synchronisierung von verteilten Datenbanken steht im Mittelpunkt der Distributed-Ledger-Technologie (→DLT) mit der nach der gegenwärtigen Einschätzung ein hohes Effizienz- und Veränderungspotenzial (→Disruption) auch in der Finanzwirtschaft verbunden ist.

Legitimation
→Autorisierung.

Lending Pool
Digitaler Marktplatz nach dem →P2P-Prinzip mit dem Ziel, Gelder von privaten Personen an private Personen im Rahmen eines Kreditgeschäftes zu vermitteln (→Crowdlending). Dabei fokussiert sich die Vergabe möglichst auf Individuen und weniger auf Gruppen als Geldgeber. Ein zentralisiertes Beispiel ist →Lending Club, während →Aave einen dezentralen Ansatz darstellt.

Libra
→Diem.

Lightning Network
Erweiterung der →Bitcoin-Blockchain zur Erhöhung der Leistungsfähigkeit von Transaktionen mittels Maßnahmen wie der Vergrößerung der Blockgröße (z. B. von einem MB auf 32 MB bei Bitcoin Cash). Ebenso soll es Zahlungsvorgängen, etwa die Realisierung von →Off-Chain-Zahlungen (z. B. →Micropayments) sowie die Durchführung von Cross-Chain-Transaktionen (→Interchain) verbessern.

Liquidität
Bezeichnet in (digitalen) Märkten (→digitaler Marktplatz) die Möglichkeit, stets Transaktionen ausführen zu können. In liquiden Märkten haben Anbieter und Nachfragen gleichermaßen die Möglichkeit einen Marktpartner zu finden, sodass eine bestimmte Mindestanzahl von Kauf- bzw. Verkaufsangeboten im Markt existieren muss (→kritische Masse). Um die Liquidität in bestimmten Produkt- bzw. Marktsegmenten zu gewährleisten, agieren bei (elektronischen) Börsen mit den sog. Market Makern spezialisierte Akteure, die jeweils Angebote stellen (→AMM).

Liquidity Pool
Innerhalb des Konzepts der →Decentralized Finance bestehen dezentrale Markt- bzw. Handelssysteme, die →Liquidität nicht über ein zentrales Auftragsbuch (→Order Book), sondern automatisiert mittels →Smart Contracts schaffen. Letzere unterstützen den Tausch (Swap) zwischen zwei unterschiedlichen →Token (z. B. →ERC20-Token bei →Uniswap). Dabei können mehrere Teilnehmer →Token in einem Pool bereitstellen und erhalten für ihre Rolle als Liquidity Provider bei jeder ausgeführten Transaktion eine Gebühr (z. B. 0,3 % gleichmäßig aufgeteilt auf alle Liquidity Provider bei →Uniswap). Damit übernehmen Nutzer die Funktion sog. Market Maker, die in zentralisierten Börsen Kurse stellen und darüber für die →Liquidität des Markets sorgen. Nachdem der →Smart Contract die „Gegenpartei" darstellt, findet sich dafür auch die Bezeichnung des Automated Market Maker (→AMM) sowie jene des Peer-to-Contract.

Litecoin
Litecoin ist eine im Jahr 2011 als Alternative zu →Bitcoin initiierte →Kryptowährung, die u. a. auf die weltweite Zahlungsabwicklung abzielt.

Als dezentralisiertes →Open-Source-Zahlungsnetzwerk funktioniert Litecoin ähnlich →Bitcoin, setzt jedoch auf reduzierte →Mining-Zeiten (ein neuer Block alle 2,5 Minuten anstatt von zehn Minuten bei →Bitcoin), ein erhöhtes Gesamtvolumen an 84 Millionen →Coins (anstelle von 21 Millionen bei →Bitcoin) und einen komplexeren Verschlüsselungsalgorithmus.

Loan-to-value (LTV)
Diese in der Praxis häufig verwendete Kennzahl zur Messung der Kreditsicherheit setzt den Kreditbetrag ins Verhältnis zur Höhe der Investition (z. B. dem Verkehrswert einer Immobilie). Sie dient dazu, die Bonität der zu finanzierenden Investition zu prüfen und eine Beleihungsgrenze festzusetzen. →Fintech-Unternehmen (z. B. im Bereich →Crowdlending) nutzen sie, um Kreditoren bei der Bonitätsprüfung zu unterstützen.

Location-based Service (LBS)
Ortsbezogene Dienste nutzen die GPS-Technologie mobiler Endgeräte zur Ermittlung von Echtzeit-Geodaten, um den Nutzer mit personen- oder ortspezifischen Informationen zu versorgen. Voraussetzung ist das Einverständnis des Kunden (→Opt-in). Ist dieses vorhanden, können LBS den Standort des Nutzers bis hin zu einer Adresse identifizieren, ohne dass eine manuelle Dateneingabe erforderlich ist. Vorteile für den Nutzer liegen etwa darin, in Restaurants, Geschäften, Konzerten und anderen Orten oder Veranstaltungen online „einchecken" zu können und entsprechende situationsbezogene Angebote oder Nachrichten zu erhalten. Finanzdienstleister können etwa (Mikro-)Kredit- oder Versicherungsangebote (z. B. beim Kauf einer Skiausrüstung, beim Abschluss einer Versicherung vor einer steilen Abfahrt) anbieten.

Machine-to-Machine (M2M)
Kommunikation zwischen Maschinen und digitalisierten physischen Dingen (→IoT) ohne menschliche Interaktion, wie sie von digitalisierten Prozessen aus der fertigenden Industrie (→I4.0) bekannt ist. Im Finanzbereich finden sich insbesondere Anwendungsfälle im Bereich des kontaktlosen Bezahlens (→M2M-Payment) oder der →Sharing Economy (→PAYU).

Machine-to-Machine-Payment (M2M-Payment)
Beschreibt eine Sonderform der Kommunikation zwischen zwei Maschinen (→Machine-to-Machine), wobei eine Zahlungstransaktion zwischen zwei elektronischen Geräten ohne menschliche Interaktion (z. B. eine PIN-Eingabe) stattfindet. Verbreitet ist dies mittlerweile bei berührungsfreien Kartenzahlungen am →Point-of-Sale mittels →NFC-Technologien (z. B. Kreditkarte, Smartphone).

Machine Learning (ML)
→Maschinelles Lernen (ML).

Magic
Die Formulierung „mit etwas Magic" beschreibt die Anreicherung einer Aktivität oder eines Produkts um einen differenzierenden Wertbeitrag. Dabei handelt es sich häufig um das Ergebnis eines (kreativen) Entwicklungsprozesses, der zu Produkt-, Prozess- oder Geschäftsmodellinnovationen (→Innovation) führt. Dies ist ein häufiger Weg zur Gründung von →Fintech-Unternehmen.

Mainchain
Bezeichnet in →Blockchain-Datenstrukturen die längste und gleichzeitig auf den →Genesis Block zurückführende Blocksequenz. Daraus entstehende zusätzliche Sequenzen sind →Sidechains. Teilweise findet sich für das Begriffspaar Main-Side auch jenes von Eltern-Kindern (Parent/Child Chain).

Maker
→Kryptowährung auf Basis von →Ethereum, die als →Stable Coin zum US-Dollar konzipiert ist und den Einsatz als Währung in verschiedenen dezentralen Finanzanwendungen (→DApps, →DeFi) anstrebt.

Maklermandat
Begriff aus dem Versicherungsbereich, wobei Kunden einem Makler den Auftrag erteilen, sie bei der Suche nach passenden Angeboten und

Preisen zu unterstützen. Das Maklermandat bildet die vertragliche Basis für die Rechte und Pflichten des Vermittlers (→Intermediation) sowie für seine Vergütung. Letztere kann provisionsbasiert (das vermittelte Versicherungsunternehmen erteilt eine Provision) oder beratungsabhängig sein (der Kunde zahlt ein Beratungshonorar), wobei die letztere Variante eine höhere Neutralität gegenüber den Anbietern gewährleistet. Das Maklermandat bleibt häufig nach Abschluss der Versicherung bestehen, sodass der Makler Vertragsalternativen und -verbesserungen vorschlagen kann. Während Versicherungsmakler wie etwa MLP sich seit langem etabliert haben, sind mit der →Digitalisierung zunehmend →digitale Versicherungsmakler aufgekommen.

Marketplace Lending
Bezeichnet die Kreditvergabe über elektronische Plattformen (→digitaler Marktplatz), die im Falle von →P2P-Geschäftsmodellen wie etwa →Crowdlending auch ohne den Einsatz von Intermediären (→Intermediation) auskommen. Nachdem sowohl natürliche als auch juristische Personen als Kreditgeber auftreten können, obliegt das Ausfallrisiko unmittelbar den Kapitalgebern und nicht einer juristischen Person, wie etwa einer Bank.

Markets in Financial Instruments Directive (MiFID)
EU-Richtlinie zur Harmonisierung der Finanzmärkte, die auf das Jahr 2007 zurückgeht und mittlerweile in der zweiten Version (MiFID 2) seit 2018 gültig ist. Ziel der Regulierung ist die Verbesserung des Anlegerschutzes und der Transparenz der Finanzmärkte. Dazu zählen u. a. die Pflicht zur Erklärung der Anlageempfehlung und das Offenlegen von Provisionen zur besten Ausführung durch die Finanzdienstleister sowie zur Dokumentation der Transaktionen an den Finanzbörsen (→elektronische Börse).

Maschinelles Lernen (ML)
Das maschinelle Lernen ist ein Bereich der künstlichen Intelligenz (→KI), der Maschinen bzw. Informationssysteme mit Lernfähigkeit bzw. adaptivem Verhalten kennzeichnet. Dazu unterscheidet das maschinelle Lernen verschiedene Lernstile bzw. -formen, die ausgehend von Trainingsdaten in einem überwachten oder unüberwachten Vorgehen ein Verhalten „erlernen“. Beide unterscheiden sich dadurch, dass die Erstellung eines ersten Modells aus Anfangs- bzw. Trainingsdaten mit (überwacht bzw. supervised) oder ohne (nicht-überwacht bzw. unsupervised) vorgegebenen Antworten erfolgt. Ohne Trainingsdaten geht das bestärkende Lernen (sog. Reinforcement Learning) vor, welches das Verhalten durch Erfahrung bzw. durch das erhaltene Feedback erlernt. Bei den jeweiligen Verfahren sind zahlreiche →Algorithmen verfügbar (s. Abb. 11), die beim überwachten Lernen Regressionsmodelle, Entscheidungsbäume, Clustering-Verfahren oder künstliche neuronale Netze umfassen. Eine Ausprägung von letzteren ist das →Deep Learning. Einsatzfelder im Finanzbereich sind die Betrugserkennung, Marktanalysen, die Sprachverarbeitung oder die Texterkennung bei der Verarbeitung beleghafter Dokumente (Abb. 12).

Mass Customization (MC)
Ansatz zur flexiblen Anpassung des Leistungsangebots an Kundenanforderungen, der auf eine Verbindung von einem hohen Grad an →Personalisierung und einem hohen Grad an Effizienz abzielt. MC erlaubt Kunden die individuelle Konfiguration von Sach- und Dienstleistungen, wie etwa Kleidern, Fahrzeugen sowie Reisen oder Finanzdienstleistungen. Die Grundlage bildet die Standardisierung von Leistungsbestandteilen bzw. Systemkomponenten (z. B. Ausstattungsvarianten bei Fahrzeugen) entlang von allgemeinen Lösungsmodellen (z. B. besteht ein Fahrzeug aus bestimmten Komponenten), die einen Lösungsraum an möglichen Konfigurationen aufspannen. Das Übersetzen von Kundenbedürfnissen in eine konkrete Ausprägung erfolgt üblicherweise mittels Konfiguratoren, die entweder Berater oder die Kunden selbst (→Self-Advisory) verwenden.

Masternode
Bezeichnet einen →Node in →Blockchain-Netzwerken, welcher eine vollständige Kopie der ver-

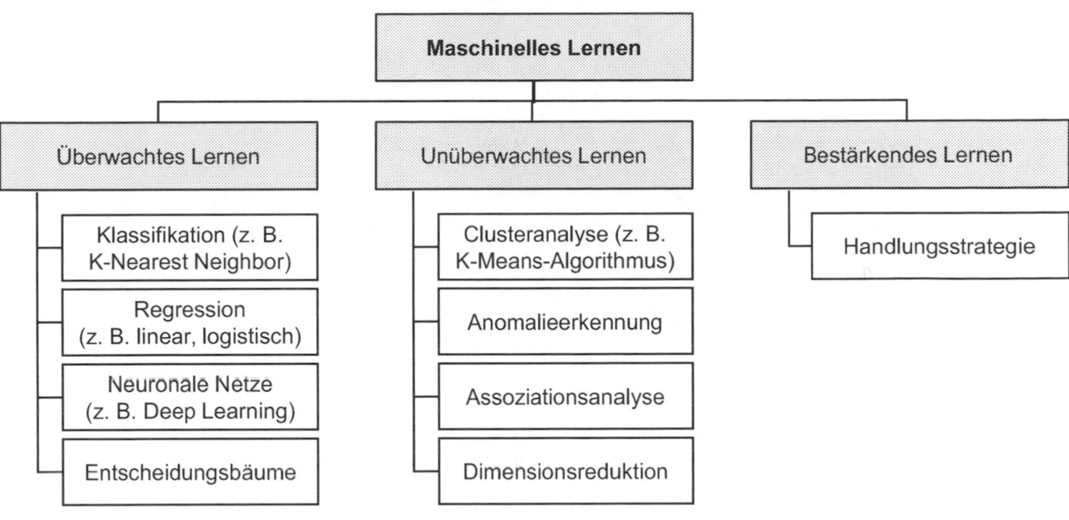

Abb. 12 Lernformen im maschinellen Lernen (in Anlehnung an Lanquillon 2019, S. 103)

teilten Datenbank (→Distributed Ledger) bei sich gespeichert hat. Abhängig von der →Kryptowährung (z. B. →Dash) kann dieser Teilnehmer dafür eine Vergütung in Form von →Coins erhalten, sodass dies in →Kryptowährungen mit dem →Proof-of-Stake-Konsensmechanismus eine Ertragsmöglichkeit ähnlich zu den →Minern im →PoW-Modell darstellt.

Medienbruch

Mit einem Wechsel zwischen Datenträgermedien entstehen Brüche, wenn Daten von einem Datenträger auf einen anderen zu übertragen sind. Dabei kann es sich um physische Datenträger (z. B. Papier, DVD, USB-Sticks) und/oder virtuelle Medien (z. B. →Anwendungssysteme) handeln. Im physischen Falle erfolgt diese bei Überträgen zwischen Papierformularen oder zwischen Papier und einem →Anwendungssystem, im virtuellen Falle bei Überträgen bzw. manuellem „Abtippen" von Daten aus einem →Anwendungssystem in ein anderes. Die mit Medienbrüchen offensichtlich verbundenen Ineffizienzen in Form von Fehlerpotenzialen, Verzögerungen sowie Zeit- und Personalaufwänden versucht die →Wirtschaftsinformatik mit der Gestaltung durchgängiger und mit integrierten →Anwendungssystemen unterstützten Geschäftsprozessen zu vermeiden. Neben der Gestaltung medienbruchminimaler bzw. -freier Geschäftsprozesse in integrierten Systemen und dem Einsatz elektronischer Dokumente (→EDI) bildet der Einsatz von →Robotern zur Automatisierung manueller Datenübertragungstätigkeiten (→RPA) eine erste Möglichkeit zur Überwindung von Medienbrüchen. Sie bilden die Voraussetzung für automatisierte und in Echtzeit ausgeführte Prozesse (→Echtzeitverarbeitung), wie sie insbesondere im Bereich der Transaktionsabwicklung im Finanzbereich von Bedeutung sind.

Mehrseitige Plattform (MSP)

Ausprägung eines →digitalen Marktplatzes bei dem mehrere Gruppen bzw. Klassen von Akteuren interagieren. Während einseitige (Single-Side-)Plattformen nach dem Prinzip des Supermarktes Produkte verschiedener Anbieter in ihr Angebot und ihre Bücher nehmen, treten mehrseitige (Multi-Sided-)Plattformen als →Broker auf und stellen ihre Plattform mit den entsprechenden Funktionalitäten (z. B. Produkt-/Leistungskatalog, Warenkorb-/Kontrahierungsfunktionen, Abrechnungs-/Bezahlfunktionen) zur Verfügung. Ein Beispiel ist Amazon, das sich mit dem Amazon-Marketplace von einer einseitigen hin zu einer mehrseitigen Plattform entwickelt hat. Dadurch können auch mit Amazon in Konkurrenz stehende Anbieter (z. B. von Büchern) über die Amazon-Plattform ihre Produkte anbieten. Während diese von der Reichweite und der Funktionalität der Amazon-Plattform profitieren, erhält Amazon für jede dieser Transaktionen Gebühren und die entsprechenden Daten für die Nutzungsstatistik. Im Finanzbereich ist die MSP-Logik auch für Finanzdienstleister vorstellbar, sie findet sich jedoch insbesondere in verschiedenen Ausprägungen von →P2P-Plattformen (→Crowddonating, →Crowdfunding, →Crowdlending, →Crowdsourcing).

Mempool
Bezeichnet eine Erweiterung der →Bitcoin-Blockchain (→BIP), die einen Zwischenspeicher für unbestätigte →Bitcoin-Transaktionen schafft, den jeder →Full Node bei sich führt. Dies ist zum Management von Lastspitzen notwendig und überbrückt die Zeit zwischen der Verifizierung der Transaktion durch den →Node und der Weiterverarbeitung durch den →Miner. Die Größe des Mempool variiert mit der Anzahl zwischengespeicherter Blöcke und umfasst demnach bei drei Blöcken drei MB.

Merchant Service Charge (MSC)
Vom →Acquirer an den Händler für die Kreditkartenzahlung verrechnete Servicegebühr bzw. Händlerkommission, die der Händler entweder in den Verkaufspreis einbezieht oder als zusätzliche Gebühr verrechnet. Häufig erfolgt die Berechnung prozentual bezogen auf den Wert einer Transaktion in Höhe von ca. 1,7 % zuzüglich einer transaktionsfixen Gebühr (z. B. zur →Autorisierung). Die MSC reflektiert die Kosten des →Acquirers für die Transaktionsverarbeitung und ergibt zusammen mit der Interchange Fee (→IF) die gesamten an den Kunden verrechneten Kosten einer Kartentransaktion. Die Kalkulation einer Amazon-Pay-Zahlung in Abb. 13 veranschaulicht das Prinzip.

Merkle Tree
→Hash Baum.

Messaging Commerce
Beschreibt die Möglichkeit, dass Kunden innerhalb einer Messaging- oder Chat-Anwendung (z. B. Facebook Messenger, →WeChat) mit Unternehmen interagieren. Der Kundensupport erfolgt etwa über (Sprach- oder Text-)Chat auf der Homepage mittels →Chatbots oder über Mitarbeiter. Derartige Ansätze finden sich etwa im →Social CRM.

Metaverse
Der ursprünglich aus einem Science-Fiction-Roman von Neal Stephenson aus dem Jahr 1992 stammende Begriff hat sich in jüngster Zeit verbreitet, um eine auf Technologien der virtuellen (→VR) und erweiterten Realität (→AR) beruhende virtuelle Welt zu schaffen. Ähnlich zum im Jahr 2003 von Linden Labs ins Leben gerufene Second Life, stellt das Metaversum eine separate Welt neben der realen Welt dar, in der die Nutzer als Avatare präsent sind und über Blockchain-Technologien Waren oder Immobilien erwerben und die damit verbundenen Transaktionen durchführen können. Zu den ersten Beispielen gehören Decentraland, wo Veranstaltungen (z. B. Konzerte, Ausstellungen) stattfinden, die Spieleplattform Roblox, auf der die Nutzer Gegenstände kaufen können, sowie der Horizon-Plattform von Facebook bzw. Meta.

Microfinance/Microfinancing
Vergabe von Klein(st)krediten an Menschen, die Banken infolge ihrer Armut nicht bedienen oder an Unternehmen, deren Fremdkapitalbedarf zu gering ist und daher bei klassischen Kreditinstituten kein Interesse an der Kreditvergabe besteht. Die sich auf Basis dieser Angebotslücke entwickelte Mikrofinanzindustrie hat ihren Ursprung in den Schwellenländern und hat sich im Zuge der →Start-up- bzw. →Fintech-Entwicklung auch in Europa und Deutschland verbreitet. Aktu-

Transaktionsbetrag	Interchange Fee (0,2 %)	MSC (1,7 %)	Autorisierungsgebühr (0,35 EUR)	Gesamtgebühr
20 EUR	0,04 EUR	0,34 EUR	0,35 EUR	0,73 EUR

Abb. 13 Gebührenermittlung einer Kartenzahlung am Beispiel von Amazon Pay (Amazon 2020)

ell stellt die Mikro-Finanzierung ein spezielles Finanzinstrument für Existenzgründungen dar, die mit geringem Fremdkapitalbedarf agieren.

Micropayment
Zahlungen mit geringen Zahlungsbeträgen, die in Größenordnungen bis fünf Euro liegen und deren Prozesskosten häufig über den Zahlungsbeträgen selbst liegen. So sind bei Verfahren (→E-Payments) wie etwa Kreditkartenzahlungen vielfach Mindestbeträge gefordert und für Kleinstbeträge haben sich spezielle Verfahren etabliert (z. B. Geldkarte, →Mobile Payment, →Lightning Network).

Microservice
Architekturprinzip, das gegenüber den häufig monolithisch (bzw. „aus einem Stück") aufgebauten →Kernbankensystemen auf einen modularen Aufbau von →Applikationen abzielt und auch im →Fintech-Bereich verbreitet ist. Beispielsweise wären bei →Crowdlending Lösungen Microservices zur Krediterfassung, zur Kreditwürdigkeitsprüfung (Credit Scoring), zur Schuldeneintreibung (Debt Collection) oder zur Kundenanalyse vorstellbar. Unternehmen wie etwa Modularbank haben ihre Plattform auf Microservices aufgebaut, ebenso finden sich Microservices in →Open-Banking-Konzepten. Microservices lassen sich mittels der →Web-Service-Technologien umsetzen, wobei häufig →REST zum Einsatz kommt.

Middleoffice
Organisations- und Prozessbereich von Finanzdienstleistern, der sich mit der ex-ante-Prüfung und ex-post-Kontrolle von Transaktionen befasst. Dazu zählen auch übergreifende Organisationseinheiten wie etwa das Risikomanagement oder die Produktentwicklung, die dem →Frontoffice „nachgelagert" und dem →Backoffice „vorgelagert" sind.

Middleware
Bezeichnet eine „mittlere" Schicht zwischen Softwaresystemen und bildet einen Ansatz für die Integration von →Anwendungssystemen. Während eine bilaterale Kopplung von Systemen zu einer hohen Komplexität an Verbindungen führt, zielt das Konzept der Middleware auf eine Entflechtung durch eine die Schnittstellen verwaltende Schicht. Wie in Abb. 14 schematisch dargestellt, greift ein System dabei über die Middleware auf ein anderes und potenziell viele weitere Systeme (oder Dienste bzw. →Web Services) zu. Die Middleware übernimmt dabei die Koordination zwischen den Diensten, z. B. die Verwaltung der Schnittstellen (→API) in Verzeichnissen, die Ablaufsteuerung oder die Zuordnung (Mapping) von Datenformaten.

Miner
Abgeleitet von der Tätigkeit von Bergarbeitern sind Miner diejenigen Teilnehmer in einem →Kryptowährungs-Netzwerk, welche die Aufgabe des →Mining übernehmen. Dabei konkurrieren sie um das Errechnen neuer Blöcke, wobei die erfolgreichen Miner die Blöcke generieren und darin die Transaktionen speichern. Als Gegenleistung für dieses „Schürfen" von Blöcken und das Bereitstellen der dafür erforderlichen Rechnerleistung erhalten die Miner virtuelles Geld (→Block Reward).

Minimum Viable Product (MVP)
Am Prototyping orientierte Entwicklungs- und Lerntechnik, die darauf abzielt, bereits frühzeitig im Entwicklungsprozess den Anwendern eine neue Lösung (Produkt oder/und Service) mit ausreichenden bzw. minimalen Basisfunktionen bereitzustellen. Frühzeitige Anwender (Early Adopters) sollen damit eine Gelegenheit erhalten, die neue Lösung zu testen, relevante Daten zu sammeln und daraus iterativ zu lernen.

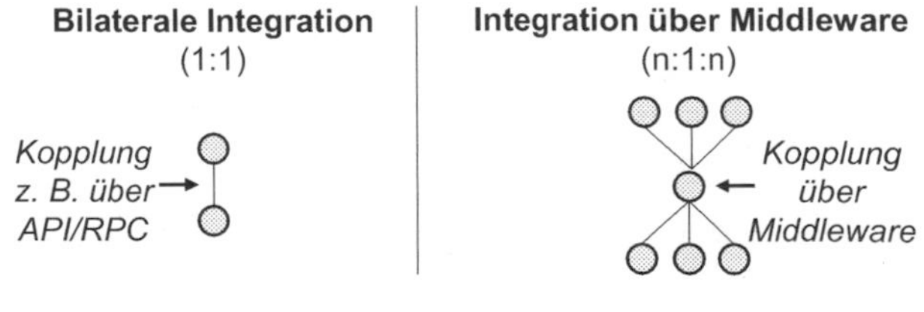

Abb. 14 Bilaterale Integration und Integration über Middleware (in Anlehnung an Alt 2018a, S. 124)

Die Entwicklung des endgültigen, vollständigen Funktionsumfangs erfolgt erst nach Interaktion mit den frühen Anwendern des Produkts, sodass die Entwicklung eines MVP auch der Risikominderung dient.

Mining
Mining ist eine zentrale Aufgabe in →Kryptowährungssystemen, die als →Konsensmechanismus das →PoW-Verfahren verwenden. Im Mining erzeugen die →Miner unter Beachtung kryptografischer Regeln die einzelnen Blöcke in welchen sie die Transaktionen im →Blockchain-Netzwerk speichern.

Mining Pool
Virtueller Zusammenschluss von mehreren →Minern, um durch die dadurch erhöhte Rechenleistung erfolgreiches →Mining in →Blockchain-Systemen mit dem →Konsensmechanismus →PoW durchführen zu können. Die Vergütung (→Block Reward) erfolgt geteilt nach den in den Pool eingebrachten Anteilen (sog. Pay-per-Share). Bekannte Mining Pools sind AntPool, Poolin und Slush.

Mixed Reality
Verbindung von →Augmented Reality und →Virtual Reality, die es Nutzern erlaubt, sowohl reale als auch virtuelle Objekte in einem Display (z. B. einem Head-up Display) zu sehen. Das aus dem Bereich der Computerspiele stammende Konzept hat in der Finanzwirtschaft beispielsweise im Bereich →elektronischer Zahlungen Anwendung gefunden, indem Nutzer die (physische) Kreditkarte gemeinsam mit den damit getätigten (virtuellen) Überweisungen eingeblendet erhalten.

Mixing Service
Bezeichnet Dienstleister, die →Coins von →Kryptowährungen (insbesondere →Bitcoins) austauschen und dadurch die Zuordnung der →Coins verändern und die Rückverfolgbarkeit verhindern. Dies kann einerseits die Privatheit erhöhen, andererseits aber auch Geldwäsche unterstützen.

Mobile Banking
Beschreibt die Abwicklung von Bankgeschäften über mobile Endgeräte wie Smartphones, Tablets oder →Wearables mittels einer →App. Nicht als Mobile Banking gilt das Einloggen in das →Online Banking über einen Browser auf dem mobilen Gerät.

Mobile Brokerage
Der Wertpapierhandel mittels mobiler Endgeräte erlaubt Anlegern mittels einer →App oder einer mobilen Webseite auf Handelsplattformen zuzugreifen und Portfolios aktiv zu verwalten. Neben traditionellen Banken bieten auch →Fintech-Unternehmen wie Acorns, Robinhood oder Stash Mobile-Brokerage-Lösungen an.

Mobile Payment (M-Payment)
Umfasst die Zahlungserfassung und -abwicklung über mobile Endgeräte wie etwa Smartphones, Tablets oder →Wearables, ohne einen separaten Login im Internetbrowser starten zu müssen. Bekannte Verfahren sind Alipay, Apple Pay, Google Pay, PayPal oder Paydirekt. Die Mobile-Payment-Anbieter ergänzen das →Vier-Ecken-Modell, indem sie Zahlungen am →Point-of-Interaction mittels Host Card Emulation (→HCE) (z. B. →Point-of-Sale, →F2F, →P2P) unterstützen und somit am →Point-of-Sale eine Alternative zu klassischen Zahlungskarten sind. Zu unterscheiden sind Formen mit oder ohne Bezug zu kartenbasierten Verfahren (→EMV). Während →P2P-Payments oder →Kryptowährungen häufig keinen Bezug zu kartenbasierten Bezahlsystemen besitzen, ist dies bei zahlreichen bekannten mobilen Bezahlverfahren (z. B. Apple Pay, Google Pay) der Fall (Abb. 15). Die Kunden verwenden hier zumindest vordergründig die mobilen Zahlungsdienste, im „Hintergrund" kommen jedoch weiterhin klassische, aus dem →Vier-Ecken-Modell bekannte Zahlungsabwickler oder technische Lösungen wie die →ACH oder →EMV zum Einsatz. Wie das Beispiel PayPal mit einem eigenen Zahlungsnetzwerk illustriert, sind hier jedoch auch Alternativen zum →Vier-Ecken-Modell (z. B. auf →DLT-Basis) möglich.

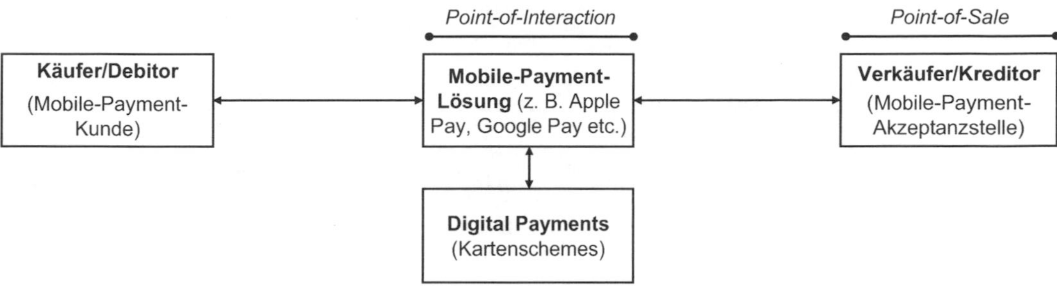

Abb. 15 Mobile Payment als Verbindung zu Digital Payments

Mobile Schadenabwicklung

Bezeichnet Lösungen im Versicherungsbereich, die Kunden über mobile Geräte bei der Schadenabwicklung unterstützen. Zu den Funktionalitäten zählen die Aufnahme, Dokumentation sowie die Berechnung von Schäden, um dadurch eine effizientere Bearbeitung des Schadenfalls zu ermöglichen. Perspektivisch kann die Schadenmeldung nicht nur über Smartphones oder Tablets, sondern auch direkt über intelligente Objekte (z. B. Fahrzeuge, Häuser) direkt über die →M2M-Kommunikation erfolgen. Zahlreiche →Insurtech-Unternehmen (z. B. Lemonade, MotionsCloud) bieten Lösungen für die mobile Schadenabwicklung und kombinieren diese häufig mit der Übersicht über Versicherungspolicen etc.

Mobile Wallet

Als Mobile Wallet, mobile Brieftasche, wird eine Applikation auf mobilen Endgeräten wie Smartphones oder Tablets zur Durchführung bargeldloser Zahlungen bezeichnet.

Mobility Service

Auch als Mobility-as-a-Service (MaaS) genannt, bezeichnet dies auf den Kunden abgestimmte Mobilitätsdienste, die eine nutzungsabhängige Vergütung umfassen (→PAYU). Beispiele sind Fahrdienste wie etwa Uber und Lyft, Carsharing-Dienste wie etwa Teilauto, E-Scooter-Dienste wie etwa Bird, Lime, Tier oder Voi sowie Carpooling-Dienste wie etwa BlablaCar. Charakteristisch für diese Dienste ist die Integration mehrerer digitaler Dienste (→Smart Service), u. a. von Navigations- und Bezahlfunktionen.

Mock-up

Im Sinne eines Vorführ- oder Demonstrationsmodells ist ein Mock-up ein früher, nicht notwendigerweise funktionsfähiger Prototyp eines Produktes oder einer Dienstleistung. Für →Start-up Unternehmen sind Mock-ups bedeutend, da sie bei potenziellen Kunden und Investoren die Vorstellung von der künftigen Lösung konkretisieren. Mock ups finden sich daher als Bestandteil vieler Innovationsmethoden, z. B. dem →Design Thinking.

Monero

→Kryptowährung, die sich durch einen hohen Grad an Vertraulichkeit auszeichnet. So sind die in der →Blockchain abgelegten Transaktionen (z. B. Zahlungen, Kontostände) nicht transparent einsehbar, weshalb sich Monero u. a. für Zahlungen im →Darknet etabliert hat.

Multi-Bank

Anknüpfend an die Beobachtung wonach Kunden mehrere Bankverbindungen anstatt die zu einer Hausbank pflegen und eine übergreifende Verwaltung schätzen, sind bereits in den 1990er-Jahren Ansätze zur Multi-Bank-Fähigkeit von →Anwendungssystemen entstanden. Diese gingen darauf zurück, dass Kunden bei mehreren Bankbeziehungen auch mehrere bilaterale Bankbeziehungen verwalten müssen und

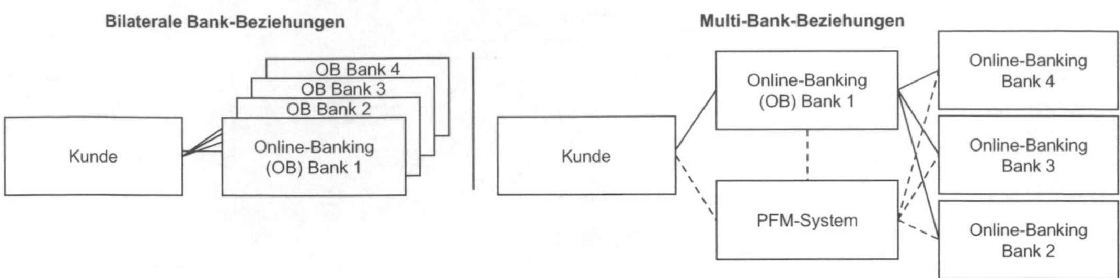

Abb. 16 Bilaterale vs. Multi-Bank-Beziehungen

weder eine übergreifende Sicht auf ihre Vermögenssituation besitzen noch Transaktionen über eine einheitliche Benutzerschnittstelle durchführen können. Die Einführung standardisierter Bank-Kunde-Schnittstellen seit Mitte der 1990er-Jahre (→HBCI, →FinTS) bildete die Grundlage für Multi-Bank-Lösungen, wobei Kunden über das →Online Banking einer Bank oder ein separates Personal-Finance-Management-System (gestrichelte Linien in Abb. 16, →PFM) auf die übrigen Systeme zugreifen können. Die Multi-Bank-Fähigkeit gilt als wichtiges Element des →Kundenerlebnisses und ist nicht zuletzt aufgrund der mittels der europäischen Payment Services Directive (→PSD2) geschaffenen regulatorischen Grundlagen (→Access-to-Account) Gegenstand der →Geschäftsmodelle zahlreicher →Fintech-Unternehmen (z. B. N26, Neon, Revolut, Robinhood oder Yapeal). Wie in Abb. 16 dargestellt, besitzt im Multi-Bank-Szenario nur der konsolidierende Akteur noch einen direkten Kundenkontakt (Bank 1 oder PFM-System-Anbieter), während die Banken 2 bis 4 diesen verlieren.

Multi-Chain
Bezeichnung →Blockchain- bzw. →DLT-Frameworks, die sich auf die →Interoperabilität verschiedener →Kryptowährungen konzentrieren. So können einerseits →Coins einer →Kryptowährung (z. B. →USD Coin) auch in anderen →Kryptowährungen Verwendung finden und andererseits →Kryptowährungen vermittelnde →Datenstrukturen aufbauen (z. B. →Polkadot).

Multi-Channel
Das Mehrkanal-Konzept bezieht sich auf die Interaktion eines Unternehmens mit seinen Kunden über mindestens zwei unterschiedliche Kanäle (z. B. Online, E-Mail, App, In-Car), um dadurch Prozesse des Kundenbeziehungsmanagements (Marketing, Verkauf, Service) zu unterstützen. Ein gleichbleibendes →Kundenerlebnis über sämtliche Kanäle hinweg stellt einen wichtigen Erfolgsfaktor der Multi-Channel-Strategie dar. Das ähnlich gelagerte Konzept des →Omni-Channel-Managements geht darüber hinaus und sieht auch Wechsel zwischen den einzelnen Kanälen vor.

Multi-Dealer Platform (MDP)
Mit dem Übergang vom physischen Präsenzhandel zum virtuellen elektronischen Handel an den →OTC-Märkten Anfang der 1990er-Jahre haben sich Intermediäre (→Intermediation) etabliert, die ihren Kunden den Handel über mehrere Banken und Plattformen hinweg (z. B. →ATP, →elektronische Börse, →MTF) ermöglichen. Dominierende Anbieter sind Refinitiv, Bloomberg, State Street, CME oder Deutsche Börse.

Multi-Home
Kennzeichnet einen Zustand in einem Markt oder einer Branche, in dem Kunden und/oder Lieferanten zwischen mehreren Angeboten wählen können und keine Monopolsituation herrscht. Im Finanzbereich ist der Begriff gebräuchlich, um die Wahlmöglichkeiten zwischen verschiedenen Bezahlformen zu charakterisieren. Hier bestehen neben Bargeldzahlungen zahlreiche Formen →elektronischer Zahlungen.

Multi-Sided Platform (MSP)
→Mehrseitige Plattform.

Multi-Signature
Bei →Kryptowährungs-Transaktionen verwendetes Konzept, um zusätzliche Sicherheit zu erzielen. Multi-Signatur-Adressen erfordern, dass mindestens ein anderer Benutzer eine Transaktion vor dem endgültigen Eintrag in die →Blockchain bestätigt bzw. signiert. Die erforderliche Anzahl →digitaler Signaturen variiert und lässt sich durch die Nutzer zu Transaktionsbeginn vereinbaren.

Multilateral Interchange Fee (MIF)
Neben der Bilateralen Interchange Fee (BIF), die bei Kartenzahlungen zwischen dem →Issuer und dem →Acquirer anfallen, stellen MIF das Interbanken-Entgelt dar, das Kreditkartenunternehmen wie Visa und MasterCard als Marge bei Kartentransaktionen zwischen dem →Issuer und dem →Acquirer verrechnen dürfen. Derzeit liegt die MIF bei 0,2 % für Debitkarten und bei 0,3 % für Charge- und Kreditkarten.

Multilateral Trading Facility (MTF)
Multilaterale Handelssysteme sind (meist elektronische) Marktplattformen (→digitaler Marktplatz), die alternativ zu bestehenden Finanzbörsen (→elektronische Börse) den Handel von Wertpapieren ermöglichen. Beispiele sind Aquis, Bats Chi-X, Cboe, Tradegate und Turquoise.

Multiversion Concurrency Control (MVCC)
Das Verfahren aus der Datenbanktechnik dient der Steuerung von Mehrfachzugriffen. Es soll konkurrierende Zugriffe mehrerer Nutzer auf eine oder mehrere (verteilte) Datenbanken möglichst effizient ausführen, ohne das System zu blockieren oder die Konsistenz der Datenbank zu gefährden. Dabei erhält jede Transaktion beim Start ein konsistentes Abbild (Snapshot) der Daten und kann nur Daten daraus anzeigen oder verändern. Wenn die Transaktion einen Eintrag aktualisiert, überprüft das System, ob keine andere Transaktion den Eintrag aktualisiert und erstellt erst anschließend eine neue Version des Eintrags. Die neue Version ist für andere Transaktionen erst dann sichtbar, wenn diese erfolgreich abgeschlossen ist. Zum Zeitpunkt der Aktualisierung ist der Eintrag geblockt und signalisiert einen Fehler, sog. Aktualisierungskonflikt. Aufgrund der Relevanz für verteilte Datenbanksysteme kommt MVCC auch im Kontext von →DLT-Systemen zum Einsatz.

Mutual Distributed Ledger (MDL)
Ein synonym zu Distributed-Ledger-Technologie (→DLT) verwendeter Begriff, der die gegenseitige Validierung von Transaktionen betont, jedoch zumindest bislang keine weite Verbreitung erfahren hat.

N – R

National Electronic Funds Transfer (NEFT)
System der indischen Zentralbank zur Abwicklung von Zahlungen, das dem Konzept nationaler Verrechnungsstellen bzw. Girozentralen als Automated Clearing House (→ACH) folgt.

National Securities Identifying Number (NSIN)
Bezeichnet länderspezifische Identifikationsstandards zur Kennzeichnung von Wertpapieren. Die NSIN bestehen aus neun alphanumerischen Stellen und beinhalten nationale Standards wie etwa die →CUSIP in USA, die →SEDOL in Großbritannien, die →WKN in Deutschland oder die Valorennummer in der Schweiz. Die jeweiligen NSIN wiederum sind Bestandteil der internationalen Wertpapiernummer →ISIN. Abb. 1 zeigt den Aufbau der NSIN am Beispiel der Aktie der Deutschen Bank.

Natural Language Processing (NLP)
Verfahren der künstlichen Intelligenz (→KI) zur maschinellen Verarbeitung menschlicher Sprache (Text oder Audio) auf Basis von Regeln und →Algorithmen. Ziel von NLP ist eine direkte Kommunikation zwischen Mensch und Computer auf Basis natürlicher Sprache. NLP findet im Finanzbereich beispielsweise Einsatz zur →Sentimentanalyse oder im Rahmen von →Chatbots bzw. →Virtual Assistants.

Near Field Communication (NFC)
Eine ähnlich der →RFID-Technik induktionsbasierte Technologie der kabellosen Datenübertragung. Dazu müssen sich die Geräte jedoch in unmittelbarer Nähe (weniger als zehn cm) befinden, da die geringe Distanz u. a. das illegale Abgreifen der übertragenen Daten durch Dritte erschweren soll. Bekannt sind NFC-Chips insbesondere durch die Abwicklung von Kleinbetragszahlungen am →Point-of-Sale. So hat die Bereitstellung von NFC-Chips in Kreditkarten und mobilen Geräten wie Smartphones zu einer deutlichen Verbreitung bargeld- und kontaktloser Bezahlverfahren geführt.

Nem
Im Jahr 2015 eingeführte und nach dem New Economic Movement benannte →Kryptowährung. Nem beruht auf der →Blockchain-Technologie und verwendet als →Konsensmechanismus das Proof-of-Importance-Verfahren (→PoI).

Neo
→Blockchain-System, das den →Proof-of-Stake-Konsensmechanismus und →Smart Contracts verwendet. Es zielt auf den Einsatz im →IoT-Umfeld und ist auf hohe Transaktionsraten ausgerichtet (z. B. bis zu 10.000 →TPS gegenüber fünf bis sieben Transaktionen im →Bitcoin-System).

R. Alt, S. Huch, *Fintech-Lexikon*, https://doi.org/10.1007/978-3-658-32961-7_4

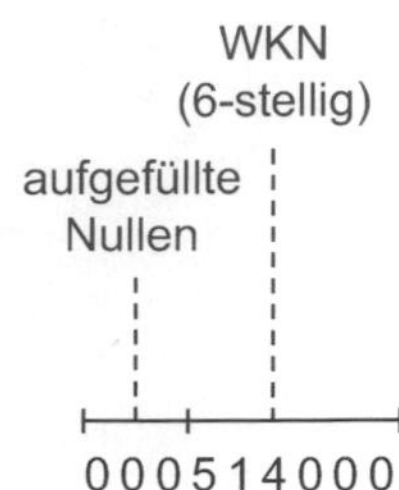

Abb. 1 Aufbau der NSIN am Beispiel der WKN

Neo-Bank

Bezeichnet Neugründungen (→Start-up) im Bankenbereich gegenüber den →Incumbents. Beispiele für derartige →Fintech-Banken sind Monzo, N26, Neon, Revolut oder Starling. Gegenüber den seit Längerem existierenden →Direktbanken verzichten sie ebenfalls auf physische Filialen und setzen auf die Abwicklung von (häufig standardisierten) Bankgeschäften über das Internet. Stärker ausgeprägt ist die Nutzung des mobilen Kanals, weshalb häufig auch der Begriff →Smartphone-Bank Verwendung findet. Ein ähnlicher Begriff im Versicherungsbereich sind Neo-Versicherer oder Digitalversicherer (→PDI).

Net Present Value (NPV)

Der Nettokapitalwert einer Investition berechnet sich aus den für eine bestimmte Laufzeit ermittelten Erträgen und deren Abzinsung auf die Gegenwart (s. Abb. 2). Danach sind Investitionen (z. B. in ein →Start-up) ökonomisch sinnvoll, wenn die Erträge die Investitionskosten übersteigen, der NPV also positiv ist.

Network Service Provider (NSP)

Im kartenbasierten Zahlungsgeschäft agiert der NSP sowohl als technischer als auch als bankfachlicher Dienstleister am →Point-of-Sale und ermöglicht dem Händler Kartenzahlungen zu akzeptieren. Auf Basis von Kooperationsvereinbarungen mit den →Schemes (z. B. Girocard, →EMV) gewährleistet er die Akzeptanz und Abwicklung von Transaktionen im Namen des Händlers, indem er bzw. der →Acquirer wirtschaftliche und technische Daten an die beteiligten Banken bzw. Finanzinstitute und das →Scheme weiterleitet. Damit ist der NSP in alle kartenbezogenen Transaktionen des jeweils von ihm verantworteten →Schemes involviert und stellt dem Händler die notwendige Hard- und Software am →Point-of-Sale bereit.

Netzwerkeffekt

Das ökonomische Konzept der Netzwerkexternalitäten findet sich bei sog. Infrastrukturgütern, wie etwa Telefon- oder Kommunikationsnetzen. Es kennzeichnet den positiven oder negativen Zusammenhang von Nutzung und Nutzen. So ergeben sich positive Netzwerkeffekte, wenn möglichst viele Nutzer einer Zielgruppe die Infrastruktur nutzen und dadurch ein hoher Nutzen (z. B. bezüglich der gegenseitigen Erreichbarkeit) durch diese Infrastruktur entsteht. Im Falle negativer Netzwerkeffekte gehen die Nutzer von einer geringen Akzeptanz der Infrastruktur aus und besitzen daher geringe Anreize daran teilzunehmen. Ob positive oder negative Netzwerkeffekte eintreten, bestimmt häufig das (Nicht)Erreichen einer →kritischen Masse an Teilnehmern und Transaktionen. In der →Digitalisierung sind Netzwerkeffekte charakteristisch für das →Geschäftsmodell der →Plattformen und →Ökosysteme. Gleichzeitig zeigen diese die Bedeutung von direkten und indirekten Netzwerkeffekten: während direkte Effekte sich an der unmittelbaren Nutzung einer →Plattform (z. B. dem →Appstore) orientieren, berücksichtigen indirekte Netzwerkeffekte auch die Nutzung von komplementären Angeboten auf dieser Plattform (z. B. von breit akzeptierten Zahlungs- und Logistikdiensten).

$$\mathbf{K_0(z)} = -I + \sum_{t=1}^{T} \frac{C_t}{(1+z)^t} + L \cdot (1+i)^{-T}$$

Legende:
K_0: Nettokapitalwert für $t = 0$, z: Kalkulationszinssatz
I: Investitionsauszahlung für $t = 0$, C_t: Cash Flow bzw. Einzahlungen - Auszahlungen in Periode t, L: Liquidationserlös bei $t = T$, T: Betrachtete Periode(n)

Abb. 2 Kalkulation des Net Present Value

New Economy Bubble
→Dotcom-Blase.

Nicht-Bank
Im Zuge der →digitalen Transformation der Finanzbranche haben viele Akteure außerhalb der Finanzdienstleistungsbranche begonnen, Finanzdienstleistungen anzubieten. Dies folgt der Strategie der Automobilunternehmen, die seit Jahrzehnten ihre eigenen Finanzdienstleistungseinheiten aufgebaut haben, um die Finanzierung ihrer Produkte abzudecken und das →Kundenerlebnis zu verbessern (z. B. durch das Anbieten wettbewerbsfähiger Zinssätze und ohne die Notwendigkeit einen separaten Finanzdienstleister einzuschalten). Mit dem Aufkommen von →Fintech-Unternehmen und -Lösungen haben sich viele →Big-Tech-Unternehmen sowie →Start-up-Unternehmen versucht, im Finanzbereich zu etablieren. Obwohl ihre Wurzeln in anderen Branchen liegen (z. B. IT, Einzelhandel, Automobilindustrie), haben einige von ihnen →Banklizenzen erworben (wie etwa viele →Big-Tech-Unternehmen). Mit dem Embedded-Finance-Konzept (→EFI) wird die Bedeutung von Kooperationsvereinbarungen zwischen Nichtbanken und Finanzdienstleistern voraussichtlich zunehmen.

No Code
Dabei handelt es sich um →Anwendungssysteme, die häufig bei Dienstleistern gehostet sind (→Cloud Computing) und sich durch einige wenige Einstellungen an die Nutzung durch verschiedene Nutzer anpassen lassen (→Whitelabel). Dies erfolgt durch Konfiguration und verzichtet auf Programmieraktivitäten. Ein Beispiel sind die →Fintech-Lösungen auf der Hydrogen-Plattform. Sind hingegen geringe Programmierungskenntnisse erforderlich, so findet sich auch der Begriff der Low-Code-Software.

Node
Netz(werk)knoten sind aktive Verbindungspunkte wie etwa Router, Switches, Bridges und Gateways in einem Netzwerk und haben für die Distributed-Ledger-Technologie (→DLT) eine zentrale Bedeutung. Grundsätzlich besitzt ein Node die Fähigkeit, Übertragungen für andere Netzwerkknoten zu erkennen, zu verarbeiten und weiterzuleiten. Ein Node hat mindestens zwei, meistens jedoch mehr Verbindungen zu anderen Netzwerkelementen. Abhängig vom →Konsensmechanismus existieren in den →Kryptowährungen Knoten mit einer besonderen Rolle, z. B. die →Miner im →Bitcoin-System oder die →Masternodes in anderen →DLT-Systemen. Neben der technischen Bedeutung, können Knoten in →Unternehmensnetzwerken einzelnen Akteuren bzw. Organisationseinheiten entsprechen. Verteilte technologische Netzwerke wie etwa die Distributed-Ledger-Technologie (→DLT) haben daher besonderen Nutzen, wenn auch das ökonomische Netzwerk eine verteile Struktur aufweist.

Non-fungible Token (NFT)
Gegenüber typischen fungiblen →Utility Token handelt es sich bei NFT um hochspezifische und nicht austauschbare (bzw. einzigartige) →Token. Beispiele sind Sammlergegenstände mit hohem Einmaligkeitswert wie digitale Sammler- und Kunstgegenstände (sog. Crypto Collectibles), aber auch digitale Avatare oder Charaktere (sog. Crypto Punks) wie etwa von Nutzern geschaffene Objekte in Computerspielen (z. B. →CryptoKitties). →Kryptowährungen wie →Eos, →Ethereum, →Neo oder →Tron haben für NFT eigene →Token-Standards geschaffen, z. B. die Erweiterung ERC-721 bei →Ethereum. Diese →Token repräsentieren die Identität dieser Objekte und ermöglichen dadurch eine elektronische Übertrag- und Handelbarkeit (z. B. über NFT-Marktplätze wie opensea.io oder superrare.com). Verkauft ein Künstler ein NFT, so gilt dies als →Drop. Neben individuellen Sammlern und Anlegern sind bei Unternehmen erste Schritte zu beobachten, die ein Aufkommen von NFT als neue Anlageklasse erkennen lassen (z. B. der Kauf eines Crypto Punk durch Visa für 150.000 USD im August 2021).

Nonce
Bezeichnet in der Informatik eine für eine bestimmte Verwendung generierte Zahl und steht für Number Used Once oder Number Once. Typischerweise ist ein Nonce ein mit der Zeit va-

riierender Wert. Als Zeitstempel, Sitzungsauthentifizierung, Besuchszähler auf einer Webseite oder als spezielle Markierung, können Nonces die unautorisierte Wiedergabe oder Reproduktion einer Datei einschränken oder verhindern. Im Umfeld der →Kryptowährungen bezeichnen Nonces eine einmalig verwendete Zufallszahl, die einen Bestandteil bei der Berechnung der →Hashwerte und der →Merkle Trees bilden.

Now-Generation
Die „Generation Jetzt" bezeichnet die Bevölkerungsgruppe der zwischen den Jahren 1985 und 2000 Geborenen. Der Gruppe zugeschriebene Eigenschaften sind die Präferenz zum Konsum von Erlebnissen und Erfahrungen anstatt von materiellen Gütern und das Teilen dieser Eindrücke mit Freunden in sozialen Netzwerken. Der individuelle Nutzen ergibt sich aus dem Zuspruch der Gemeinschaft oder dem mit der Veröffentlichung verbundenen Erlebnis. Zudem besteht die Annahme, dass Angehörige der Now-Generation sofortige Belohnungen nachgelagerten vorziehen.

Objectives and Key Results (OKA)
Aus dem IT-Bereich (Intel, Google) stammende und häufig in →Start-up-Unternehmen eingesetzte Methodik zur Mitarbeiterführung und zum Projektmanagement. Im Mittelpunkt steht die Orientierung an messbaren Endergebnissen. Dies erfolgt idealerweise in Form prozentualer Erfüllungsgrade (0 bis 100 %) und unter Verwendung etablierter Bemessungsgrößen (z. B. Euro, Stückzahlen, Zeit).

Off-/On-Chain
Begriffspaar, das sich auf die Speicherung von Daten innerhalb oder außerhalb von →DLT- bzw. →Blockchain-Systemen bezieht. On-Chain bezeichnet die klassische Form, wie sie auch →Bitcoin-Transaktionen verwenden. Dabei sind die Transaktionen nach Abschluss des Konsensverfahrens (→Konsensmechanismus) in der verteilten Datenbank enthalten. Bei Off-Chain-Transaktionen findet das Konsensverfahren (z. B. aus Gründen der Geschwindigkeit und der Vertraulichkeit) außerhalb der →Blockchain statt, etwa durch eine als Treuhänder agierende dritte Partei (→TPP, →Escrow Service), die z. B. eine →Kryptobörse sein kann. Ein Beispiel ist das →Lightning Network bei der →Bitcoin-Blockchain. Ebenso kann die Datenhaltung Off-Chain erfolgen und eine Anbindung über SQL-Schnittstellen wie bei →Corda erfolgen. Kombinationen aus Off- und On-Chain gelten als hybride Transaktionen.

Off-Us-Transaktion
Begriff aus dem Zahlungsverkehr, der die Beziehung zwischen dem abrechnenden (→Acquirer) und dem kartenausgebenden (→Issuer) Finanzdienstleister bezeichnet. Im Gegensatz zu On-Us-Transaktionen handelt es sich bei →Acquirer sowie →Issuer um unterschiedliche Unternehmen, sodass für eine medienbruchfreie (→Medienbruch) Abwicklung der Einsatz einer →Middleware erforderlich ist.

Öffentliche Blockchain
→Blockchain-Anwendung, an der jeder Interessierte nach Prüfung vorgegebener Anforderungen (z. B. →KYC) teilnehmen kann. Dies umfasst typischerweise das Einsehen der →Blockchain-Datenbank, das Durchführen von Transaktionen (→Bitcoin-Transaktion) oder die Teilnahme an der Durchführung von →Konsensmechanismen.

Offline Wallet
→Wallets sind eine wichtige Komponente im Bereich der →Kryptowährungen und können in verschiedenen Repräsentationsformen vorliegen. Offline Wallets sind auch unter dem Begriff →Cold Storage zu finden und dienen neben der Speicherung bzw. Aufbewahrung digitaler →Coins sowie →Token der Abwicklung von Transaktionen. Sie können als Daten auf einem Computer, einem mobilen Gerät oder sogar auf einem Blatt Papier (z. B. ausgedruckte private Schlüssel (→Private Key) der →Coins) abgelegt sein. Offline-Wallets können auch kleine Geräte (z. B. ähnlich USB-Sticks) sein, die sich gelegentlich mit dem Internet, etwa zur Durchführung von Transaktionen, verbinden. Sie gelten aufgrund ihrer Offline-Eigenschaft zwar als sicher, jedoch besteht das Risiko die →Wallet zu verlieren oder das Risiko eines Diebstahls.

OKB
→Kryptowährung der →Kryptobörse OKEx auf Basis des →ERC-20-Token, die an zahlreichen

→Kryptobörsen im Handel ist. Sie hat →Fiat Gateways zu zahlreichen →Fiat-Währungen.

Ökosystem

Der aus den Naturwissenschaften stammende Begriff findet sich in den vergangenen Jahren zunehmend als – häufig undifferenziert verwendete – Bezeichnung für →Unternehmensnetzwerke. Ökosysteme beruhen auf einem längerfristigen Zusammenwirken mehrerer Akteure, die sich flexibel und wechselseitig ergänzen. Dies kann komplementär als auch konkurrierend positionierte Akteure ebenso wie Kunden umfassen. Ökosysteme oder →Ecosystems weisen damit Parallelen zu biologischen Systemen auf, in welchen Lebewesen bzw. Organismen als Lebensgemeinschaft selbstorganisierend und idealerweise in einem stabilen Gleichgewicht zueinander koexistieren (z. B. in einem Waldökosystem). Im wirtschaftlichen Umfeld partizipieren in einem Ökosystem Individuen und Organisationen, wobei sich Synergie- und Wachstumspotenziale vertikal entlang branchenspezifischer Wertschöpfungsketten (z. B. in einem Banking-Ökosystem) oder horizontal über Branchengrenzen hinweg (z. B. einem →Betriebssystem-Ökosystem) ergeben können. Ein Beispiel ist das Investoren-Ökosystem im kalifornischen Silicon Valley, in dem Kapitalgeber, Forschungseinrichtungen und →Acceleratoren ein für →Start-up-Unternehmen attraktives Umfeld schaffen. Ein wesentliches Abgrenzungskriterium gegenüber der Umwelt bildet die Zulassung von Akteuren zum Ökosystem (z. B. Kapital, Beziehungen, technische Standards oder Zulassungsverfahren), die bei unternehmenszentrierten Ökosystemen häufig ein führendes Unternehmen bestimmt (z. B. der Plattformbetreiber). Mit der →Digitalisierung sind digitale Ökosysteme entstanden, wozu die →Betriebssysteme Android, iOS (Apple) und Windows (Microsoft), die →E-Commerce-Plattformen Alibaba, Amazon und JD, die sozialen Netzwerke Facebook, Instagram und Twitter, die Bezahlplattformen PayPal, Mastercard und Visa ebenso wie die verschiedenen Bankennetzwerke (→Open Banking) und →Kryptowährungen (z. B. →EEA) zählen. Für das Zusammenwirken der Leistungen im Ökosystem sowie für dessen Steuerung sind →digitale Plattformen (z. B. als →Appstores, →Platform Banking) von Bedeutung. Abb. 3 zeigt diese in Verbindung mit den für das Wachstum des Ökosystems zentralen Verstärkungs- bzw. →Netzwerkeffekten, die sich aus dem Wechselspiel von Partnern (bzw. Contributoren), dem Plattformbetreiber (bzw. Ökosystem-Orchestrator) und den Nutzern (bzw. Konsumenten) ergeben.

Omni-Channel

Erweiterung des →Multi-Channel-Konzepts um die Berücksichtigung nicht nur mehrerer, sondern aller (Kunden)Interaktionskanäle sowie um die Koordination zwischen den einzelnen Kanälen. Dem Omni-Kanalmanagement liegt die Vorstellung der Customer Journey (→CJ) zugrunde, die häufig über mehrere Kanäle verläuft (z. B. konfiguriert ein Kunde zuhause ein Anlageportfolio und bespricht dieses anschließend mit dem Be-

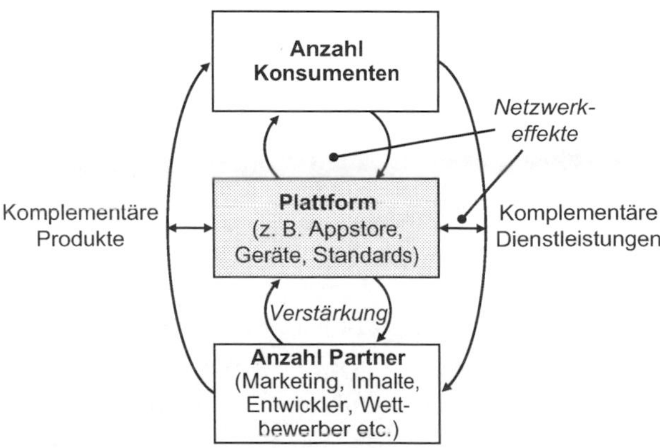

Abb. 3 Akteure und Effekte in einem Ökosystem (nach Cusumano 2010)

rater in der Filiale oder mit anderen Kunden über soziale Netzwerke). Die Koordination zwischen den Kanälen sorgt dafür, dass verschiedene Medien den Kunden entlang der Kaufphasen begleiten (bzw. steuern) können. Etwa könnte er situativ Informationen über Kontaktpunkte (Customer Touchpoints in seiner →Customer Journey) erhalten. Das Omni-Channel-Management baut auf dem →Multi-Channel-Ansatz auf, bezieht jedoch möglichst alle digitalen und analogen Informationskanäle sowie das Zusammenspiel zwischen diesen mit ein. Gerade letzteres Zusammenspiel zwischen den verschiedenen Kanälen, Touchpoints, Kundentypen und Produkten bzw. →Services bedeutet eine wichtige künftige Herausforderung im informationsgeprägten Bankgeschäft.

On-Premise
Bezeichnet ein Nutzungs- und Lizenzmodell für Anwendungssysteme (→Apps), die Unternehmen in ihrer Hardware-Umgebung betreiben. Es ist das Gegenstück zur Auslagerung (→Outsourcing), wie es mit dem →Cloud Computing stattfindet. Gerade Finanzdienstleister setzen aufgrund der mit der Auslagerung verbundenen (Kontroll-, Sicherheits-, Vertraulichkeits-)Risiken in sensiblen Bereichen (in der Regel bei der Verarbeitung personenbezogener Daten) häufig auf den On-Premise-Betrieb.

On-Us-Transaktion
Begriff aus dem Zahlungsverkehr, der die Beziehung zwischen dem abrechnenden (→Acquirer) und dem kartenausgebenden (→Issuer) Finanzdienstleister bezeichnet. Im Gegensatz zu Off-Us-Transaktionen übernimmt bei On-Us-Transaktionen das gleiche Unternehmen beide Rollen bzw. die Abwicklung erfolgt innerhalb der gleichen Bankengruppe (z. B. dem Sparkassenverbund).

Onboarding
Bezeichnet den Prozess von Vertragsunterzeichnung bis zum Herstellen einer operationalen Geschäftsbeziehung von Mitarbeitern, Unternehmenspartnern oder Kunden. Im Mittelpunkt des aus dem Personalmanagement stammenden Onboarding stand der Prozess der Einstellung und bei einer weiteren Interpretation auch die vorgelagerten Aktivitäten zur Personalbeschaffung. Nach der Vertragsunterzeichnung geht es um die Einführung bzw. Integration neuer Mitarbeiter oder Partner in die Organisation, um diese mit den notwendigen Informationen, Zielen und Ressourcen sowie mit der Firmenkultur und internen Arbeitsweisen vertraut zu machen. Das Onboarding von Unternehmen als Kooperationspartner von Finanzdienstleistern hat vor allem mit den neueren, auf Vernetzung ausgelegten Organisationskonzepten in der Finanzwirtschaft (z. B. →Ökosystem, →Open Banking, →Sourcing) an Bedeutung gewonnen. Eine weitere Facette des Onboardings bildet die Registrierung neuer Kunden mit den Aktivitäten der →Autorisierung, →Authentisierung und →Legitimation, die infolge der →Digitalisierung mittlerweile bei vielen Banken elektronisch stattfinden (z. B. über →Video-Ident-Verfahren). Als →Whitelabel-Lösungen (z. B. →Banking-as-a-Service) sind derartige Leistungen auch zunehmend in den Angeboten von →Nicht-Banken enthalten (→Embedded Finance).

Once-Only-Prinzip
Beschreibt die Wiederverwendung von Daten in der öffentlichen Verwaltung. Das Once-Only-Prinzip hat als Ziel unter Berücksichtigung der →DSGVO, Bürgern und Unternehmen durch Wiederverwendung bestehender Daten eine einfachere Handhabung der persönlichen Daten im Verkehr mit Behörden zu ermöglichen. Abhängig von den EU-Mitgliedsländern ist das Prinzip unterschiedlich ausgestaltet und kann entweder die zentrale Datenhaltung bei einer Behörde oder die dezentrale Speicherung bei den Nutzern vorsehen.

One-Click Checkout
Sofortkauf oder 1-Click-, One-Click- oder One-Click-Buying bezeichnet auf Basis bestehender Datensätze vereinfachte Kaufprozesse im →E-Commerce. Dadurch lässt sich der Prozess von der Auswahl der Ware bis zur Zahlungsbestätigung (Purchase-to-Pay) mit nur einer Bestätigung (einem Click) durch den Kunden freigeben. Anstatt Rechnungs- und Versandinformationen sowie Zahlungsdaten für einen Kauf manuell einzugeben, kann ein Benutzer mit einem Klick

die Transaktion abschließen und etwa eine vordefinierte Adresse und Kreditkartennummer für den Kauf eines oder mehrerer Artikel verwenden.

One-Time Password (OTP)
Ein bei der →Authentifizierung eingesetztes Verfahren, das von Code-Generatoren erzeugte dynamische Einmalpasswörter vorsieht, die nicht bei einer zweiten Anmeldung verwendbar sind. Derartige →Token finden sich etwa bei der Zwei-Faktor-Authentifizierung (→2FA) im →Online Banking, aber auch im Unternehmenskontext.

Online Banking
Online Banking ist neben weiteren Formen wie →Mobile Banking ein Teil des →Digital Banking und damit ein Interaktionskanal in übergreifenden Konzepten wie dem →Multi-Channel- oder dem →Omni-Channel-Management. Es bezieht sich auf Bankdienstleistungen, die Kunden über das Internet nutzen und damit bestehende Kundenkontaktkanäle von Finanzdienstleistern entweder als kostengünstige Variante ergänzen oder wie bei →Direkt- oder →Smartphone-Banken sogar ersetzen. Zu den üblichen Funktionalitäten von Online-Banking-Angeboten bzw. →Apps zählen die Konto- und Kartenverwaltung, die Durchführung von Transaktionen und Zahlungen sowie Anlageinformationen und -aufträge. Ähnlich dem →E-Commerce besteht ein Vorteil gegenüber dem Filialbesuch (Offline-Banking) in der Zeitersparnis sowie der ganztägigen Verfügbarkeit des Online Banking. Die seit den 1980er-Jahren bestehenden Online-Banking-Angebote zählen heute zu den zwingenden Leistungen einer Bank und haben sich stark erweitert, insbesondere in Richtung Personal Finance Management (→PFM) mit Funktionalitäten in den Bereichen der →Multi-Bank-Fähigkeit sowie der Einbindung komplementärer Angebote, wie etwa Finanzierungs-, Anlage- und Versicherungsdienstleistungen (z. B. Hypothekenvergleiche, Wertpapierhandel, Vorsorgeleistungen, Kauf von Veranstaltungstickets). Neben den Online-Banking-Angeboten klassischer Banken (→Incumbent) und auch Versicherungen (→Allfinanz) sind die Angebote spezialisierter →PFM-Anbieter wie etwa Mint sowie →Electronic-Payment-Anbieter (→Zahlungsdienst) wie etwa →Alipay oder →WeChat Pay zu nennen.

Online-Kreditantrag
Ein elektronischer Kreditantrag ist ein von einer Person oder einem Unternehmen zur Beantragung eines Kredits bei einem Kreditinstitut auszufüllendes Dokument oder Webformular, welches das Institut weiterverarbeitet (entweder direkt digital oder durch OCR-Scan) und auf dieser Basis die Kreditprüfung durchführt. Dazu setzt es einen →Algorithmus für den Abgleich mit Vergangenheitsdaten des Kunden, z. B. mit demografischen und geografischen Daten, ein. Ziel ist die Kreditvergabe in Echtzeit (→Echtzeitverarbeitung), wobei der Einsatz von →Video-Ident-Verfahren zur →Authentifizierung bei Kreditvergabe →Medienbrüche (wie etwa beim Post Ident Verfahren) vermeiden soll.

Online-to-Offline (O2O)
Bei den Absatz- bzw. Kundeninteraktionskanälen sind Online- und Offline-Kanäle zu unterscheiden, wobei erstere die elektronischen Formen E-Mail, Call-Center, →Mobile Banking, →Online Banking oder →Social Banking und letztere vor allem stationäre Formate wie die klassische Bankfiliale, aber auch →Point-of-Sale, wie etwa die Kasse im Einzelhandel, umfassen. O2O bezeichnet Konzepte, die auf eine Verknüpfung von Online und Offline ausgerichtet sind, wie etwa den Online-Kauf (→E-Commerce) und die Offline-Abholung sowie Bezahlung in einer Filiale. Ein Beispiel ist Barzahlen.de.

Online Transaction Processing (OLTP)
Bezeichnung für →Anwendungssysteme, die sich auf die Transaktionsverarbeitung konzentrieren. Durch die →Echtzeitverarbeitung der Daten erhalten Anwender aktuelle Daten, deren Verarbeitung im Gegensatz zur →Stapelverarbeitung auch unverzüglich (d. h. ohne Zwischenspeicherung) erfolgt. OLTP liegt den operativen Funktionalitäten von →ERP- sowie →Kernbankensystemen zugrunde und findet sich bei letzteren auch mit der Bezeichnung der Boo-

king Engine. Auf taktisch-strategischer Ebene ist OLTP häufig mit dem komplementären Online Analytical Processing (OLAP) verknüpft, das sich auf die →Echtzeitverarbeitung von aggregierten Daten zu Analyse- bzw. Entscheidungszwecken bezieht (→Business Analytics).

Open API
Eine offene Programmierschnittstelle ist eine in ihrer Syntax und Semantik offengelegte Applikationsschnittstelle (→Application Programming Interface (API)), um die Nutzung elektronischer Dienste zu geringen →Transaktionskosten zu erlauben. Zahlreiche Open APIs folgen dem Architekturmodell des Representational State Transfer (→REST) und sind frei zugänglich, um Drittanbieter zu ermutigen, innovative Wege mit Hilfe des Softwareprodukts eines Herstellers zu finden und somit Win-Win-Situationen zu schaffen.

Open Banking
Open Banking bezeichnet die Öffn Entwicklung klassischer Bankorganisationen in Richtung stärker geöffneter →Unternehmensnetzwerke, die auf eine Leistungsintegration (→Sourcing) von externen Partnern bzw. Drittanbietern (→TPP) beruhen. Mit dem Konzept stark verbunden und häufig synonym verwendet sind die Begriffe des →API-Bankings und des →Plattform Bankings, da die Leistungsintegration über entsprechende elektronische Schnittstellen (→API) und über elektronische Plattformen stattfindet. Open Banking kennzeichnen drei *Charakteristika*: (1) Die Verwendung von →Open APIs durch Drittanbieter, um Anwendungen und Dienste rund um das Finanzinstitut zu erstellen, z. B. den universellen Zugriff auf die Bankkonten zum Auslesen von Kontoinformationen, Salden und Transaktionsumsätzen. (2) Erhöhte finanzielle Transparenz für Kontoinhaber, mittels einer Kombination freizugänglicher und privater Daten. (3) Die Möglichkeit des Einsatzes von →Open-Source-Technologien. Als disruptiv (→Disruption) im Sinne des Open Bankings gilt der veränderte Umgang mit Kundenzugang, (Transaktions-)Daten und Vertriebsschnittstellen. Der offene Zugang zu Kunden- und Transaktionsdaten für dritte Parteien führt zu einem Umbruch im Datenmanagement, auf welches insbesondere etablierte Banken (→Incumbent) reagieren müssen. Aufgrund der Vielzahl generierter Daten stehen primär der Nutzer von Finanzdienstleistungen und dessen Bedürfnisse (→Customer Journey, →Kundenerlebnis) im Vordergrund. Nutzer sind dabei sowohl Bankkunden, also auch Anwender einer →App, die ein →Fintech-Unternehmen anbietet. Open-Banking-Konzepte beziehen sich sowohl auf Banken als auch auf →Fintech-Unternehmen, wobei sich zwei grundsätzliche *Ausprägungen* unterscheiden lassen: (1) Bei der vollumfänglichen Form erhalten Kunden eine einzige →Plattform (→Frontend), worüber sie alle Bankgeschäfte abwickeln und alle gewünschten Zusatzservices direkt durchführen können. (2) Bei der Basisanwendung stellen Finanzdienstleister ihre →Online-Banking-Daten über →APIs für ausgewählte externe Services auf den →Plattformen von →Fintech-Unternehmen bzw. Drittanbietern bereit. Voraussetzung ist in jedem Falle die kundenseitige Einwilligung (→Opt-in), dass die Anbieter mit deren persönlichen Daten arbeiten dürfen. Das Konzept des Open Banking findet sich unter der Bezeichnung Open Insurance auch sukzessive im Versicherungsbereich.

Open Data
Im engeren Sinne bezeichnen offene (→Open Source) Daten die Möglichkeit, auf Daten zuzugreifen und diese weiterverarbeiten sowie weiterverwenden zu können. Zahlreiche offen verfügbare Datenquellen haben sich z. B. im Umwelt- (z. B. Geo- und Mobilitätsdaten) oder Medienbereich (z. B. Open-Access-Zeitschriften) sowie für Statistikdaten (z. B. demografische Daten) etabliert. Sie lassen sich mittels Schnittstellen (→API) nutzen und mittels semantischer Technologien (z. B. Open Linked Data) verknüpfen. Die weitere Sicht weicht von den reinen Open-Data-Kriterien ab, in dem sie die Möglichkeit bezeichnet, dass Daten unter bestimmten Bedingungen verfügbar und weiterverwendbar sind. Dazu sind beispielsweise institutionelle Voraussetzungen (z. B. sind Kontodaten nach →PSD2 nur für Finanzdienstleister wie etwa →TPPSP zugänglich) zu erfüllen, ein Vertrags-

verhältnis einzugehen (z. B. Dienstleistervertrag im →Open Banking) oder ein bestimmter Preis zu entrichten.

Open Innovation
Konzept, das offene anstatt geschlossene organisationsinterne Innovationsprozesse (→Innovation) vorsieht. Dabei öffnen sich Unternehmen bei der Entwicklung neuer Prozesse, Produkte oder →Geschäftsmodelle gegenüber externen Partnern (z. B. Kunden und Lieferanten) und beziehen diese an verschiedenen Punkten innerhalb des Innovationsprozesses (z. B. Ideengewinnung, -auswahl, Markttest) mit ein. Ziel ist es, durch die Öffnung die eigene Innovationsfähigkeit zu verbessern und die Beteiligten im →Ökosystem auch stärker an das Unternehmen zu binden.

Open Source
Bezeichnet die freie Verfügbarkeit von Produkten bzw. Leistungen und findet sich insbesondere im Software- und im Dienstleistungsbereich. Im engeren Sinne handelt es sich um quelloffene Produkte. Demnach gelten Softwareprodukte als offen, wenn deren Quellcode frei verfügbar, nutzbar und veränderbar ist. Zahlreiche →Anwendungssysteme im Bereich von Betriebs- und Datenbanksystemen sowie von Entwicklungswerkzeugen, Office-Lösungen, →Kryptowährungen und betriebswirtschaftlichen Anwendungen sind heute frei verfügbar, wobei die branchenspezifischen Anwendungen, etwa im →Kernbankenbereich, in der Regel zu den kommerziellen Softwareprodukten (sog. COTS bzw. Commercial-off-the-Shelf) gehören. In einem weiteren Sinne findet sich das Open-Source-Modell auch bei der Bereitstellung von Informationen im →Community Banking oder bei der Öffnung von Innovationsprozessen im Rahmen der →Open Innovation.

Operating System (OS)
→Betriebssystem.

Opt-in
Verfahren im Onlinemarketing, bei dem Online-Nutzer bestimmten Marketingmaßnahmen (z. B. Weitergabe personenbezogener Daten, Auswertung des Klickverhaltens, Zusendung von Mailings) aktiv zustimmen müssen. Es besteht auch die Möglichkeit, bei Vertragsabschluss oder bei Kundenkontakt die Zustimmung zu erteilen, z. B. durch Bestätigung in einem Kontrollkästchen. Das Verfahren entspricht insbesondere gegenüber dem →Opt-out den Anforderungen der →DSGVO.

Opt-out
Bezeichnet gegenüber dem →Opt-in die Notwendigkeit von Online-Nutzern den Maßnahmen eines Unternehmens (z. B. Versand von Werbemailings, Verarbeitung von Nutzerdaten) aktiv zu widersprechen. Solange der Nutzer darauf verzichtet, geht der Anbieter von einer Zustimmung aus und führt seine Maßnahmen durch.

Oracle
Trotz der Namensgleichheit mit dem globalen Softwareanbieter Oracle handelt es sich im Umfeld der →Blockchain-Technologie bei einem Oracle um eine Softwarekomponente zur Unterstützung des Datenflusses zwischen der →Blockchain und einem →Anwendungssystem außerhalb der →Blockchain (→Off-/On-Chain). Dadurch lassen sich beispielsweise über eine Schnittstelle (→API) aufrufbare Komponenten (z. B. einen Sensor) außerhalb der →Blockchain durch den →Smart Contract einer →Blockchain ansprechen. Grundsätzlich bestehen vier Varianten von Oracles (s. Abb. 4).

Order Book
Das Auftragsbuch einer Börse führt die Kauf- und Verkaufsgebote tabellarisch zusammen und ist ein zentrales Element von Börsen. Es zeigt dabei für ein Finanzinstrument (z. B. Aktien, Derivate, →Kryptowährung) die Anzahl der (Kauf- und Verkaufs-) Gebote für bestimmte Preise. Abb. 5 zeigt diese am Beispiel des Auftragsbuches der →Kryptobörse Bitfinex, wobei die drei linken Spalten die Käuferseite und die drei rechten Spalten die Verkäuferseite reflektieren. Sofern die Aufträge nicht Bestandteil eines →Dark Pools sind, sind auch die Anbieter bzw. Nachfrager dem Auftragsbuch zu entnehmen. An →elektronischen Börsen erfolgt eine kontinuierliche Aktualisierung des Auftragsbuches in Echtzeit (→Echtzeitverarbeitung), sodass eine

	Pull	Push
Inbound	On-Chain-Komponente ruft Off-Chain-Daten einer Off-Chain-Komponente auf	Off-Chain-Komponente sendet Off-Chain-Daten an On-Chain-Komponente
Outbound	Off-Chain-Komponente ruft On-Chain-Daten einer On-Chain-Komponente ab	On-Chain-Komponente sendet Off-Chain-Daten an eine Off-Chain-Komponente

Abb. 4 Typen an Oracles (s. Mühlberger et al. 2020, S. 2)

BTC/USD
ALL USD EUR GBP JPY BTC ETH USDT EOS XCHF CNHT EURT XAUT MIM
DERIVATIVES
Paper Trading

ORDER BOOK BTC/USD

AMOUNT	TOTAL	PRICE	PRICE	TOTAL	AMOUNT
0.2010	0.2010	50,995	50,996	1.1752	1.1752
0.0900	0.2910	50,992	50,999	1.4637	0.2885
0.0001	0.2911	50,991	51,000	2.2402	0.7765
0.0001	0.2912	50,990	51,001	2.2892	0.0490
0.0019	0.2931	50,989	51,002	2.3383	0.0490
0.0002	0.2933	50,988	51,003	2.3393	0.0010
0.0011	0.2945	50,987	51,004	2.3524	0.0131
0.0002	0.2947	50,979	51,005	2.9063	0.5540
0.0001	0.2948	50,978	51,006	3.0554	0.1490

Abb. 5 Beispiel des Auftragsbuches von Bitfinex (https://www.bitfinex.com/order_book, v. 06.06.2020)

laufende Aktualisierung des Marktpreises stattfindet. Als eine Alternative zu zentralen Auftragsbüchern gilt das dezentrale Konzept der →Liquidity Pools.

Orphan Block

Orphan Blocks sind gültige Blöcke einer →Blockchain, die nicht Teil der Hauptkette (→Mainchain) sind. Sie können auf natürliche Weise auftreten, wenn etwa zwei →Miner zu ähnlichen Zeiten Blöcke produzieren oder wenn ein Angreifer (z. B. mit genügend →Mining-Ressourcen) versucht, Transaktionen rückgängig zu machen.

Outsourcing

Strategie des →Sourcing zur Auslagerung von Ressourcen an einen Dienstleister. Es bildet die Grundlage arbeitsteiliger Prozesse und findet sich in der bilateralen Zusammenarbeit mit einem Dienstleister ebenso wie beim Zusammenwirken mehrerer komplementärer Leistungsanbieter in einem →Ökosystem. Der Umfang des Outsourcings bestimmt die Fertigungs- bzw. Wertschöpfungstiefe eines Unternehmens, die im Finanzbereich traditionell über dem industriellen Bereich liegt. Die bei der Zusammenarbeit mit Dienstleistern anfallenden →Transaktionskosten sind jedoch wichtige Bestimmungsfaktoren der Auslagerung bzw. der Bildung von →Unternehmensnetzwerken. Tragen Informationstechnologien (→IT) wie die Blockchain zur Verringerung von →Transaktionskosten bei, so ist von einer Zunahme des Outsourcings auszugehen. Mit der Verfügbarkeit von Standarddiensten ist auch von zunehmend kurzfristigeren Outsourcing-Lösungen nach einem Mietmodell (→PAYU) auszugehen.

Over-the-Counter (OTC)

Form des Handels von Wertpapieren sowie Derivaten außerhalb der offiziellen Börse über Telefon oder entsprechende Plattformen (z. B. Händlersysteme, →ATP, →Dark Pools, →MTF). Das Angebot im OTC-Handel ist typischerweise breiter, da es auch nicht an der Börse gelistete Wertpapiere einschließt. Zudem können infolge der →Digitalisierung verstärkt auch Firmen- und Privatanleger am OTC-Handel teilnehmen, weshalb sich das Konzept auch in anderen Branchen, wie etwa dem Energiebereich, verbreitet hat.

Para-Chain

Die Abkürzung für Parallelized Chain bezieht sich auf →Datenstrukturen, die i. d. R. als →Blockchain aufgebaut sind und durch die Parallelisierung einer „zugrundeliegenden“ →Relay Chain auf eine Verbesserung der →Skalierbarkeit abzielen. Para-Chains folgen damit dem Konzept des →Shardings und finden sich etwa bei der →Kryptowährung →Polkadot.

Paxos Standard
→Kryptowährung, die als →Stable Coin mit einem 1:1-Verhältnis mit dem US-Dollar verknüpft ist. Jedes →Token ist daher mit einer realen Währungseinheit bei der herausgebenden (→Issuer) Paxos Trust Company hinterlegt. Das →Open-Source →Blockchain-System beruht auf dem →ERC-20-Token und umfasst die →Smart-Contract-Funktionalität von →Ethereum.

Pay-as-you-Drive (PAYD)
Die Aussage „zahle wie du fährst“, bezeichnet einen Begriff aus der Automobil- und Versicherungsbranche. Das Prinzip gleicht den Prepaid-Karten im Mobilfunk, denn die Prämie berechnet sich nach der tatsächlichen Nutzung, etwa der Anzahl gefahrener Kilometer im Vergleich zu vorab vereinbarten Prämien. PAYD ist ein →datengetriebener Service, der die Bewegungs- oder Nutzungsdaten (z. B. die Fahrdaten des Kunden) und damit die Anbindung weiterer Systeme (z. B. im Fahrzeug) erfordert. Die Bewegungs- oder Nutzdaten können zusätzlich Basis einer Risikoanalyse sein, um künftige Policen nicht nur nach Nutzdaten, wie gefahrenen Kilometern, zu strukturieren, sondern zusätzlich auch hinsichtlich der Risikoeinstufung (z. B. Prämie für risikoarme und defensive Fahrweise).

Pay-as-you-Use (PAYU)
Auch Pay-as-you-Go oder On Demand genannt, bezeichnet es ein (Miet-)System, bei dem Nutzer nur für die Zeiträume zahlen, in denen sie einen Mietgegenstand verwenden. Derartige nutzungsabhängige Modelle finden sich etwa beim →Cloud Computing, das Kunden Rechenressourcen bzw. →Anwendungssysteme nach Bedarf bereitstellt. Ein Vorteil des PAYU besteht darin, dass sich Fixkosten variabilisieren und Kunden durch die Nutzung tatsächlich in Anspruch genommener Dienste zu einem nachhaltigen Ressourceneinsatz beitragen (→Sharing Economy).

Payment Card Industry (PCI)
Bezeichnet den Industriezweig der Zahlungsverkehrsdienstleister im Kartenbereich. Dazu zählen die klassischen Anbieter von Bezahlkarten, wie etwa Debit-, Kredit-, Kunden- und Prepaid-Karten, aber auch Anbieter von →E-Wallets. Ein Teil der PCI-Unternehmen ist im PCI Security Standards Council (PCI SSE) organisiert und partizipiert an der Entwicklung des PCI Data Security Standard (PCI DSS). Letzterer ist als PCI-Standard bekannt und definiert die Sicherheitsmechanismen für die meisten Kartenunternehmen.

Payment Initiation Message (PAIN)
Bezeichnet im Kontext der →ISO 20022 eine Gruppe von Nachrichten, welche die Zahlungsveranlassung (z. B. Überweisungen, Bankeinzug) und verschiedene Formen an Zahlungsermächtigungen umfassen. Sie ermöglichen die medienbruchfreie (→Medienbruch) Verarbeitung von zahlungsverkehrsrelevanten Nachrichten und bilden damit eine wichtige Voraussetzung für die →Echtzeitverarbeitung (→EDI, →RTP, → STP).

Payment Initiation Service (PIS)
Ein Zahlungsauslösedienst greift auf das Zahlungskonto eines Benutzers zu, um mit dessen Zustimmung und →Authentifizierung eine Überweisung in seinem Namen auszulösen. Zahlungsauslösedienste bieten eine Alternative zur Online-Zahlung mit Kreditkarte (→elektronische Zahlungen).

Payment Initiation Service Provider (PISP)
Drittanbieter (→TPP) eines Zahlungsauslösedienstes (→PIS) wie ihn die Richtlinie über →Zahlungsdienste (→PSD2) definiert.

Payment Service Provider (PSP)
Beschreibt Anbieter von →Zahlungsdiensten, die Händler (z. B. im →E-Commerce) bei der Annahme von Zahlungen unterstützen, indem diese dem Händler eine Bündelung verschiedener Zahlungsmethoden (z. B. Banküberweisung, Kreditkarte, Lastschrift) unterschiedlicher Anbieter bereitstellen. Ein PSP verbindet sich zur Abwicklung von Zahlungsservices regelmäßig mit mehreren

Acquiring-Banken (→Acquirer) sowie Zahlungs- und Kartennetzwerken (→EMV), z. B. über →API. Für Händler hat die Inanspruchnahme eines PSP mehrere Vorteile, etwa eine geringere Abhängigkeit von Finanzinstituten, einen geringeren Verwaltungs- und Steuerungsaufwand sowie die Möglichkeit zur Nutzung regionaler und globaler PSP-Beziehungen mit den Zahlungs- und Kartennetzwerken.

Payment Services Directive 2 (PSD2)
Nach Verabschiedung der ersten Zahlungsverkehrsdiensterichtlinie im Jahr 2009 hat die Europäische Union aufgrund des seitdem stattgefundenen technologischen Fortschritts Anfang 2018 die zweite Zahlungsverkehrsdiensterichtlinie erlassen, die in den nationalen Gesetzgebungen der Mitgliedstaaten gültig ist (→ZAG). Sie ist anzuwenden, sobald eine an einer Zahlungstransaktion beteiligte Partei in der Europäischen Union ansässig ist und sieht vor, die Sicherheit von Zahlungsverkehrstransaktionen, den Konsumentenschutz, den Wettbewerb im Markt sowie die →Innovation im Bereich der →Zahlungsdienste zu erhöhen. Im Mittelpunkt der PSD2 stehen dazu die Zwei-Faktor-Authentifizierung (→2FA) für Online-Zahlungen, der offene Zugriff auf Kontodaten bei Finanzdienstleistern (z. B. über →API) und der Wegfall von Gebühren für Online-Kreditkartenzahlungen. Für Banken bedeutet dies beispielsweise, dass sie Kontodaten auch ihren Wettbewerbern bereitstellen müssen, sodass sich mit PSD2 eine wichtige Voraussetzung für →Multi-Bank-Ansätze und damit verbundene →Geschäftsmodelle bietet (z. B. →PFM).

Payment-System
→Zahlungsverkehrssystem.

Payment Token
Häufig synonym mit →Kryptowährung gebrauchter Begriff, der →Token bezeichnet, die primär in ökonomischen Transaktionen die Funktion des Zahlungsmittels übernehmen. Die bekanntesten sind →Bitcoin und →Ether.

Paytech
Für Unternehmen und Lösungen im Bereich des Zahlungsverkehrs entstandene Ausdifferenzierung des →Fintech-Begriffs. Darin enthalten sind verschiedene Formen →elektronischer Zahlungen und vor allem des →Mobile Payment. Ein wesentliches Wachstum an neuen Lösungen und Anbietern hat der Paytech-Bereich vor allem mit Inkrafttreten der →PSD2-Richtlinie erfahren, die es zahlreichen →Nicht-Banken ermöglichte, als Dienstleister aufzutreten.

Peer-to-Peer (P2P)
Bezeichnet abgeleitet vom englischen „Peer“ gleichstehende oder ebenbürtige Akteure in Netzwerken. Der P2P-Begriff ist u. a. im Wissenschaftsbereich (Peer Review) sowie in Rechnernetzen (P2P-Netzwerke) gebräuchlich und hat sich auch für die Teilnehmer →digitaler Plattformen etabliert. Grundsätzlich sind die Netzwerkteilnehmer (z. B. Computer, Teilnehmer, Gruppen) gleichberechtigt und können untereinander gegenseitig Funktionen, Dienstleistungen und Dateien zur Verfügung stellen. So beruht der Erkenntnisfortschritt im Wissenschaftssystem darauf, dass anerkannte Forscher die Ergebnisse von Kollegen im sog. Peer-Review-Verfahren kritisch überprüfen und eine Publikation der Ergebnisse erst nach erfolgreicher Begutachtung erfolgt. Aus technischer Sicht beschreibt P2P ein dezentrales und verteiltes Netzwerk, das gegenüber zentralisierten Netzwerken (→Client-Server) weniger anfällig für Angriffe (→Cyberkriminalität) oder einen Gesamtausfall (→SPoF) ist. Aus Anwendungssicht eignet sich P2P u. a. für Arbeitsgruppen, bei denen Mitarbeiter auf Rechner im Netzwerk zugreifen und Dateien und Ressourcen gemeinsam nutzen. Es lässt sich auf Tauschbörsen für Raubkopien von Musik und Filmen zurückführen, wobei im →Fintech-Bereich verschiedene Dienstleistungen (z. B. →P2P-Insurance, →P2P-Lending, →P2P-Payments) sowie Anwendungen der Decentralized Finance (→DeFi), des →Crowdsourcing oder der →Sharing Economy im Vordergrund stehen.

Peer-to-Peer Insurance
Nach dem →P2P-Konzept aufgebaute Versicherungsprodukte, wobei eine Gruppe von (meist gegenseitig bekannten) Personen gemeinsam eine Versicherung abschließen und sich im Schadenfall gegenseitig unterstützen (z. B. die Selbstbeteiligung untereinander aufteilen). Tritt kein Schaden auf, so erhalten die Teilnehmer einen Teil ihres des Beitrages zurück. Ein bekannter Anbieter ist Friendsurance.

Peer-to-Peer Lending
Beim P2P-Lending (→Crowdlending) stellen sowohl natürliche als auch juristische Personen Kapital zur Verfügung, welches wiederum direkt an eine natürliche oder juristische Person übertragen wird. Damit lassen sich etwa klassische Bankkredite und Intermediäre (z. B. Banken) umgehen (→Intermediation) bzw. durch Einholen von Konkurrenzangeboten die Verhandlungsmacht von Kunden bei zu hohen Kreditzinsen oder fehlender Kreditzusage verbessern.

Peer-to-Peer Payments
Bezeichnet Zahlungen zwischen zwei gleichen Marktteilnehmern ohne die Zwischenschaltung eines Intermediärs (→Intermediation). Im Zahlungsverkehr spricht man von →P2P-Zahlungen, wenn Nutzer sich gegenseitig Kleinstbetragszahlungen über elektronische Systeme ohne Zeitverzug (→Echtzeitverarbeitung) und ohne Beteiligung klassischer Zahlungsdienstleister (Banken, →EMV) schicken. Ein Beispiel sind →virtuelle Währungen.

Permanode
Ansatz von →Iota zur persistenten Speicherung von Daten an bestimmten Knoten im →DLT-System. Ziel ist es, die Größe der an den einzelnen →Nodes synchronisierten Datenbestände (→Ledger) zu begrenzen und längerfristig benötigte Daten (z. B. Finanzdaten) verfügbar zu machen.

Permissioned Blockchain
→Blockchain-Systeme, die gegenüber der öffentlichen Ausprägung (→Public Blockchain) eine Berechtigung zur Nutzung erfordern. Dies schränkt den möglichen Teilnehmerkreis ein und lässt dadurch eine höhere Vertraulichkeit für die Transaktionen zu. Beispielsweise müssen die teilnehmenden Finanzdienstleister bestimmten Rechten und Pflichten bereits zugestimmt haben. Dies vereinfacht den →Konsensmechanismus, sodass sich durch vordefinierte →Validatoren auch gegenüber dem ohnehin energieeffizienten →Proof-of-Stake-Verfahren weitere Einsparungen ergeben (z. B. →Ripple). Ebenso kann das Leserecht auf die Teilnehmer begrenzt oder auch öffentlich sein, jedoch ist die Transaktionsabwicklung auf die angemeldeten Teilnehmer beschränkt. In ähnlicher Weise existieren weitere Konfigurationsmöglichkeiten, weshalb sich Permissioned Blockchains vor allem für betriebliche Zwecke (→Enterprise Blockchain) eignen.

Personal Assistant
Die Verbindung der Konzepte des (virtuellen) Assistenten (→Virtual Assistant) bzw. Beraters und der →Personalisierung führt zu persönlichen Assistenten, die im Finanzbereich (z. B. im Private Banking, bei Family Offices) umfassende Leistungen für ihre typischerweise vermögenden Kunden anbieten. Dabei handelt es sich sowohl um bankfachliche (z. B. die Vermögensverwaltung) als auch um darüberhinausgehende Dienstleistungen (z. B. Rechtsberatung, Reiseplanung, Nachfolge-/Erbregelungen). Mit der →Digitalisierung hat nicht nur eine elektronische Unterstützung dieser Aktivitäten stattgefunden, vielmehr hat der Begriff des Personal Assistants auch Eingang in die Unterstützung von Nutzern von →Anwendungssystemen bzw. elektronischen Diensten gefunden. →Digital Personal Assistants bezeichnen die Sprachdienste bzw. →Chatbots der großen IT-Unternehmen, wie etwa Alexa (Amazon), Assistant (Google), Cortana (Microsoft) oder Siri (Apple), die eine →Plattform für die Einbindung von Interaktionsroutinen (sog. Skills) aus unterschiedlichen Anwendungsbereichen, u. a. dem Finanzbereich, bieten. Ebenso haben Finanzdienstleister eigene Assistenzsysteme entwickelt, z. B. die australische ASB-Bank mit der Assistentin Josie.

Personal Finance Management (PFM)
Das individualisierte Management der Finanzen unterstützt (Privat- oder Firmen-)Nutzer bei Finanzplanungs-, Management- und Transaktionsprozessen und bietet eine aggregierte Sicht (→Datenaggregation) auf die Finanzdaten durch die Integration zu Systemen mehrerer Anbieter. Teilweise bieten die Lösungen eine →Multi-Bank-Integration, wie sie insbesondere mit der Öffnung der Online-Zugriffe auf Kontendaten die →PSD2 ermöglichte. Durch Anwendung von Verfahren der künstlichen Intelligenz (→KI) unterstützen Lösungen von →Fintech-Unternehmen (z. B. Emma, Moven, Strands, Yolt) oder von →Incumbents (z. B. BNP Paribas, Goldman Sachs) zunehmend auch die Klassifikation von Ein- und Auszahlungen und die Erstellung von Anlage- oder Optimierungsvorschlägen. Für die Vereinbarkeit mit der →DSGVO ist dazu das →Opt-in der Nutzer erforderlich.

Personal Information Management System (PIMS)
Meist cloudbasierte digitale Dienstleistungen, die Profil- und Bewertungsdaten von zahlreichen Diensten und →digitalen Plattformen aggregieren und zur Verfügung stellen. Dadurch erlauben PIMS wie Deemly oder Traity ihren Nutzern die zentrale Verwaltung von Bewertungen und Identitäten (→Identitätsmanagement) und erhöhen das Vertrauen in digitale Transaktionen (→Electronic Business).

Personalisierung
Die Anpassung von Leistungen (z. B. Produkte, Dienstleistungen, Webseiten) an Nutzerbedürfnisse ist ein häufig mit der →Digitalisierung verfolgtes Ziel. Die Personalisierung realisiert diese Anpassung auf Basis allgemein verfügbarer Daten (z. B. Standort, Wetter, →Betriebssystem) sowie vom Nutzer bereitgestellter (→Opt-in) und vom Anbieter selbst erhobener Daten (z. B. Klickverhalten, Seitenbesuche, Likes). Obgleich abweichende Begriffsinterpretationen existieren, gilt Personalisierung häufig synonym zur Individualisierung.

Pervasive Computing
Bezeichnet die breite Durchdringung von Wirtschaft und Gesellschaft mit Informationstechnologie (→IT). Das Konzept verbindet die Anwendung von Technologien der künstlichen Intelligenz (→KI) und des Internet der Dinge (→IoT) in zahlreichen Szenarios (z. B. Einkaufen, Wohnen, Unterhaltung).

PIN on Glass
Verfahren, das die Eingabe der persönlichen Identifikationsnummer (PIN) bei der →Authentisierung nicht auf einer Tastatur (PIN on Keyboard), sondern auf einem Touchscreen vorsieht. Dabei ist zu unterscheiden, ob es sich um ein zertifiziertes Terminalgerät (→PCI) oder ein Konsumentengerät handelt (PIN on Commercial off-the-Shelf Devices). Bei Konsumentengeräten findet die PIN-Eingabe auf einem regulären Endgerät (z. B. einem Smartphone) statt, das um ein Zusatzgerät (z. B. einen Kartenleser, einen Sicherheitschip) erweitert ist. Es findet sich auch unter der Bezeichnung Tap to Phone.

Pivot
Der Begriff bezeichnet die substanzielle Änderung eines →Geschäftsmodells in der Gründungsphase. Ein klassisches Beispiel ist das im elektronischen Buchhandel gestartete →Big-Tech-Unternehmen Amazon, das zusätzlich zu seiner →E-Commerce-Plattform das Geschäftsfeld der Amazon Web Services aufgebaut hat und damit die Leistungen der →Plattform (z. B. Serverressourcen, Speicherplatz, Warenkorb, Logistik, Bezahldienste) als Einzelleistungen vermarktet. Ein weiteres Beispiel für ein Pivot bildet die Ankündigung des →Zahlungsdienstes Klarna, sich vom reinen →Payment Service Provider hin zu einer eigenen Shopping-Plattform (→E-Commerce) zu entwickeln.

Platform Banking
→Open Banking.

Plattform
Der in vielen Domänen (z. B. Bauwesen, Politik) anzutreffende Plattformbegriff bezeichnet eine häufig erhöht angeordnete Fläche, welche die Grundlage für weitere Aktivitäten (z. B. Aussicht, Bohrungen) bietet. Im ökonomischen Kontext ist darunter ein →Geschäftsmodell zu verstehen, das mehrere Nutzer mit unterschiedlichen

Rollen (z. B. Anbieter, Nachfrager) verknüpft und dazu Dienstleistungen anbietet. So ermöglichen Plattformanbieter beispielsweise den Plattformzugang und -betrieb (z. B. mit Teilnehmerverzeichnis, Marktaufsicht) oder sie unterstützen Transaktionen auf der Plattform (z. B. mit Bezahl- und Logistikfunktionalitäten). Während bereits klassische Marktplätze eine Plattform für Händler und Kunden bieten, hat mit der →Digitalisierung die Bedeutung von digitalen Plattform-Geschäftsmodellen an Bedeutung zugenommen. Bekannte →digitale Plattformen finden sich in den Bereichen →E-Commerce (z. B. Amazon), →digitale bzw. elektronische Marktplätze (z. B. Ebay, →Appstores), →E-Payment (z. B. PayPal) oder soziale Netzwerke (z. B. Facebook). Charakteristisch für das Plattformmodell sind →Netzwerkeffekte. Terminologisch ist der Plattformbegriff nahe an jenem des →Öko- bzw. Ecosystems, der sich jedoch weniger am Plattformkonstrukt als an den Wirkmechanismen im Netzwerk kooperierender und konkurrierender Akteure orientiert (s. Abb. 6).

Point-of-Contact (PoC)
Person oder Abteilung, die als Koordinator oder Anlaufstelle einer Aktivität oder eines Programms dient. Für →Fintech-Unternehmen kann dies ein Customer-Contact-Center gegenüber den Kunden und ein →Service Desk (oder Service Center) gegenüber Dienstleistern sein. Der PoC koordiniert die weitere Bearbeitung der Anfrage und legt typischerweise zu deren Verfolgung und Dokumentation einen Serviceauftrag bzw. ein Serviceticket an. Zur Betonung eines zentralen PoC hat sich der Begriff des Single Point-of-Contact (→SPoC) herausgebildet.

Point-of-Interaction (PoI)
Bezeichnet den Ort an dem ein Nachrichtenaustausch zwischen Individuen und/oder Maschinen stattfindet. Bei bargeldlosen Bezahlsystemen repräsentiert der PoI im Gegensatz zum →Point-of-Sale eine technische Sichtweise und charakterisiert die Interaktion zwischen einem Terminal und einer (mobilen) digitalen Zahlungslösung (→Mobile Payment). Je nach verwendeter Technologie kann es sich dabei um ein →RFID-Modul oder die →NFC-Lösung eines mobilen Endgerätes (z. B. Smartphone) handeln, das Daten senden und empfangen und somit als Interaktionspunkt agieren kann.

Point-of-Purchase (PoP)
Bezeichnet mit dem Ort des Einkaufs beispielsweise ein Gebäude oder ein Einkaufszentrum, in dem sich ein Verkaufsgeschäft befindet und der unmittelbare Kundenkontakt stattfindet. Im Vordergrund steht eine möglichst personalisierte Kundenansprache (→Personalisierung), die Impulseinkäufe fördert und auf Maßnahmen zur Verkaufsförderung abzielt. Der PoP muss nicht gleich dem →Point-of-Sale sein, vielmehr kann in Omni-Kanalkonzepten (→Omni-Channel) die Customer Journey (→CJ) die Beratung in der Filiale und den späteren Online-Kauf vorsehen.

Point-of-Sale (PoS)
Obgleich der Ort des Verkaufs nicht dem →Point-of-Purchase gleichen muss, so findet dort doch

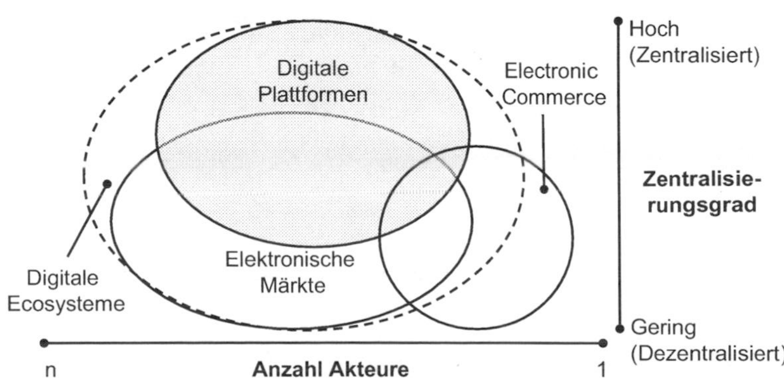

Abb. 6 Plattform-Begriff gegenüber Ökosystem, elektronischem Markt und E-Commerce (Alt 2020a, S. 6)

die vertraglich bindende Vereinbarung und auch die Bezahlung statt. Im Zahlungsverkehr erfolgen am PoS daher alle nichtbaren und baren Zahlungsverkehrstransaktionen, die ein Kunde an den (physischen oder elektronischen) Kassensystemen tätigt.

Point-of-Sales Selection (PoSS)
Kennzeichnet die Auswahl von Zahlungsverfahren für den Kunden am →Point-of-Sale. Unabhängig von regulatorischen Vorgaben oder dem sog. Gentleman Agreement sollen Kunden am PoS beim Zahlen mit Zahlungskarten das von ihnen favorisierte Zahlverfahren auswählen können und nicht nur eine Vorabeinstellung des Händlers präsentiert erhalten.

Polkadot
→Kryptowährung, die auf die →Interoperabilität von verschiedenen →Blockchain-Frameworks abzielt und sich von einer →Permissioned Blockchain hin zu einer →Permissionless Blockchain entwickelt hat. Die Verbindung und der vertrauenswürdige Austausch von Daten und →Digital Assets mehrerer →Blockchains (z. B. →Bitcoin, →Ethereum) erfolgt, indem Polkadot diese als parallele Datenkette (→Parachain) zu einer zentralen vermittelnden →Datenstruktur (→Relay-Chain) abbildet und Daten aus einer →Parachain in eine andere →Parachain weiterleitet. Dazu verwendet das System einen modifizierten →Proof-of-Stake (Nominated Proof-of-Stake) →Konsensmechanismus.

Portfoliooptimierung
Beschreibt im →Fintech-Bereich die gezielte Zusammenstellung eines Asset-Portfolios unter dem Gesichtspunkt eines möglichst vorteilhaften Verhältnisses zwischen Risiko und Rendite basierend auf semi- oder vollautomatisierten Methoden. Dabei ist nicht die Existenz eines optimalen Portfolios der Ausgangs- bzw. Zielpunkt, sondern vielmehr die Absicht, bisher nicht existente Kundenbedürfnisse zu decken. Zahlreiche →Fintech-Initiativen zielen auf die Optimierung von Portfolios mittels Verfahren der künstlichen Intelligenz (→KI), z. B. Call Levels, FutureAdvisor oder Stocktwits.

Practical Byzantine Fault Tolerance (PBFT)
→Konsensmechanismus in →Blockchain-Systemen, der nach dem Problem der byzantinischen Generäle benannt ist. Ähnlich wie sich die Generäle und ihre Untergebenen nicht vollständig vertrauen, so „misstrauen" die Netzwerkknoten (→Node) ihren „Vorgesetzten" und stimmen sich vor Hinzufügen eines neuen Blocks untereinander ab. Dadurch ist das Verfahren kommunikationsintensiv und findet sich vor allem in →privaten Blockchains, z. B. in den Systemen →Hyperledger, →R3, →Ripple und →Stellar.

Prediction Market
Prognosemärkte handeln die Wahrscheinlichkeit künftiger Ereignisse. Die Bandbreite dieser Ereignisse ist dabei groß und reicht von Wahlen, Wetteränderungen und Preisschwankungen bis hin zum Eintreten von Naturkatastrophen oder Unternehmens(-ver-)käufen. Der Wert einer Wette spiegelt die Eintrittswahrscheinlichkeit eines zukünftigen Ereignisses wider. Neben der Ausprägung eines Prediction Market als Form eines →digitalen Marktplatzes, findet sich der Begriff im Umfeld von →Start-up-Unternehmen. Dort bezeichnet er Märkte, die aufgrund der noch in Entwicklung befindlichen innovativen Produkte oder Dienstleistungen noch nicht existieren.

Primary Account Number (PAN)/Payment Card Number
Bezeichnet die Nummer einer Geschenk-, Mitglieds- oder Zahlungskarte. Sie haben üblicherweise eine Länge von 10 bis 19 Stellen und beinhalten als zentrales Element die Issuer Identification Number (→IIN), die eine sechs- bzw. achtstellige Nummer zur Identifikation der Karteninhaber vorsieht. Darüber hinaus können PAN bis zu zwölf weitere individuelle Identifikationsziffern sowie eine Prüfziffer enthalten.

Privacy Coin
Privacy Coin sind Kryptomünzen, welche die Identität des Nutzers verbergen. Gegenüber verbreiteten öffentlichen →Kryptowährungen, wie etwa →Bitcoin, streben Privacy Coins eine möglichst starke Anonymisierung anstatt lediglich eine →Pseudonymisierung an. Zu den Beispielen

zählen Verfahren wie etwa Zero Knowledge Proofs (→ZKP) und Währungen wie etwa →ZCash oder →Zerocoin. Vielfach weisen Privacy Coins durch eine geringere Verbreitung auch eine geringere →Liquidität auf und werden häufig mit Geldwäschebedenken in Verbindung gebracht (→AML).

Private Blockchain
Gegenüber →Public Blockchains liegen hier die Validierungs- und Schreibrechte zentralisiert bei einer Organisation (→Enterprise Blockchain). Diese kann dadurch die Teilnehmer an dem Netzwerk sowie deren Berechtigungen (z. B. Leserechte) steuern. Um den Vorteilen verteilter Infrastrukturen wie der →Blockchain-Technologie zu entsprechen, setzen Anwendungsfelder eine bestimmte Anzahl beteiligter Knoten (→Node) bzw. Organisationseinheiten voraus, wie sie sich insbesondere in Konzernstrukturen sowie in internationalen Konstellationen wiederfinden. Private Blockchains sind grundsätzlich dann sinnvoll, wenn keine öffentliche Transparenz gewünscht ist. Dazu zählen etwa börsliche Fusionsgeschäfte, aber auch das Datenmanagement, das Auditing oder das Management von Logistikketten. Ein bekanntes Framework für private Blockchains ist beispielsweise →Hyperledger. Häufig synonym verwendet ist der Begriff der →Permissioned Blockchain, der zwar ebenfalls einen eingeschränkten Teilnehmerkreis vorsieht, jedoch auch in einer dezentralen Variante als Public Permissioned Blockchain (z. B. bei →Corda) existiert.

Private Lending
Bei der privaten Kreditvergabe handelt es sich ähnlich dem →P2P-Lending um eine Kreditaufnahme bei einer Gruppe nicht-institutioneller Anleger oder einem einzelnen nicht-institutionellen Anleger. Für Anleger bietet es die Möglichkeit, eine höhere Rendite als mit anderen Anlagen zu erzielen. Kreditnehmer können dadurch Kapital erhalten, wenn sie sich nicht für konventionelle Bankkredite qualifizieren. Typischerweise bringen diese →digitalen Plattformen Kreditgeber und -nehmer zusammen und potenzielle Kreditnehmer geben Auskunft darüber, wie viel Geld sie benötigen und weshalb sie das Geld benötigen. Investoren entscheiden dann unabhängig darüber, ob sie eine Person finanzieren wollen oder nicht.

Private Key
Der private Schlüssel oder auch Geheimschlüssel ist ein →Hashwert, den nur der jeweilige Nutzer kennt. Er dient in der →Kryptografie bei Verfahren der →asymmetrischen Verschlüsselung, um Nachrichten zu verschlüsseln und wieder entschlüsseln zu können. Der private Schlüssel ermöglicht es dem Nutzer, mit dem öffentlichen Schlüssel verschlüsselte Daten zu entschlüsseln, →digitale Signaturen zu erzeugen oder sich zu authentisieren (→Authentifizierung, →Identitätsmanagement).

Process Automation
→Prozessautomatisierung.

Process Mining
Process Mining verbindet die Betrachtungen des Prozessmanagements mit Analyseverfahren des Data Mining. Es erlaubt die operative Geschäftsprozessanalyse, die detaillierte Daten über die Geschäftsprozesse liefert. Dazu zählen die Anzahl der Prozessvarianten (Process Discovery), die Durchlaufzeit des Prozesses, die Häufigkeit der Durchführung oder das eingesetzte Personal. Process Mining greift dazu auf die Zeit- und Ereignisdaten (Event Logs) in →Anwendungssystemen zurück, d. h., zur Bottom-up-Ableitung von Geschäftsprozessmodellen ist eine möglichst umfassende Systemunterstützung notwendig. Werkzeuge für das Process Mining stammen aus dem wissenschaftlichen (z. B. ProM, Signavio) und zunehmend auch aus dem praktischen Umfeld (z. B. Celonis, ProcessGold).

Proof-of-Activity (PoA)
→Konsensmechanismus in →Blockchain-Netzwerken, der die Konzepte von →PoW und →Proof-of-Stake verbindet. Zunächst müssen die →Miner einen Block nach dem →PoW-Verfahren erzeugen. Dieser Block enthält jedoch keine Transaktionen, sondern nur die Adresse des erfolgreichen →Miners. Anschließend erfolgt die

Auswahl einer Gruppe von Prüfern, um die hinzugefügten Transaktionen zu verifizieren. Die Prüfer erhalten dafür eine Vergütung und werden eher gewählt, wenn sie mehr →Coins besitzen (→Proof-of-Stake).

Proof-of-Authority (PoA)
Bei diesem in der →Kryptowährung VeChain verwendeten →Konsensmechanismus erfolgt die Generierung von Blöcken durch vertrauenswürdige Teilnehmer (sog. Authorities), die dazu in einem →KYC-Prozess ihre Identität offenlegen müssen (→Authentifizierung). Der →Algorithmus wählt zwischen diesen Teilnehmern u. a. aufgrund der Aktivität einen Knoten (→Node) aus und ist infolge des geringeren Rechenaufwandes leistungsfähiger als etwa Proof-of-Work (→PoW).

Proof-of-Burn (PoB)
→Konsensmechanismus in →Blockchain-Netzwerken, der sich ähnlich dem →Proof-of-Stake-Verfahren am eingesetzten Kapital orientiert. Allerdings vernichtet das Verfahren das Kapital, um insbesondere ein →Double Spending zu vermeiden und um eine längerfristige Unterstützung der betreffenden →Blockchain zu erzielen. Aufgrund der häufig aufwändig erzeugten →Coins (z. B. in einem →PoW-Verfahren) und deren anschließender „Verbrennung" gilt das Verfahren als ineffizient und ist daher wenig verbreitet.

Proof-of-Capacity (PoC)
→Konsensmechanismus in →Blockchain-Netzwerken, der auf die Vermeidung der Nachteile des →PoW-Mechanismus abzielt. Die Grundlage bildet nicht die Rechenleistung der Knoten (→Node), sondern deren zur Speicherung möglicher künftiger →Hashwerte zur Verfügung stehende Speicherkapazität. Als Begriffe finden sich auch Proof-of-Space sowie Proof-of-Storage, wobei letzterer den Cloud-Speicher nicht für die →Hashwerte nutzt.

Proof-of-Concept (PoC)
Wesentlicher Meilenstein in Entwicklungsprojekten, welcher die prinzipielle Machbarkeit einer Lösung „belegt" und für →Start-up-Unternehmen u. a. intern zur Validierung von Anforderungen und zur Weiterentwicklung der Lösung sowie extern für die Ansprache von Kapitalgebern (→Wagniskapital) von Bedeutung ist. Der PoC erfolgt häufig mittels Prototypen sowie Pilotpartnern und –kunden.

Proof-of-Elapsed Time (PoET)
→Konsensmechanismus in →Blockchain-Netzwerken, der häufig in →Permissioned-Blockchain-Netzwerken zum Einsatz kommt, um über die Mining-Rechte oder die Blockgewinner im Netzwerk zu entscheiden. Nachdem PoET von vertrauenswürdigen Teilnehmern ausgeht, vergibt es die Mining-Rechte durch ein Lotterieverfahren und verhindert dadurch eine hohe Ressourcenauslastung und einen hohen Energieverbrauch. PoET kommt beispielsweise im →Hyperledger-System zum Einsatz.

Proof-of-Importance (PoI)
→Konsensmechanismus in →Blockchain-Netzwerken, der auf der Aktivität der beteiligten Knoten (→Node) in einem →Blockchain-Netzwerk beruht. Als Grundlage der Bemessung der Aktivität dienen die Transaktionshäufigkeit und das Transaktionsvolumen. Obgleich PoI die Nachteile des →PoW-Mechanismus vermeidet und gezielt aktive Nutzer belohnt, kommt es bislang nur bei wenigen →Kryptowährungen zum Einsatz (z. B. →Nem).

Proof-of-Reserve (PoR)
→Konsensmechanismus, der ähnlich dem →Proof-of-Stake-Verfahren auf der Hinterlegung von Kapital in Form von besicherter →Coins oder →Token basiert (z. B. die auf eingezahlter US-Dollar-Währung beruhende in der →Kryptowährung →USD Coin). Im Bereich der dezentralen Finanzwirtschaft (→DeFi) gilt PoR als Einlage bei der →Kryptobörsen, um dem Risiko einer Insolvenz dieser →digitalen Marktplätze entgegenzuwirken.

Proof-of-Stake (PoS)
→Konsensmechanismus in →Blockchain-Netzwerken, bei dem die Teilnehmer einen Einsatz (Stake) in Form von →Coins oder →Token

(Token Stake) hinterlegen müssen. Ausschlaggebend ist im Sinne von Stimmrechten oder Lotterielosen der Anteil an der gesamten Menge an →Stakes, die ein Mitglied besitzt. Je größer sein Anteil, desto stärker qualifiziert er sich für die Generierung des nächsten Blocks. Dies ist allerdings wie eine Lotterie zu verstehen, da die Stimmrechte als Anteile (mehr Stakes = mehr Gewinnlose) in die Vergabe einfließen und ein Zufallsalgorithmus anschließend den „Gewinner" bestimmt. Die Validierung erfolgt durch die übrigen →Nodes, die bei korrekten Blöcken ihren Einsatz zurückerhalten. Der erfolgreiche Knoten erhält zusätzlich eine Transaktionsgebühr. Nachdem es keinen Wettbewerb im Sinne eines →Mining bei der Blockgenerierung gibt, hat sich dafür der Begriff des →Forging etabliert. PoS gilt aufgrund des fehlenden →Minings als deutlich energie- und zeiteffizienter – Schätzungen gehen etwa von einem gegenüber →PoW zu 99 % verringerten Energieverbrauch aus – weshalb zahlreiche →Kryptowährungen das Verfahren aufgegriffen haben (z. B. →Cardano, →Polkadot, s. Anhang) bzw. darauf wechseln (insbesondere mit der Eth2.0-Erweiterung bei →Ethereum).

Proof-of-Work (PoW)
→Konsensmechanismus in →Blockchain-Netzwerken, der auf dem Nachweis eingesetzter Rechenleistung beruht. Danach können sich Netzwerkknoten (→Node) an der Berechnung einer Zufallszahl (→Nonce) beteiligen, die das System dem →Hashwert vorheriger Transaktionen hinzugefügt hat. Können die Knoten diese Kombinationen nicht innerhalb eines definierten Zeitintervalls (z. B. zehn Minuten beim klassischen →Bitcoin-System) berechnen, dann gibt das System einen neuen Wert vor. Grundsätzlich können alle Knoten an diesem →Mining-Prozess teilnehmen, aufgrund der hohen erforderlichen Rechenleistung konkurrieren hier jedoch primär große →Mining Pools. Sobald mindestens 51 % der am Validierungsverfahren teilnehmenden Knoten (Validation Nodes) die Richtigkeit bestätigt haben, gilt eine Transaktion als validiert. Im Falle eines →Konsenses fügen die erfolgreichen →Miner die neuen Blöcke der Kette hinzu und erhalten eine Vergütung in Form von →Coins (→Block Reward). Obgleich der PoW-Mechanismus das Vertrauensproblem in verteilten Netzwerken ohne vertrauenswürdige Instanz (→TTP) bislang zuverlässig und sicher gelöst hat, haben der damit verbundene Zeit- und Energiebedarf zur Suche nach alternativen →Konsensmechanismen geführt. Das wichtigste bildet das →Proof-of-Stake-Verfahren, welches längerfristig das gegenwärtig noch bei 70 % aller →Kryptowährungen eingesetzte PoW-Verfahren verdrängen bzw. bei diesem entsprechende Anpassungen bewirken dürfte.

Proptech
Das auch unter der Bezeichnung Real Estate Technology zu findende Kofferwort verbindet ähnlich dem →Fintech-Begriff die Anfangssilben Property und Technologie. Proptech-Unternehmen zielen auf digitale →Innovationen im Bereich von Immobiliendienstleistungen ab und stehen in engem Zusammenhang zu →Contech. Der Bereich ist eng mit →Fintech verbunden, da sich dort zahlreiche Lösungen zur Finanzierung von Immobilien, für die Anlage in Immobilienwerte oder für die →Sharing Economy etabliert haben.

Protokoll
Begriff, der im gesellschaftlichen Leben die Eckpunkte des Ablaufs von Veranstaltungen (z. B. Empfängen, Pressekonferenzen) definiert. In der Informatik ist er gebräuchlich, um Vereinbarungen zum Ablauf von Datenübertragungen, insbesondere zu den verwendeten Datenformaten und Funktionen zu beschreiben. Beispielsweise skizziert das Protokoll für E-Mails (Simple Mail Transfer Protocol) das aus einem Kopf (enthält u. a. Empfänger, Absender, Kopienempfänger) und einem Rumpf (enthält freien Text im ASCII-Zeichensatz) bestehende Datenformat und die verwendeten Rechnerports, Codes für den Status der Nachrichtenübertragung sowie mögliche Verschlüsselungsverfahren. Weitere bekannte Protokolle zur Nachrichtenübertragung sind das ISO/OSI- und das Internet-Protokoll TCP/IP (enthält HTTPS, FTP). →Blockchain-Protokolle spezifizieren z. B. den Aufbau und den Ablauf von Transaktionen (→Bitcoin-Transaktion), den ver-

wendeten →Konsensmechanismus und den Einsatz von →DApps oder →Smart Contracts.

Prozessautomatisierung
Kennzeichnet die elektronische Unterstützung von Geschäftsprozessen und -aktivitäten mit dem Ziel von Verbesserungen der Prozesseffizienz (bezüglich Zeit und Kosten), der Prozessqualität (bezüglich Fehlerquote und →Kundenerlebnis), der Ressourcennutzung (bezüglich Personal und Technik) sowie der Einhaltung definierter Geschäftsprozesse (→Compliance). Prozessautomatisierung kann in allen Bereichen von Finanzdienstleistern (bei Banken siehe dazu das →Bankmodell) sowie als Voll- und als Teilautomatisierung auftreten. Eine Vollautomatisierung setzt eine hohe Gleichförmigkeit von Prozessen voraus und findet sich vor allem bei transaktionsorientierten Prozessen (z. B. Operations, Verwaltung, Finanzen), während sich Teilautomatisierung bei Tätigkeiten mit höherer Varianz und Anforderungen an das menschliche Beurteilungsvermögen richtet (z. B. Vertrieb, Führung, Marketing). Prozessautomatisierung lässt sich über verschiedene Wege erreichen. Dazu zählen die Überbrückung von Medienbrüchen zwischen den →Anwendungssystemen ebenso wie die Implementierung von Workflows in den →Anwendungssystemen selbst. Bei der ersten Variante übernimmt eine Software (→Roboter) den Datentransfer zwischen →Anwendungssystemen (→RPA), während bei der zweiten Variante der Prozess unmittelbar in einem integrierten →Anwendungssystem (z. B. einem →Kernbankensystem) konfiguriert ist. Hier findet idealerweise vorgängig eine Neu- bzw. Umgestaltung der Prozesse statt, jedoch ist dies keine zwingende Voraussetzung.

Prozessor
Während aus technischer Sicht ein Prozessor einen befehlssatzgesteuerten Computerchip bezeichnet (z. B. Central Processing Unit, CPU), findet sich der Begriff im bankfachlichen Zusammenhang für einen Dienstleister zur Verarbeitung bzw. dem Settlement von Transaktionen im →elektronischen Zahlungsverkehr (→CSM). Dabei können die Prozessoren sowohl als Dienstleister des →Issuers als auch des →Acquirers auftreten und das jeweilige Geschäftsfeld der entsprechenden Marktseite betreuen. Weitere Funktionen, welche die Prozessoren im Kartengeschäft anbieten, sind die Steuerung des Informationsaustauschs (Clearing) sowie die Gutschrift von Zahlungen auf den jeweiligen Verrechnungskonten.

Pseudonymisierung
Gegenüber der Anonymisierung, die darauf abzielt, keinen Bezug von Daten zu einer bestimmten Person herzustellen, setzt die Pseudonymisierung einen →Algorithmus ein, um im Sinne der →DSGVO die Daten derart zu verändern, dass ein Bezug zwischen den Daten und einer bestimmten Person unter Verwendung weiterer Daten bzw. der Anwendung des →Algorithmus möglich ist. Ein Beispiel ist die Nutzerkennung in →Blockchain-Systemen wie →Bitcoin, die zwar keine unmittelbare Zuordnung über die →IBAN wie in traditionellen Zahlungssystemen (→ACH) erlaubt, gleichzeitig aber auch keine vollständige Anonymisierung sicherstellen kann. Dies ist damit begründet, dass Transaktionen in öffentlichen Systemen (→Public Blockchain) einsehbar sind und durch Querbeziehungen Rückschlüsse möglich sind. Ebenso verlangen →Kryptobörsen beim Wechsel häufig eine →Identitätsprüfung, sodass hier bei Sicherheitslücken die zu den →Bitcoin-Adressen gehörigen Identitäten bekannt werden können.

Public Blockchain
Gegenüber einer →Permissioned Blockchain können alle Nutzer mit entsprechender Hard- und Software eine öffentliche →Blockchain wie etwa →Bitcoin, →Ethereum oder →Eos nutzen und prinzipiell auch in die Validierung der Blöcke (→Konsensmechanismus) einbezogen sein. Ebenso sind alle Nutzer in der Lage die Daten in der →Blockchain zu lesen, sodass die öffentliche Ausrichtung sich für Anwendungen mit dem Ziel einer hohen Diffusion eignet, z. B. den Zahlungsverkehr oder öffentliche Register. Sie grenzen sich damit von →Private Blockchains ab, die im betrieblichen Umfeld (z. B. im Interbanken-

bereich oder im →Sourcing) auf eine begrenzte bzw. vorab definierte Benutzergruppe ausgerichtet sind.

Public Key
Ein öffentlicher Schlüssel ist ein öffentlich zugänglicher →Hashwert zur Verschlüsselung von Daten (→Kryptografie) und Bestandteil von Verfahren der →asymmetrischen Verschlüsselung. Dabei besitzt jeder Netzwerkteilnehmer einen Public und einen →Private Key, wobei der Public Key zur Verschlüsselung und der →Private Key zur Entschlüsselung zum Einsatz kommt.

Pure Digital Insurer (PDI)
→Digitalversicherer.

Quantencomputer
Gegenüber der auf der Verarbeitung binärer Daten in Bits aufbauenden klassischen Computertechnologie, beruht die Quantenmechanik auf der Signalübertragung mittels sog. Qubits, die mehrere Zustände annehmen können. Abhängig von der konkreten Realisierung stellen die Qubits hohe Anforderungen, da sie einen an sehr geringe Temperaturen gekoppelten sog. Superpositionszustand erfordern und auch darin eine hohe Fragilität aufweisen. Im Gegenzug kann die zur Signalübertragung an die Qubits verwendeten Mikrowellen äußerst schnell erfolgen und dadurch die Verarbeitungsgeschwindigkeit klassischer Rechnertechnologien erheblich überbieten. Obgleich für Quantencomputer erste Realisierungen etwa von Google, IBM oder Microsoft existieren, besteht noch kein produktiver Einsatz dieser Technologie. Allerdings sind hohe Erwartungen an die Verarbeitung datenintensiver Anwendungen (→Big Data) mit der Quantentechnologie verbunden, die u. a. zu neuen Anwendungsfeldern im Bereich der künstlichen Intelligenz (→KI, →KI-Anwendungsfelder) führen sollen. Im Finanzbereich gelten der Wertpapierhandel, das Portfoliomanagement oder Risikoanalysen als Anwendungsfelder, da in diesen Bereichen die aufwändige Berechnung von Wahrscheinlichkeiten von Bedeutung ist. Allerdings führen die Möglichkeiten der hohen Rechenleistung auch zu Risiken im Bereich der Verschlüsselung (→Kryptografie), da etwa die Sicherheit →asymmetrischer Verschlüsselungsverfahren auf rechenintensiven Primzahlen-Berechnungen beruht. Sollten Quantencomputer diese in kurzer Zeit durchführen und damit die Verschlüsselungen aufbrechen können, hätte dies erhebliche Auswirkungen auf die Sicherheit der heutigen →Kryptowährungen.

Quick-Response Code (QR)
Der zweidimensionale Strich- oder Muster-Code dient der standardisierten und effizienten Datenerfassung sowie der Datenspeicherung und -übertragung. QR-Codes bilden u. a. die Basis für die Abwicklung von Zahlungstransaktionen (sog. QR-Code Payment). Weiterentwicklungen sind u. a. der Micro-QR-Code, der Secure-QR-Code (SQRC), der iQR-Code und der Frame QR-Code. Ursprünglich diente der QR-Code zur Markierung von Baugruppen und Komponenten in der Logistik des Toyota-Konzerns.

R3
Unternehmenskonsortium, das mit seinen ungefähr 300 Mitgliedern eine →Enterprise-Blockchain-Lösung auf Basis von →Corda entwickelt, die für Anwendungsfälle in zahlreichen Branchen (z. B. Banken, Versicherungen, Gesundheitswesen, Handelsfinanzierung) sowie für →digitale Assets Einsatz finden soll. Aus dem Finanzbereich umfassen die Lösungen beispielsweise die Kreditvergabe, das →Crowdlending, →Regtech-Lösungen wie das Reporting oder elektronisches Zentralbankgeld (→CBDC).

Radio Frequency Identification (RFID)
Technologie zur automatischen Identifikation und Lokalisierung von Objekten unter Einsatz von Funketiketten und kontaktlosen Lesegeräten. Ein RFID-System besteht aus einem Datenträger (Transponder oder Tag), einem Schreib-/Lesegerät mit Antenne und einem Gateway zur Weiterleitung der Daten an betriebliche →Anwendungssysteme. Der RFID-Transponder lässt sich dabei mittels schwacher elektromagnetischer Wellen vom Lesegerät auslesen und abhängig

von der Technologie auch beschreiben. Zwei Arten von Transpondertechnik existieren dabei: (1) Passive Transponder besitzen keine eigene Spannungsversorgung und beziehen ihre Energie über das Energiefeld des Lesegerätes. (2) Aktive Transponder haben eine Spannungsversorgung (Batterie oder Akku) und erlauben größere Lesereichweiten. Der Einsatz von RFID eröffnet zahlreiche neue Anwendungen, etwa beim kontaktlosen Bezahlen am →Point-of-Sale oder der Verfolgung wertvoller physischer Gegenstände (z. B. Bargeld, Schmuck). Integrierte Lösungen setzen dabei die Anbindung der RFID-Leser über die Gateways an die betrieblichen →Anwendungssysteme voraus, sodass diese die jeweils aktuellen Lagerbestände (z. B. bei Verwahrungssystemen von Banken) beinhalten.

Real-time Gross Settlement System (RTGS)
Ein zur Zahlungsabwicklung zwischen Banken eingesetztes Netzwerk, das in Echtzeit (d. h. unmittelbar und ohne Zwischenspeicherung) Bruttozahlungen (d. h. ohne Ausgleich mit anderen (Gegen)Zahlungen) durchführt (→Echtzeitverarbeitung). Sie unterscheiden sich dadurch von den →ACH-Systemen, welche Zahlungen typischerweise am Tagesende gegeneinander verrechnen bzw. clearen. Zu den Beispielen zählen →TARGET (Euro-Zone), →SIC (Schweiz) und Fedwire (USA). Während es sich dabei um klassische zentral betriebene Systeme handelt, beruhen neuere Ansätze auf der dezentralen →Blockchain-Technologie. Ein Beispiel ist das auf internationale Zahlungen ausgerichtete →Ripple-System sowie das im Projekt Stella von der Europäischen Zentralbank (→EZB) und der Bank of Japan mit positivem Ergebnis eingesetzte →DLT-System →Hyperledger (EZB/BOJ 2017).

Real-time Payment (RTP)
→Echtzeitüberweisung.

Rebundling
→Unbundling.

Referenzmodell
Ein Modellsystem, das einen bestimmten Ausschnitt der Realität nach bestimmten Merkmalen darstellt und dabei Gültigkeit für einen gesamten Anwendungsbereich bzw. eine Klasse von Anwendungen besitzt. Das →Bankmodell zeigt als Referenzmodell sämtliche Prozess- und Aufgabenbereiche von Universal- sowie Privatbanken und bildet einen Ausgangspunkt zur Einordnung von Entwicklungen, zur Wiederverwendung von Prozess- und Systemdesigns sowie zur Angleichung von Strukturen (z. B. in →Unternehmensnetzwerken und →Ökosystemen), wie sie insbesondere in vernetzten Strukturen wie →Unternehmensnetzwerken und →Ökosystemen erforderlich ist. In der →Wirtschaftsinformatik sind zahlreiche Ansätze für Referenzmodelle sowie Mechanismen zur Instanziierung bzw. Anpassung dieser Modelle an den konkreten Anwendungsfall entstanden.

Regtech
Regtech bezeichnet Technologien im Bereich der Regulatorik. Die Anwendung von Technologien, wie →Big Data, →Blockchain-Technologien oder künstliche Intelligenz (→KI) sollen Finanzdienstleister bei der regelkonformen Umsetzung (→Compliance) von Regulierungen (z. B. →DSGVO, →MiFID, →PSD2) unterstützen. Zu den Lösungen zählen b-next, DHC Vision oder Targens.

Regulatorische Sandbox
Gegenüber der allgemeiner und technologisch geprägten Bezeichnung einer →Sandbox, handelt es sich bei der regulatorischen →Sandbox um ein Umfeld, das Sonderbedingungen für →Start-up-Unternehmen im Sinne eines →Inkubators bietet. So sollen seitens des Landes oder des Bundes nicht alle regulatorischen Vorgaben unmittelbare Anwendung auf Unternehmen in der Gründungsphase finden und sich →Start-up-Unternehmen in einem geringer regulierten Umfeld entwickeln können. Ziel ist es, dadurch →Innovation zu fördern und Standortvorteile aufzubauen.

Relay Chain
In der →Kryptowährung →Polkadot eingesetzte →Datenstruktur, deren →Mainchain im Sinne eines Relais zwischen mehreren anderen →Datenstrukturen (→Parachain) vermittelt und dadurch

zur →Interoperabilität von →Blockchain- bzw. →DLT-Frameworks beiträgt.

Remote Payment
Bezeichnet das kontaktlose Bezahlen im →Mobile Banking, insbesondere über die Nutzung mobiler Geräte wie Smartphones. Die →Virtualisierung ergreift dabei nicht nur das Tauschmittel Geld selbst, sondern auch die damit verbundene Infrastruktur. So können Smartphones auch als virtualisierte Kartenterminals dienen.

Remote Procedure Call (RPC)
Bezeichnet den Aufruf eines →Anwendungssystems oder einer Komponente davon über eine Funktionsschnittstelle. Dieser Aufruf erfolgt über das Netz (Remote) und erlaubt das Nutzen der Funktionalität dieses Systems. RPC bilden die Grundlage der Verteilung von Anwendungsfunktionalitäten und einen Kernbestandteil von Konzepten des →Cloud Computings sowie des →API-Bankings.

Representational State Transfer (REST)
Der Nutzung von →API zugrundeliegender Architekturstil, wonach Webressourcen über eine definierte inhaltliche Struktur anzusprechen sind, die z. B. die Befehle (z. B. Get, Post, Put, Delete) sowie Steuerungs- und Nutzdaten in einem maschinenlesbaren Format wie etwa →JSON enthalten. Dadurch lassen sich Inhalte von (internen oder externen) Ressourcen auf einfache Weise in Webseiten integrieren (z. B. Landkarten-, Aktienkurs- oder Wetterdaten). Die Anwendung von REST zum Aufruf von →Web Services hat zur Bezeichnung RESTful Web Services geführt und im Bereich von →API zur Bezeichnung RESTful API.

Retained Organization (RO)
Nach einem →Outsourcing beim auslagernden Unternehmen zurückbleibende Organisationseinheit. Sie lässt sich nicht nur als Rumpf-, sondern vor allem als Schnittstellen-Organisationseinheit begreifen, die ausreichende Kenntnisse über den auszulagernden Gegenstandsbereich besitzt, um mit dem Dienstleister den Leistungsvertrag (→SLA) auszuhandeln und die Leistungserbringung zu überwachen. Die RO besitzt daher auch für →Fintech-Unternehmen eine hohe Bedeutung, wenn diese Leistungen von weiteren Dienstleistern (→TPP) beziehen. Das Gegenstück zur RO bildet auf Dienstleisterseite der →Service Desk als Single Point of Contact (→SPoC) für das outsourcende Unternehmen.

Return on Investment (ROI)
Die Kapitalrendite ist eine zentrale Kennzahl (→KPI) im Bereich der Investitionsrechnung und berechnet sich für eine Einzelinvestition aus dem eingesetzten Kapital bzw. den Kapitalkosten und dem erzielten Gewinn bzw. dem Periodenerfolg. Ausprägungen, die auch im →Start-up-Bereich Anwendung finden, sind die Eigenkapitalrendite (Return on Equity, ROE) sowie die Gesamtkapitalrendite (Return on Assets, ROA) (s. Abb. 7).

Return on Product Development Expense (RoPDE)
Eine zur Messung der Innovationsfähigkeit von Unternehmen eingesetzte →KPI, welche die Aufwände zur Entwicklung neuer Produkte und Dienstleistungen in das Verhältnis zu den Bruttogewinnen setzt (s. Abb. 8). Typischerweise liegt die Kennzahl in den frühen Phasen aufgrund fehlender Umsätze im negativen Bereich, sollte sich jedoch mit der Markteinführung der →Innovation in den positiven Bereich entwickeln.

Ripple
Ripple ist ein von den Ripple Labs (ursprünglich Opencoin) entwickeltes →Open-Source-Protokoll für ein Netzwerk im globalen Zahlungs-

$$\text{ROI} = \frac{\text{Gewinn}}{\text{Kapitaleinsatz}}$$

Abb. 7 Kalkulation des ROI

$$\text{RoPDE} = \frac{(\text{Bruttogewinn - Produktentwicklungskosten})}{\text{Produktentwicklungskosten}}$$

Abb. 8 Kalkulation der RoPDE

verkehr auf Basis bargeldloser Transaktionen beliebiger Währungen (Dollar, Euro, Yen, →Bitcoin etc.). Der Fokus liegt auf der Abwicklung des internationalen Zahlungsverkehrs und der Reduktion der darin bestehenden Liquiditätsrisiken zwischen den Währungen. Die von Ripple verwendete →Kryptowährung →Xrp setzt als →Konsensmechanismus eine Form des →PBFT-Verfahrens ein, die aufgrund der geringen Anzahl an →Validatoren (Trusted Nodes, →Permissioned Blockchain) keine reine Dezentralität aufweist und die →Validatoren zumindest noch gegenwärtig mehrheitlich in eigener Kontrolle behält. Ripple verarbeitet nach eigenen Angaben ca. 1500 →TPS, wobei eine Transaktion ca. vier Sekunden benötigt. Dazu hat Ripple Labs verschiedene Anwendungen entwickelt, u. a. XRapid zur Lösung des Liquiditätsproblems in internationalen Zahlungen (Banken halten dabei →Xrp anstelle von eigenen Nostro-Konten), xCurrent zur Durchführung der Transaktionen in →Echtzeit sowie xVia, womit sich den Transaktionen auch Dokumente wie etwa Rechnungen beifügen lassen.

Robo-Advisor
→Robo-Advisory.

Robo-Advisory
Systeme zur Portfoliooptimierung, auch →Robo-Advisors genannt, verbinden die Begriffe →Robot (= Roboter) und Advice (= Rat geben). Sie bezeichnen einen elektronischen Ratgeber auf einer Webseite oder einer (mobilen) →Applikation, der Kunden bei der Geldanlage oder -aufnahme in unterschiedlichem Umfang im Sinne eines Vermögensverwalters unterstützt. Dies kann von Empfehlungen ohne Kenntnisse über den Kunden über Empfehlungen auf Basis bereits vorhandener Kundendaten (z. B. bei anstehenden Kreditprolongationen) hin zur aktiven bzw. automatisierten Umschichtung von Portfolios in Abhängigkeit vorgegebener Parameter reichen. Zudem kann die Empfehlung auch auf der Grundlage durch zuvor vom System ausgewählter und vom Nutzer beantworteter Fragen in Form einer Auswahl von Anlage- oder Kreditprodukten erfolgen. Typischerweise berechnen die Anbieter für eine solche Portfolioverwaltung eine Gebühr, die in der Region von 0,5 bis etwa 1 %, zuzüglich der vom Robo-Advisor verursachten Fondsgebühren (z. B. zwischen 0,1 und 0,5 % bei →ETF) liegen. Aufgrund des Schwerpunktes auf Kundeninteraktion und Portfoliomanagementaufgaben ist Robo-Advisory nicht identisch mit →RPA, das auf die Reduktion von Medienbrüchen in Geschäftsprozessen abzielt. Technologisch beruhen Robo-Advisors häufig auf →künstlicher Intelligenz (→NLP oder →Deep Learning) in Verbindung mit einem text- und/oder sprachbasierten →Chatbot. Beispiele für Anbieter im seit dem Jahr 2010 entstandenen Marktsegment der Robo-Advisors sind Betterment, Oskar, True Wealth oder Wealthfront. Ebenso bieten mittlerweile zahlreiche etablierte Finanzdienstleister (→Incumbent) Robo-Advisory-Lösungen an. Bislang konnten sich diese Systeme trotz der verhältnismäßig geringen Gebühren nur in Nischen (z. B. für kleinere Anlagebeträge) und als Ergänzung bestehender Kundenberatung, nicht aber als Substitution im beratungsintensiven Anlagegeschäft etablieren. Es ist jedoch mit der zunehmenden Vertrautheit mit digitalen Lösungen sowie dem Generationenwechsel (→Generation) von einem künftigen Wachstum auszugehen.

Robot/Roboter
Maschine, die menschenähnliche oder vormals von Menschen ausgeführte Tätigkeiten erfüllt. Es kann sich dabei um physische Roboter (Hard Robots) handeln, die Industrieunternehmen etwa in der Fertigung oder Dienstleistungsunternehmen im Kunden- oder Patientenkontakt einsetzen. Beispielsweise haben zahlreiche Finanzdienstleister Versuche mit dem Roboter „Pepper" zur Kundeninteraktion in Filialen durchgeführt (→KI-Anwendungsfelder). Mit der zunehmenden →Prozessautomatisierung hat seit einigen Jahren der Roboterbegriff auch für Software Verwendung gefunden (Soft Robots). Der Roboter bzw. die Robotersoftware führt dabei ein oder mehrere Automatisierungsartefakte nacheinander oder gleichzeitig aus, wobei häufig zur gleichzeitigen Ausführung mehrere Lizenzen erforderlich sind. Damit Roboter auf

die betrieblichen Systeme (z. B. →Kernbankensystem) zugreifen können, führen die Unternehmen sie üblicherweise als virtuelle Mitarbeiter.

Robotic Desktop Automation (RDA)
Gegenüber →Robotic Process Automation (RPA) berücksichtigt der Einsatz von →Robotern bei der →Desktop Automation das menschliche Handeln, die sog. Bot-Mensch-Interaktion, und zielt auf eine begleitende Automation (Attended Automation). Dabei übernimmt der →Roboter die Rolle eines digitalen Assistenten, der den Nutzer in Echtzeit (→Echtzeitverarbeitung) mit Handlungsempfehlungen oder Informationen aus verschiedenen Systemen oder Datenbanken unterstützt. Ähnlich →RPA erfordert RDA keine Anpassungen an bestehende Systeme oder Prozesse, wie sie typischerweise bei der Einführung von Workflow-Lösungen stattfinden.

Robotic Process Automation (RPA)
Bei der robotergesteuerten →Prozessautomatisierung übernimmt Software vormals manuell ausgeführte Tätigkeiten (z. B. das Abtippen von Daten aus einem →Anwendungssystem und die Neueingabe in ein anderes). Die auch als →Roboter (→Bot) bezeichnete Software (z. B. von BluePrism oder UiPath) arbeitet dadurch vordefinierte Abläufe selbstständig ab und übernimmt dabei die Rollen sowie Aufgaben von Mitarbeitern. Die Art der Unterstützung durch den →Bot kann dabei gerichtet bzw. „attended" (d. h. Roboter arbeitet dem Mitarbeiter dabei zu, ohne diesen zu stören) oder „unattended" sein (d. h. der Geschäftsprozess läuft vollautomatisiert ohne menschliche Interaktion ab). Die Anwendungsbereiche von RPA umfassen →Screen Scraping, regel- und wissensbasiertes Arbeiten sowie kognitive Anwendungen. Wie in der Abb. 9 dargestellt, baut die RPA-Lösung dabei auf bestehende Workflows und technische Plattformen auf und konzentriert sich auf die Benutzerschnittstelle (bzw. das User-Interface), die sich entlang der Verarbeitungskomplexität und der Erfassungsart der Daten charakterisieren lässt. Je höher die Verarbeitungskomplexität und je unstrukturierter und freier die Formen der Daten, desto stärker tendiert die RPA-Lösung in Richtung kognitiv und wendet dadurch Verfahren der künstlichen Intelligenz (→KI) bzw. des maschinellen Lernens (→ML) an. Das einfache →Screen Scraping fokussiert auf strukturierte elektronische Daten und kann diese an gleicher Stelle auftretenden Daten (z. B. Name, Vorname, Kundennummer) aus einem →Anwendungssystem extrahieren und diese dann wie ein menschlicher Mitarbeiter in ein zweites →Anwendungssystem eingeben. Fortgeschrittene Verfahren besitzen ausdifferenzierte Verarbeitungsregeln und sind auch in der Lage, Daten in schwach oder gar unstrukturierter Form zu verarbeiten. Im →Fintech-Umfeld finden sie etwa bei →Robo-Advisory- oder →Wealthtech-Lösungen Anwendung.

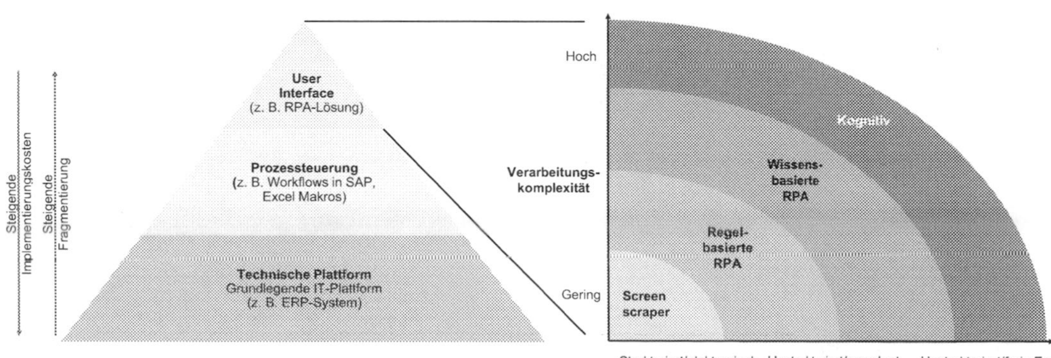

Abb. 9 Einordnung von RPA

Robotics
Kurzform für den Einsatz von Hard- und/oder Software-Systemen (→Robot) zur Automatisierung geschäftlicher Prozesse bzw. einzelner Aufgaben. Beispiele für eine derartige „Roboterisierung" sind Robotic Process Automation (→RPA) oder →Robo-Advisory.

Roll-out
Der Begriff Roll-out beschreibt die Markteinführung oder Integration eines neuen Produkts oder einer Dienstleistung oder einer Software. Bezieht man den Begriff jedoch auf →Start-up- bzw. →Fintech-Unternehmen, die ihr erstes Produkt veröffentlichen, so kommt seine Bedeutung eher dem des →Launches gleich.

Rootchain
Verwaltet eine Reihe von →Subchains, die auf spezielle Anwendungen ausgerichtet sind, wobei jede →Subchain mit →IoT-Geräten interagiert, die bestimmte Eigenschaften gemeinsam haben (z. B. ähnliche Umgebung, Funktionszweck).

Routing
In der Informationsverarbeitung bezeichnet Routing allgemein die Weiterleitung von Nachrichten und ist etwa beim elektronischen Datenaustausch (→EDI) etabliert. Im Zahlungsverkehr und insbesondere im Kartengeschäft bezeichnet er die Auswahl des Verlaufs einer Transaktion vom →Acquirer zum →Issuer innerhalb eines →Zahlungsverkehrssystems.

RSA
Bekanntestes Verfahren der →asymmetrischen Verschlüsselung, das nach den Familiennamen seiner Begründer Ronald Linn Rivest, Adi Shamir und Leonard Max Adleman benannt ist und auf das Jahr 1977 zurückgeht. Aufgrund der kürzeren Schlüssellängen kommt in →Blockchain-Systemen wie →Bitcoin jedoch das →ECDSA-Verfahren zum Einsatz.

S – V

Salting
Ein bei der Berechnung von →Hashwerten in der →Kryptografie eingesetztes Verfahren, das eine weitere Sicherheit der →Hashwerte bewirken soll. Es beruht darauf, dass in die Hashberechnung weitere Zufallszeichen einfliessen und die bestehenden Zeichen (z. B. ein zu verschlüsselndes Passwort oder Transaktionen) ergänzen. Dieses Einstreuen gilt als „Salting the Hash".

Sandbox
Englische Bezeichnung für Sandkiste oder Sandkasten, die einen isolierten Bereich bezeichnet, innerhalb dessen Handlungen oder Maßnahme keine Auswirkung auf die äußere Umgebung (z. B. die Produktion) haben. →Fintech-Unternehmen arbeiten mit Sandboxes, um neue Entwicklungen zu testen und die Marktreife von Produkten oder Dienstleistungen zu erzielen (s. auch →regulatorische Sandbox).

Scaled Agile Framework (SAFe)
Das international eingesetzte →Framework für die unternehmensweite Skalierung →agiler Vorgehensweisen richtet sich insbesondere an die Softwareentwicklung in größeren Organisationen mit zahlreichen Beteiligten. Neben verschiedenen Prinzipien zum Erreichen einer →agilen Organisation umfasst SAFe die drei konzeptionellen Ebenen Portfolio, Programm und Team. Diese brechen die Aktivitäten von der Gesamtorganisation (Portfolio) auf größere Gruppen von ca. 100 Personen (Programm) und schließlich auf kleinere Gruppen von bis zu zehn Personen (Teams) herunter.

Schaden-Kosten-Quote
Im Sachversicherungsbereich gebräuchliche Performancekennzahl (→KPI), die das Verhältnis von erbrachten Schadenleistungen und Verwaltungskosten einerseits sowie eingenommenen Versicherungsprämien andererseits darstellt (s. Abb. 1). Im Jahr 2018 hatten die deutschen Sachversicherer eine durchschnittliche Schaden-Kosten-Quote von ca. 94,1 % (GDV 2020).

Scheme
Bezeichnet den Entwurf bzw. das Schema eines typischen Kreditkartenzahlungssystems mit den involvierten Rollen und Marktteilnehmern. Es bündelt gemeinsam festgelegte Regeln, Vorschriften und Normen zur Bereitstellung und Durchführung operativer Zahlungsprozesse mit Hilfe eines oder mehrerer Zahlungsmittel. In der Praxis sind vor allem nationale (domestische) und internationale Schemes zu unterscheiden. Zu ersteren zählen die länderspezifischen Abwicklungssysteme, wie etwa Girocard in Deutschland, Groupement des Cartes Bancaires in Frankreich oder Euro 6000 in Spanien und zu letzteren die Schemes Visa, MasterCard oder

R. Alt, S. Huch, *Fintech-Lexikon*, https://doi.org/10.1007/978-3-658-32961-7_5

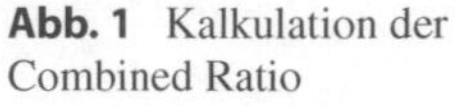

Abb. 1 Kalkulation der Combined Ratio

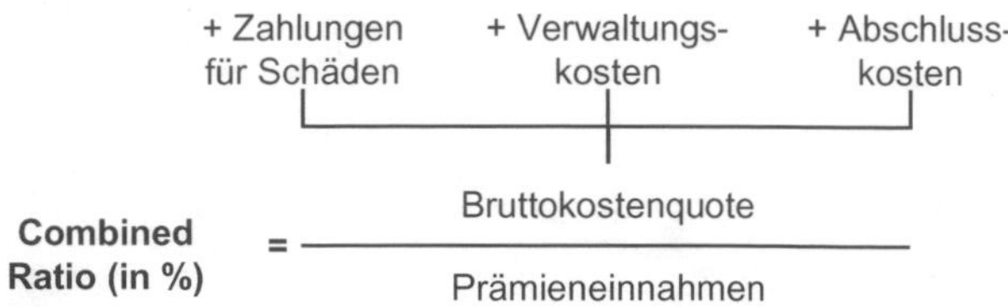

American Express. Bei den Kreditkarten-Schemes finden sich sowohl die Ausprägung des →Vier-Ecken-Modells (→Acquirer und →Issuer sind unterschiedliche Akteure, wie bei Mastercard und Visa) sowie des →Drei-Ecken-Modells (→Acquirer und →Issuer sind das gleiche Unternehmen, wie bei American Express, Diners Club). Bei einem Zwei-Ecken-Modell würde der Händler die Karte herausgeben, in seinen eigenen Verkaufsstellen akzeptieren und schließlich mittels seiner eigenen Systeme abwickeln. Dieses reduzierte Modell zeigt, dass mit Inkrafttreten der Zahlungsdiensterichtlinie (→PSD2) weder →Acquirer noch →Issuer eine →Banklizenz besitzen müssen.

Screen Scraping

Das auch Web Scraping oder Web Harvesting genannte „Schürfen am Bildschirm" umfasst Verfahren zum Auslesen von sichtbaren Texten bzw. Daten aus Benutzeroberflächen von →Anwendungssystemen. Bei der →Prozessautomatisierung über →RPA-Systeme kommen derartige Verfahren beispielsweise zum Einsatz, wenn keine Schnittstellen (→API) verfügbar sind oder das Erstellen bzw. Anpassen von Schnittstellen zu aufwändig ist.

Scrum

Der Begriff stammt aus der Sportart Rugby und bedeutet frei übersetzt „Gedränge". Im →agilen Projektmanagement bezeichnet Scrum eine iterative Vorgehensweise, die insbesondere bei der →agilen Softwareentwicklung und bei zahlreichen →Start-up-Unternehmen zum Einsatz kommt. Die Scrum-Methode kombiniert dabei die Eigenschaften Teamzusammenhalt und das disziplinierte Einhalten von Regeln. Sie fasst dazu drei Rollen (Product Owner, Scrum Master, Entwicklungs- bzw. →Dev-Team), vier Artefakte (Product Backlog, Sprint-Backlog, Inkrement, Definition of Done) und fünf Zeremonien (Sprint, Sprint-Planung, täglicher Scrum, Sprint-Review, Sprint-Retrospektive bzw. -Rückschau) zusammen (s. Abb. 2). Ziel ist das sukzessive Abarbeiten eines Backlogs in mehrtägigen Sprints und die in diesen Abständen stattfindende Erarbeitung von Ergebnissen (Inkrement). Mittlerweile kommt Scrum im Projektmanagement vieler Bereiche zum Einsatz, wobei dem Scrum-Master die Abstimmung mit dem Development-Team (sog. →Dev-Team) und die Funktion als Mittler zur Befähigung des →Dev-Teams zukommt.

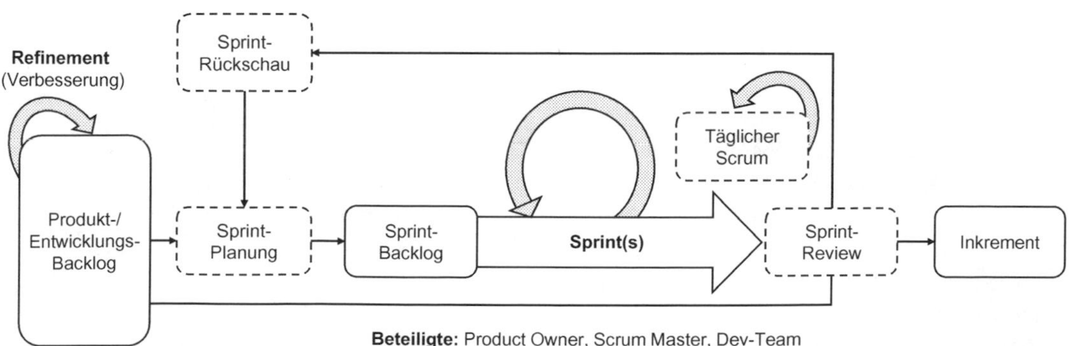

Abb. 2 Scrum-Prozess und -Zeremonien

Search Engine Optimization (SEO)
Umfasst Maßnahmen zur erfolgreichen Darstellung eines Unternehmens in elektronischen Medien. Ziel dieser primär im Marketing verfolgten Strategien ist es, in Suchanfragen auf elektronischen →Plattformen bzw. Suchmaschinen möglichst hochrangig in der Ergebnisliste aufgeführt zu sein, da sich Nutzer erfahrungsgemäß auf diese Ergebnisse konzentrieren. Dazu ist insbesondere die Angabe der korrekten Schlagworte in Webseiten für die Indexierung durch Suchmaschinen sowie die Anzahl der Backlinks (bzw. Referenzierung der Seite auf anderen Seiten) ausschlaggebend. Für stark auf die →Digitalisierung ausgerichtete →Fintech-Unternehmen besitzen SEO-Maßnahmen folglich einen hohen Stellenwert, insbesondere im Konsumentensegment (B2C, C2C).

Second-Stage-Finanzierung
Bezeichnet die vierte Phase der →Wagniskapital-Finanzierung. In der Second-Stage-Phase steht die Marktdurchdringung im nationalen Markt im Fokus, ggf. auch die Vorbereitung der Internationalisierung. Weiterhin liegt das Augenmerk auf der Ausweitung des Leistungsangebots, dem Personalmanagement, dem Unternehmenswachstum oder der Erschließung neuer Marktsegmente. Erstmals ist der Break-even von Bedeutung und, da bereits erste Markterfolge vorliegen sowie Beteiligungsrisiken besser abschätzbar sind, gelten →Start-up-Unternehmen in dieser Phase deutlich attraktiver für →Wagniskapital- und Private-Equity-Gesellschaften.

Secure Code
Ein von MasterCard entwickeltes Verfahren zur →Authentifizierung, um die Sicherheit bei Online-Zahlungstransaktionen zu gewährleisten.

Secure Electronic Transaction (SET)
Das im Jahr 1996 →Protokoll für sichere →elektronische Zahlungen ist insbesondere für elektronische Kartentransaktionen in Zusammenarbeit von Mastercard und Visa mit IT-Unternehmen wie IBM und Microsoft entstanden. Es beruht auf verschiedenen Verschlüsselungsverfahren (z. B. der →asymmetrischen Verschlüsselung), um damit bei →digitalen Signaturen die Sicherheit bzw. Vertrauenswürdigkeit der Transaktion sicherzustellen. Mit dem Aufkommen von →3-D-Secure-Lösungen hat die Bedeutung von SET jedoch abgenommen.

Secure Element
Ein physisches Sicherheitsmodul des Smartphones bzw. der SIM-Karte, das für die Verschlüsselung und →Tokenisierung zuständig ist. Im Vergleich zur Host Card Emulation (→HCE) benötigt das Secure Element keine Online-Verbindung.

Security Token Offering (STO)
Ähnlich dem →Initial Coin Offering zielt das STO auf die Ausgabe von Security →Token, die gegenüber den sog. →Utility Token der Regulierung unterliegen (→BaFin) und damit als Anlageinstrumente gekennzeichnet sind. Die sich herausbildenden Standards bauen beispielsweise auf →ERC-20 auf und erweitern diesen um →KYC- und →Compliance-Funktionen (z. B. ERC-1404, ERC-1410).

Seed
Für einen Seed sind im →Fintech-Kontext zwei Begriffsinhalte anzutreffen. Einerseits bezeichnet ein Seed eine der frühen Phasen der →Wagniskapital-Finanzierung. Seed-Finanzierung oder auch Seed Financing steht für die Finanzierung einer Idee und des Forschungs- und Entwicklungsprozesses bis zur Entwicklung von Prototypen oder Unternehmenskonzepten. Andererseits ist der Begriff im →Blockchain-Umfeld anzutreffen und bezeichnet das beim Einrichten einer →Wallet generierte Passwort, um auf die →Wallet zuzugreifen und diese bei Problemen auch wiederherzustellen. Es handelt sich dabei um eine Folge von Zufallszahlen, die das System aus Gründen der besseren Einprägsamkeit für Menschen in mehrere Worte umformuliert bzw. aus einer Liste von 2048 vordefinierten Worten Kombinationen auswählt.

Self-Advisory
Bezeichnet die Durchführung der Beratungsaktivitäten durch den Kunden selbst. Analog dem Prinzip des →E-Commerce führt der Kunde die

Auswahl und Konfiguration passender Leistungen (und ggf. auch Anbieter) selbst durch und erhält dabei die Unterstützung von entsprechenden Anwendungssystemen (z. B. →Bots, Konfiguratoren, →Robo-Advisors). Im Finanzbereich können sich etwa Nutzer über Geldanlagen selbstständig austauschen ohne persönliche Gespräche mit einem Kundenberater zu führen. Zunächst indizieren Nutzer auf einer entsprechenden Website oder →App ihre Anlageziele, ihre Anlagehorizont, ihr verfügbares Kapital sowie ihre Risikobereitschaft. Hinterlegte →Algorithmen schlagen daraufhin eine auf die Bedürfnisse zugeschnittene Anlagestrategie vor. Die Nutzer können diese Strategie dann direkt online umsetzen.

Self-hosted Wallet
→Wallets dienen in →Kryptowährungssystemen der privaten Schlüssel (→Private Key), die zur Verwaltung von →Coins und →Token sowie zur Durchführung von Transaktionen notwendig sind. Während im Falle einer →Custodial Wallet ein Dienstleister (z. B. blockchain.info) die →Wallet bereitstellt, so übernimmt dies der Nutzer im Modell der Self-hosted Wallet bzw. einer Non-Custodial Wallet selbst und behält dadurch die vollständige Kontrolle (und Verantwortung) über den privaten Schlüssel.

Self-Service
Mit der →Digitalisierung entstehende Möglichkeiten von Nutzern ohne Unterstützung Dritter (z. B. von Kundenberatern im Kundenkontakt, spezialisierten Abteilungen im Unternehmen) auf die Leistungen eines Unternehmens zuzugreifen. Wesentliche Ausprägungen von Self-Services sind das elektronische Einkaufen (→E-Commerce), das →Online Banking und das Personal Finance Management (→PFM) oder der Erfahrungsaustausch zwischen Kunden (→Social Banking). Zahlreiche →Fintech-Geschäftsmodelle beruhen auf umfassenden Self-Service-Funktionen und verzichten gezielt auf den Kundenkontakt in Filialen oder über Call Center. Zu den Motiven zählen Kostenüberlegungen seitens der Anbieter und aus Kundensicht eine häufig gegenüber Offline-Kanälen schnellere Dienstleistungsnutzung.

Self-Sovereign Identity (SSI)
Konzept im →Identitätsmanagement, das auf einer direkten Verwaltung der Identifikationsdaten durch die betroffenen Subjekte beruht. Während dies auch mittels eines zentralisierten Ansatzes (z. B. durch einen Finanzdienstleister oder den Staat) auf Basis einer zentralen Infrastruktur möglich ist, kommen dezentral aufgebaute Ansätze dem Souveränitäts-Prinzip einer Speicherung beim Betroffenen sowie einer Verwaltung durch diesen entgegen. Als Infrastruktur für dezentrale Identitäten (→DID) bieten sich dezentrale Infrastrukturen an (→DLT). Hier gelten SSI als Lösungsansatz, um durch verbesserte Nutzeridentifikation (→KYC) Geldwäsche (→AML) oder illegalen Transaktionen vorzubeugen. Beispiele für SSI-Systeme sind Blockstack, Civic, Sovrin oder uPort.

Sentimentanalyse
Bezeichnet die Analyse von Gefühlen, Empfindungen, Stimmungen oder Meinungen (englische Übersetzungen für Sentiment) durch analytische Verfahren (→Business Analytics) sowie durch Technologien der künstlichen Intelligenz (→KI). Im Vordergrund steht die automatisierte Erkennung von Sprache (→NLP) und Text (→Text Mining), um daraus im Sinne der kollektiven Intelligenz (→Collective Intelligence) Marktentwicklungen oder Kundenmeinungen abzuleiten. Zu den Beispielen im →Fintech-Bereich zählen Alphasense, Sentifi oder Yukka Lab.

SEPA-Direct Debit (SDD)
Die Lastschrift ist ein Einzugspapier, mit dem der Kreditor einen Betrag vom Konto des Debitors abbuchen lässt. Im Kontext von →SEPA existiert seit Februar 2014 die SEPA-Lastschrift (SEPA Direct Debit), die zwischen Transaktionen zwischen Unternehmen (B2B) und Transaktionen mit Beteiligung von Privatpersonen (B2C) unterscheidet. Dabei ersetzt das SEPA-Mandat die Einzugsermächtigung. Analog zur →SCT verwendet SDD die →IBAN der Beteiligten und außerhalb der Eurozone zusätzlich den →BIC.

SEPA-Credit Transfer (SCT)
Eine Überweisung ist die buchmäßige Übertragung einer Geldsumme vom Konto des

Zahlungspflichtigen (Überweisender) auf das Konto des Zahlungsempfängers. Dabei ist die Zahlung mittels Überweisung die Erfüllung der geschuldeten Leistung. Die SCT ist eine standardisierte Überweisung innerhalb des →SEPA-Raumes. SEPA-Überweisungen sind zudem in anderen Staaten möglich, z. B. in der Schweiz, nach Monaco und San Marino. Innerhalb der →SEPA genügt die →IBAN, hingegen müssen Auftraggeber bei Zahlungen in Angrenzerstaaten wie etwa der Schweiz auch die →BIC angeben.

SEPA-Zahlungen
→SEPA-Lastschrift, →SEPA Überweisung.

Serie A
Die Begriffe Serie A, B und C bezeichnen den Entwicklungsstand bzw. die verschiedenen Entwicklungsstufen von kapitalaufnehmenden Unternehmen. Die Hauptunterschiede zwischen den Stufen sind der Reifegrad der Unternehmen, die Art der beteiligten Investoren, der Zweck der Kapitalbeschaffung und die Art der Allokation. Nachdem ein Unternehmen bereits erste Erfolge vorzuweisen hat, dient die Finanzierung der Serie A dem Ausbau der Produkt- und Benutzerbasis, etwa, um das Produkt über verschiedene Märkte hinweg zu skalieren. In dieser Runde ist es wichtig ein →Geschäftsmodell vorzuweisen, das langfristig Gewinn verspricht. Die Investoren der Serie A stammen überwiegend von →Wagniskapital-Firmen und weniger von →Business-Angel-Investoren.

Serie B
In Anlehnung an →Serie A zielen die Serie-B-Runden darauf ab, Unternehmen über die Entwicklungsphase hinaus auf die nächste Stufe zu bringen und die Marktreichweite zu erhöhen. Besonderes Augenmerk in dieser Phase liegt auf Investitionen in neue Mitarbeiter und im Bereich Marketing. Zusätzlich zu Runde A kommen Risikokapitalgesellschaften hinzu, die sich auf Investitionen ab Serie B spezialisiert haben.

Serie C
In Anlehnung an →Serie B bezeichnet die Serie C den dritten Entwicklungsschritt eines →Start-up-Unternehmens aus externen Quellen. Zu diesem Zeitpunkt ist das Unternehmen ein „junger Erwachsener“, dessen Eigentümer Risikokapitalgesellschaften oder andere institutionelle Investoren davon überzeugt haben, dass sie ein rentables und langfristig tragbares Geschäft besitzen. Viele Unternehmen beenden die Beschaffung finanzieller Mittel mit der Serie C.

Serie D
Eine Finanzierungsrunde der Serie D kennzeichnet eine höhere Verhandlungskomplexität mit den Kapitelgebern als in den vorherigen Runden (→Serie A bis C). Merkmale von Serie D sind u. a. Unternehmen, die vor dem Börsengang eine neue Expansionsmöglichkeit identifiziert haben und jetzt einen weiteren Schub benötigen, um dorthin zu gelangen. Zahlreiche →Start-up-Unternehmen erhöhen die Serie-D-Runden (oder sogar darüber hinaus), um ihren Wert vor dem Börsengang zu steigern. Alternativ wollen einige Unternehmen länger privat bleiben, als es früher geplant war.

Serie E/F
In Anlehnung an Serie C sind je nach →Geschäftsmodell weitere Finanzierungsrunden im Finanzierungszyklus eines →Start-up-Unternehmens denkbar. Unternehmen, die diesen Punkt erreichen, können aus ähnlichen Gründen wie in →Serie D aufsteigen: Sie haben die Erwartungen nicht erfüllt, sie wollen länger privat bleiben, oder sie brauchen etwas mehr Hilfe, bevor sie an die Börse gehen.

Service
Abhängig vom Verwendungskontext ist darunter eine Dienstleistung, ein Geschäftsprozess oder das Modul eines →Anwendungssystems zu verstehen. Dienstleistungen sind u. a. durch ihren immateriellen Charakter, das Prinzip „Nutzung anstatt Besitz“, die Interaktion von Dienstleistungsanbieter und -nutzer und durch ihren Zeitpunktbezug bzw. ihre Nicht-Lagerbarkeit gekennzeichnet. Finanz- und IT-Dienstleistungen entsprechen diesen Eigenschaften und eignen sich daher in hohem Maße für die →Digitalisierung und damit ein →Outsourcing an Dienstleister. Im Rahmen von Geschäftsprozessen bezeichnet Service die Kundeninteraktion nach Abschluss einer Kauftransaktion und bildet einen Kernbestandteil im Kundenbezie-

hungsmanagement (Customer Relationship Management, CRM, z. B. →Social CRM). Aus technologischer Sicht sind Services Softwaremodule, die sich durch eine definierte Schnittstelle sowie Funktionalität auszeichnen und sich separat bzw. in Verbindung mit anderen Modulen nutzen lassen. Anbieter von →Kernbankensystemen verfolgen mit sog. service-orientierten Architekturen (→SOA, →Web Service) eine Flexibilisierung der →Anwendungssysteme, woraus u. a. eine effizientere Anbindung von Partnern im →Ökosystem resultieren soll. Eine Ausprägung sind die Entwicklungen des →API-Bankings und des →Open Bankings, die auf dem →REST-Konzept beruhen.

Service Desk
Organisationseinheit, die ein Leistungsanbieter als Single Point of Contact (→SPoC) seinen Kunden bereitstellt. Dadurch erhalten etwa beim →Outsourcing die auslagernden Unternehmen einen stabilen Kontaktpunkt beim Anbieter, der die Beantwortung der Anfragen innerhalb seiner Organisation (z. B. über Ticketsysteme) koordiniert. Für →Fintech-Unternehmen, die beispielsweise verschiedene Vertriebskanäle nutzen oder gemeinsam mit anderen →Fintech-Unternehmen Leistungen anbieten (z. B. →Allfinanz), bildet die Einrichtung von Service- Desks eine wichtige organisatorische Maßnahme.

Service Level Agreement (SLA)
Vereinbarung über die Erbringung vorab definierter Dienstleistungen bzw. →Services zwischen zwei Akteuren, üblicherweise dem Serviceanbieter und dem Servicenutzer. SLA regeln den Leistungsbezug in unternehmensinternen sowie -externen →Sourcing-Beziehungen. Zu den Inhalten von SLA zählen beispielsweise die genaue Spezifikation von Leistungsparametern (z. B. Verfügbarkeit, Fehlerhäufigkeit, Antwortzeit), und die Definition von Konsequenzen bei Leistungsabweichungen. Ziel ist es, die Informationsasymmetrien bzw. das Konfliktpotenzial zwischen Leistungserbringern und -empfängern zu reduzieren. SLA sind für →Fintech-Unternehmen relevant, wenn diese einerseits Leistungen von Dienstleistern (→TPP) beziehen und andererseits Kooperationsstrategien mit etablierten Anbietern (→Incumbent) oder mit weiteren →Fintech-Anbietern verfolgen. Ein Beispiel bilden die Leistungsbündel im Bereich der →Allfinanz.

Serviceorientierte Architektur (SOA)
Bezeichnet ein komponentenorientiertes Architekturkonzept für →Anwendungssysteme. Danach sind die Funktionalitäten in definierte Module (→Service) aufgeteilt deren Kopplung über Schnittstellen (→API) und entsprechende technologische Standards (→REST, →Web Service) erfolgt. Dem →Service-Begriff folgend, lässt sich eine SOA aus einer fachlichen sowie einer technologischen Perspektive betrachten. Erstere umfasst die Aufteilung der betrieblichen Prozesse in funktional abgegrenzte Bereiche und letztere die technologische Implementierung in Applikationsarchitekturen sowie die dabei eingesetzten Standards (→Web Service) und →Plattformen. Ein zentrales Element der →Plattformen bilden Serviceverzeichnisse, welche die Verwaltung und Kopplung der einzelnen Module unterstützen. Damit ist eine wichtige Voraussetzung für die Bildung von →Unternehmensnetzwerken im Finanzbereich und die Konzepte des →Open Banking entstanden. Im Bankenbereich haben zahlreiche Branchenvertreter an der Definition der →BIAN-Servicearchitektur und im Versicherungsbereich an jener der →BiPRO mitgewirkt.

Sharding
Analog dem englischen Shard für Scherbe sieht das Sharding das Aufteilen einer Datenbank auf mehrere Serverinstanzen vor. Es ist damit ein Konzept verteilter Datenbanken wie sie die Grundlage von →DLT-Systemen bilden. Zu den Vorteilen zählen die mit dem Aufteilen auf mehrere Rechnerressourcen verbundene erhöhte Ausfallsicherheit und →Skalierbarkeit, andererseits fallen Aufwände für Aufteilung und Verknüpfung der Datenbestände an. Bei →Blockchain-Systemen kann Sharding die Performanz verbessern, da in klassischen →Bitcoin- oder →Ethereum-Systemen die gesamte →Blockchain nicht mehr Transaktionen als jeder einzelne →Node verarbeiten kann (z. B. →Parachain). Mit dem Sharding teilt sich

die Transaktionsverarbeitung auf mehrere Netzwerkknoten (→Node) auf, wodurch sich die Transaktionsleistung (→TPS) deutlich erhöht. Dem gegenüber stehen insbesondere bei →PoW-Konsensmechanismus, Risiken wie das →Double Spending, da potenzielle Angreifer nur noch einen Bruchteil der Hash-Leistung (→Hashrate) benötigen.

Sharing Economy
Die damit bezeichneten →Geschäftsmodelle beruhen auf dem Teilen von Ressourcen, wie etwa Arbeitskräften, Immobilien oder Fahrzeugen bzw. anderen Gegenständen. Im Vordergrund steht die Nutzung dieser Ressourcen anstatt deren Anschaffung bzw. Anstellung, um dadurch fixe Kosten und Aufwände zu variabilisieren und bestehende Ressourcen aus ökonomischen wie auch ökologischen Motiven heraus wiederzuverwenden. Die Organisation der Teilungsprozesse ist verbunden mit →digitalen Plattformen, auf welchen die Besitzer der Ressourcen deren Nutzung anbieten (→PAYU) und welche die gesamte Transaktionsabwicklung digital, meist mittels mobiler Endgeräte, unterstützen. Zu den Beispielen zählen die bekannten Anbieter Airbnb für Unterkünfte, Wework für Büroräume, Upwork für Arbeitsaufträge bzw. Gigs (daher auch der Begriff der Gig Worker bzw. der Gig Economy), Uber und Lyft für Mobilitätsdienste oder die →Crowdlending- und →Crowdfunding-Ansätze im →Fintech-Bereich. Wie bei transaktionsorientierten →digitalen Plattformen üblich, kommen digitale Finanzdienstleistungen (z. B. →elektronische Zahlungen, Versicherungsdienstleistungen) bei der nutzungsorientierten Verrechnung über diese →Plattformen zum Einsatz.

Sidechain
Sidechain oder →Subchains bezeichnen die Möglichkeit, →Token und andere →digitale Assets aus einer →Blockchain sicher in eine separate →Blockchain zu überführen und bei Bedarf wieder in die ursprüngliche →Blockchain zu verschieben. Das →Two-Way-Peg-Verfahren verbindet dabei eine oder mehrere Sidechains mit der übergeordneten →Mainchain und ermöglicht die Austauschbarkeit von (Digital) Assets. Sidechains erhöhen die Flexibilität, indem sie es Entwicklern erlauben, mit Beta-Versionen oder Software-Updates zu experimentieren, bevor diese Eingang in die →Mainchain finden. Ebenso sind Sidechains ein Konzept zur Kopplung von →Kryptowährungen (→Interoperabilität, →Cross-Chain) wie etwa am Beispiel →Polkadot ersichtlich, die hierfür den Begriff der →Parachain verwendet.

Single-Bottom-Line
Fokussierung auf die Maximierung einer Kenngröße (→KPI), z. B. dem Gewinn als primärem Ziel.

Single Dealer Platform (SDP)
Eine Single-Dealer- oder Single-Bank-Plattform ist ein mit dem →Kernbankensystem verbundenes →Frontend-System, das elektronisches und kundenorientiertes Handeln vereint. Nutzer bzw. Bankkunden können mittels einer SDP über eine einzige Benutzeroberfläche Zugang zur Teilnahme am →OTC-Handel und anderen Märkten erhalten. Darüber hinaus sammelt und konsolidiert eine SDP Informationen aus diversen Quellen (z. B. →Liquidität, Preise), um sie dem Nutzer aggregiert zur Verfügung zu stellen. Single- und Multi-Dealer-Plattformen können an derselben Institution koexistieren.

Single European Payments Area (SEPA)
Die seit dem Jahr 2008 sukzessive eingeführte Initiative eines europäischen Zahlungsraums zielt auf die medienbruchfreie (→Medienbruch) Abwicklung von Zahlungsverkehrstransaktionen zwischen den Mitgliedstaaten. Sie umfasst neben Standards (z. B. →BIC, →IBAN, →ISO 20022) und Verfahren (z. B. SEPA Credit Transfer, SEPA Direct Debit, SEPA Cards Framework, →PSD2, →MiFID), die von Banken und Unternehmen umzusetzen sind, auch eine Infrastruktur (z. B. →EBA Clearing) sowie regulierende Institutionen (z. B. European Payments Council, EPC).

Single Point of Contact (SPoC)
Zur Betonung der Zentralität hat sich gegenüber dem Kontaktpunkt (→PoC) der Begriff des SPoC herausgebildet. Ähnlich einem →PoC handelt es

sich dabei um eine Person oder eine Organisationseinheit, die für ein bestimmtes Thema bzw. Problem oder eine festgelegte Tätigkeit zuständig ist. Im →Outsourcing ist dies beispielsweise das →Service Desk des Dienstleisters.

Single Point-of-Failure (SPoF)
In technologischen Systemen bezeichnet der SPoF ein Element, das bei seinem Ausfall den Ausfall des Gesamtsystems zur Folge hat. Dies ist typischerweise bei zentralisierten Architekturkonzepten der Fall, wie etwa zentralisierten Servern (→Cloud Computing) und zentralisierten →digitalen Plattformen. Eine höhere Ausfallsicherheit ist bei der Verteilung der Ressourcen gegeben, die ein charakterisierendes Merkmal verteilter bzw. dezentralisierter Architekturkonzepte (→DLT) darstellt.

Single Point of Truth (SPoT)
Begriff aus dem Datenmanagement für die "Quelle der Wahrheit", einem allgemeingültigen Datenbestand, der den Anspruch hat, fehlerfrei zu sein. Zudem bezeichnet der SPoT eine zentrale Datenplattform im Unternehmen, auf die anderen Systeme zugreifen, sodass Datenanpassungen automatisch auch in andere Systeme einfließen. Ein SPoT ist eine der Grundlagen, um die Konsistenz von Stammdaten in Unternehmen zu gewährleisten und häufig ein mit der Einführung von →Kernbankensystemen verfolgtes Ziel.

Single Sign-on (SSO)
Der →Authentifizierungs- und Sitzungsdienst ermöglicht Nutzern, mit einer einzigen Kombination von Login-Informationen (z. B. Name und Passwort) auf mehrere →Anwendungssysteme zuzugreifen. Der SSO authentifiziert den Nutzer dieser Login-Information für erteilte Zugriffsrechte. Zudem unterbindet er weitere Aufforderungen zur →Authentifizierung, wenn der Nutzer während derselben Sitzung zu einer Anwendung wechselt, für die der SSO gültig ist. Für den Nutzer bietet ein SSO eine Zugriffsverbesserung, während es dem →Backend eines Unternehmens die Möglichkeit bietet, Benutzeraktivitäten übergreifend zu protokollieren. Im Finanzbereich findet sich SSO beispielsweise bei Personal-Finance-Management-Systemen (→PFM), wenn Nutzer über einen (i. d. R. Zwei-Faktor-basierten) Login (→2FA) auf Leistungen mehrere Banken bzw. Finanzdienstleister (→Multi-Bank) zugreifen.

Skalierbarkeit
Skalierbarkeit bezeichnet die Fähigkeit eines Systems zur Größenveränderung, meist zur Expansion. Der Begriff findet sich im betriebswirtschaftlichen und im technischen Zusammenhang. Aus *betriebswirtschaftlicher* Sicht kennzeichnet er die Fähigkeit eines →Geschäftsmodells bei geringen oder zu vernachlässigenden Grenzkosten zu wachsen und dabei den Gewinn zu steigern. Gerade →digitale bzw. plattformbasierte →Geschäftsmodelle (→Plattform) sind dafür bekannt, dass Umsatz- und Investitionswachstum nicht gleichermaßen korrelieren. Vielmehr beruhen gerade →Plattformen mit immateriellen Produkten (z. B. Software, Finanzdienstleistungen) durch fehlende physische Produktions- und Logistikaktivitäten primär auf IT-Ressourcen und standardisierten Abläufen. Dadurch können sich wachsende Nutzerzahlen sowie Produktsortimente mit geringem Mehraufwand abbilden lassen. Aus *technischer* Sicht bezieht sich die Skalierbarkeit auf die Fähigkeit der →Anwendungssysteme und der technischen Infrastrukturen ein höheres Transaktionsvolumen ohne Beeinträchtigung der Leistungsfähigkeit (→TPS) bewältigen zu können. Beispielsweise gelten bekannte →Blockchain-Frameworks wie →Bitcoin und →Ethereum als weniger skalierfähig als beispielsweise die zentralisierten Kreditkartennetzwerke. Zahlreiche Verbesserungen zielen auf eine erhöhte Skalierbarkeit. Dazu zählen Ansätze des On-Chain Scaling, wie das →Bitcoin Improvement Proposal oder die Eth2.0-Erweiterung (→Ethereum) sowie des Off-Chain Scaling (sog. Second Layer Solutions) mit äußeren Netzwerken wie dem →Lightning Network bei →Bitcoin oder Plasma bei →Ethereum.

Small and Medium-sized Enterprise (SME)
→Kleine und mittlere Unternehmen (KMU).

pragma solidity ^0.5.1;
contract Piggybank
{
address payable public owner;
constructor() public
{
owner = msg.sender;
}
function() payable external
{
}
function spend() public
{
require(msg.sender == owner);
require(address(this).balance >= 1 ether);
owner.transfer(address(this).balance);
}
}
	# Piggybank contract that allows spending if savings are > 1 ETH
	# Contract owner
	
	# Creation of contract
	
	# Saving funds
	
	# Return all savings to the contract owner

Abb. 3 Beispiel eines Smart Contract (s. Hellwig et al. 2020, S. 76)

Small Data
Bezeichnet einen Ansatz im Bereich der Data Science, der gegenüber →Big Data nicht die Datenmenge, -variabilität und -vielfalt in den Vordergrund stellt, sondern die Dominanz der →Algorithmen über die Daten postuliert. Danach können passende →Algorithmen auch aus kleineren Datenmengen auf Basis von Wahrscheinlichkeiten Handlungsempfehlungen erzielen.

Smart Contract
Intelligente Verträge bezeichnen einen Programmcode, der Regeln analog juristischer Verträge formalisiert und ausführt. Sie bilden ein zentrales Element für die Abbildung von Geschäftslogik in →DLT-Systemen, wie etwa →Ethereum oder →Ripple. Durch die Nachverfolgbarkeit und Irreversibilität der veranlassten Transaktionen sowie die mittels →Kryptografie gewährleistete Sicherheit, gelten Smart Contracts als wesentliches Element der →Digitalisierung finanzwirtschaftlicher Prozesse und als Grundlage für vertrauensbasierte dezentrale Geschäftsprozesse (→P2P). Infolge der möglichen →Prozessautomatisierung erhoffen sich Finanzdienstleister reduzierte Aufwände in der Vertragserstellung und -bearbeitung (z. B. durch automatisierte Kontrollprozesse) oder in der Bearbeitung standardisierter Geschäftsvorfälle (z. B. dem Schadenmanagement in der Versicherungsbranche). Abb. 3 zeigt das Erzeugen eines Smart Contracts in der Programmiersprache →Solidity, wobei jeder Nutzer Einzahlungen auf das Konto bei der Piggybank vornehmen kann, jedoch Abhebungen nur für den Kontoeigentümer ab einem Betrag von 1 ETH möglich ist.

Smart Process
Intelligente Geschäftsprozesse zeichnen sich dadurch aus, dass sie zu einem hohen Grad digitalisiert bzw. automatisiert (→Prozessautomatisierung) sind (z. B. durch Workflow-Management und →Robotics) und sich in Verbindung mit Anwendungen der künstlichen Intelligenz (→KI) situationsspezifisch anpassen können. Wesentliche Vorteile sind eine hohe Prozesseffizienz, u. a. durch ein innovatives Prozessmanagement (z. B. ein Redesign bestehender Prozesse) sowie ein verbessertes Qualitätsmanagement.

Smart Product
Mit der →Digitalisierung entstehen zunehmend Möglichkeiten zur Ergänzung physischer Produkte durch Informationstechnologie (→IT). Die dadurch entstehenden cyber-physischen Produkte (→CPS) sind datenbasiert (→datengetri-

ebener Ansatz) und in der Lage ihren Zustand zu erfassen und sich in Verbindung mit intelligenter Steuerung (→KI) situationsspezifisch anzupassen. Zu den Potenzialen von „smarten" bzw. „intelligenten" Produkten wie etwa von Fahrzeugen oder Maschinen zählen die Verbindung mit →Smart Services, um hierdurch Sharing-Modelle (→Sharing Economy) oder Konzepte der vorbeugenden Wartung (Predictive Maintenance) zu realisieren.

Smart Service
Bezeichnet eine datenbasierte Dienstleistung, die nach dem Pay-as-you-Use-Prinzip (→PAYU) einen nutzungsbezogen bereitgestellten und abgerechneten Dienst umfasst. Gegenüber einem klassischen →IT-basierten Dienst (→Service) wie ihn etwa das →Cloud Computing vorsieht, zeichnen sich Smart Services durch Individualisierung bezüglich des Nutzer- und/oder Nutzungskontextes aus. Dem →datengetriebenen Ansatz folgend, beziehen sie dazu personen- und/oder situationsspezifische Daten ein, die sie über intelligente Endgeräte (z. B. Smartphones, Tablets, →Wearables) erhalten. Obgleich die Abgrenzung nicht trennscharf ist, beinhaltet der Zusatz „smart" gegenüber →datengetriebenen Services den Einsatz von Techniken der künstlichen Intelligenz (→KI), die eine höhere Interaktivität mit dem Nutzer (z. B. →Chatbot) zulassen und lernende Funktionen umfassen. Häufig sind Smart Services als komplexe Service-Systeme aufgebaut, da beispielsweise ein Carsharing-Smart-Service zusätzlich die Verbindung mit einem Navigations-, einem Park- und einem →Zahlungsdienst benötigt.

Smartphone-Bank
Zahlreiche →Fintech-Unternehmen im Bankenbereich zielen auf die primäre Interaktion mit Kunden über mobile Kanäle, insbesondere das Smartphone. Dies unterscheidet sie von klassischen →Direktbanken, die das →Online Banking über das Internet als primären Kanal einsetzen. Beispiele für derartige Smartphone-Banken sind Monzo, N26, Neon, Revolut, Starling oder Yapeal. Anbieter wie Revolut verlagern dabei den Kundenkontakt vom Call-Center auf digitale Kanäle, indem sie die Kundeninteraktion (z. B. Kontoeröffnung, Kundenanfragen) über →Apps sowie →Chatbots und nur in Ausnahmefällen über Call-Center abwickeln. Während dies offensichtlich zu Rationalisierungseffekten führt und Smartphone-Banken häufig deutliche Kostenvorteile gegenüber etablierten Wettbewerbern (→Incumbent) bieten, sind gleichzeitig wiederholt Berichte über damit verbundene Probleme im Kundenservice (→Kundenerlebnis) anzutreffen. Dies betrifft etwa überlastete →Chatbots, eine schlechte Erreichbarkeit von Mitarbeitern im Call-Center oder langsame bzw. sogar fehlende Beantwortung von E-Mail-Anfragen.

Social Banking
In zweierlei Hinsicht belegter Begriff, der einerseits ein nachhaltiges →Geschäftsmodell und andererseits den Einsatz von Social-Media-Technologien bezeichnet. Im ersten Sinne verfolgen Social Banks das sog. Triple-Bottom-Line-Prinzip, wonach Menschen, Umwelt und Gewinn die drei Grundpfeiler darstellen. Ziel ist es, die negativen Auswirkungen auf das Gemeinwohl zu verringern und die positiven Effekte zu steigern. So zielen Social Banks auf eine hohe Transparenz sämtlicher Geschäftstätigkeiten und informieren Kunden über die Verwendung seiner finanziellen Mittel (z. B. wer und was genau finanziert wurde, was die Verluste und Erträge sind und wer der Begünstigte ist). Regelmäßig veröffentlichte Berichte halten die Ziele und deren Erreichung fest. Letztlich versuchen sich Social Banks dadurch von traditionellen Banken zu differenzieren, die eine Single-Bottom-Line-Strategie verfolgen, z. B. primär die Maximierung des Gewinns. Im zweiten Sinne bezeichnet Social Banking den Einsatz von Social-Media-Technologien zur Unterstützung der bankfachlichen Prozesse. Dazu zählen beispielsweise die Kundenberatung in Communities („von Kunden für Kunden"), die Publikation von Anlageempfehlungen (→Social Trading) oder der allgemeine Austausch über finanzwirtschaftliche Fragestellungen.

Social CRM
Das Kundenbeziehungsmanagement bzw. Customer Relationship Management (CRM) gestaltet die kundenorientierten Prozesse Marketing, Verkauf und →Service. Social Media bilden neben Filiale, Call Center und Internet, einen

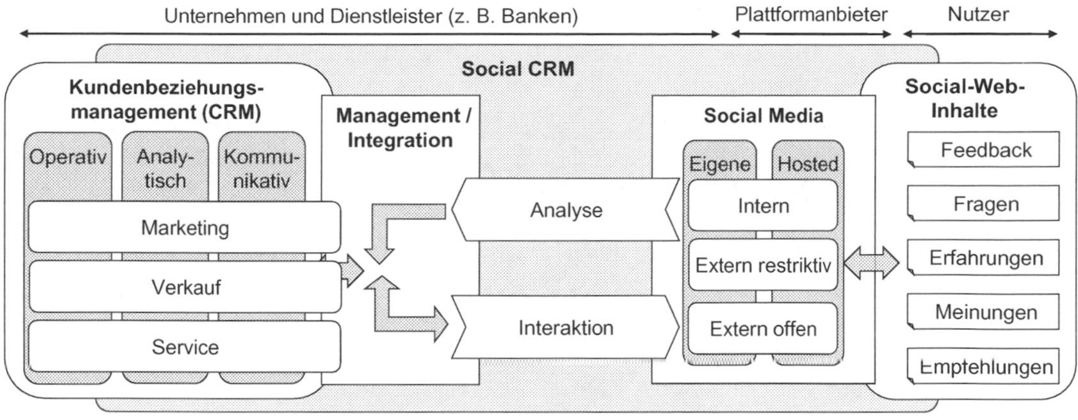

Abb. 4 Bereiche des Social CRM (in Anlehnung an Alt und Reinhold 2016, S. 12)

weiteren Interaktionskanal mit Kunden. Social CRM bezeichnet demzufolge den Einsatz von Social Media für Zwecke des Kundenbeziehungsmanagements. Wie in Abb. 4 dargestellt, lassen sich zahlreiche Inhaltskategorien in sozialen Netzwerken (bzw. allgemeiner, dem Social Web) auf sozialen Medien (d. h. offene, interne oder zugangsbeschränkte Social-Media-Plattformen, die das Unternehmen selbst betreibt oder als externe „gehostete" Lösung bezieht) analysieren und in das betriebliche CRM-System überführen. Umgekehrt kann das CRM Interaktionen mit Kunden initiieren bzw. auf Anfragen des Kunden reagieren. Zahlreiche Unternehmen der Finanzwirtschaft verfolgen mittlerweile intensiv Social-CRM-Strategien, z. B. zur Identifikation von Marktentwicklungen, Kundenpräferenzen und Stimmungen (→Sentimentanalyse), zum →Social Trading, zur Kundenberatung oder für Bezahlprozesse (→Social Media Payment). Die Umsetzung von Social CRM beruht auf dem Einsatz spezifischer →Applikationen, welche die Daten aus sozialen Medien (→Social Data) über Schnittstellen (→API) extrahieren, analysieren und weiterleiten. Beispielsweise lassen sich mittels Text-Mining-Verfahren aus Kundenpostings kritische Beschwerden maschinell identifizieren und dann über Workflow-Systeme an die zuständige Abteilung weiterleiten. Neben der Integration mit den Social-Media-Plattformen setzt dies eine Integration mit den betrieblichen →Anwendungssystemen voraus.

Social Data
Soziale Daten entstehen durch die öffentlich oder privat bereitgestellten Nachrichten bei Interaktionen in sozialen Medien. Zu den Daten zählen die Nachrichteninhalte selbst (z. B. von Postings, Blogs, Microblogs oder Podcasts), die Metadaten zu den Inhalten (z. B. Message-ID, Betreff, Absender, Bezug zu anderen Postings) und zum Nutzer (z. B. Profilname, demografische Daten, Standortdaten, Benutzersprache) sowie weitere Daten wie die Intentionen (z. B. Likes, Dislikes, Sternbewertungen) und Links (z. B. →Follower). Social Data dienen vor allem der Aggregation und anschließenden Analyse, u. a. um Daten über das Verhalten der Kunden zu erhalten (z. B. für eine verbesserte Produktplatzierung, Werbung oder Beratung). Aufgrund ihres Wertes für betriebliche Prozesse (→Social CRM) sind Social Data begehrt und bilden eine wichtige Einnahmequelle von Social-Media-Plattformen und -Dienstleistern. Allerdings sind bei der Datenerschließung die Regeln des Datenschutzes (→DSGVO) zu beachten, der eine klare Beschränkung auf einen Verwendungszweck oder eine explizite Einwilligung des Kunden (→Opt-in) verlangt.

Social Lending
→Crowdlending.

Social Login
Social Sign-In sind eine Form des Single-Sign-On (→SSO) auf Grundlage bestehender Social-Network-Dienste. Über das Login bei Diensten

wie Facebook, Instagram oder Twitter können sich Nutzer für andere Dienste authentifizieren (→Authentifizierung).

Social Media Payment
Bezeichnet die Nutzung sozialer Medien zur Durchführung von Zahlungstransaktionen. Zahlungsdienstleister (→PSP, →Zahlungsdienst) verlinken dazu den Social Media Account des Nutzers direkt mit einer →E-Wallet und belasten oder erstatten einen Zahlbetrag (Settlement) entsprechend der Vorgabe von Debitor oder Kreditor. Transaktionen können sowohl zwischen Personen (→P2P) als auch zwischen Personen und Unternehmen stattfinden (B2B, C2C, C2B, B2C). Der Vorteil liegt in der großen Nutzerzahl und der weltweiten Verbreitung von Social-Media-Plattformen, weshalb sie vor allem grenzüberschreitende Transaktionen im Vergleich zum realen Zahlungsverkehr effizient abwickeln können.

Social Trading
Bezeichnet die Verwendung von Social Media für die Anlageberatung, Vermögensverwaltung oder Anlagestrategie für Privatanleger. Beispielsweise teilen Anleger ihre Meinungen zu einer Anlagestrategie im sozialen Netzwerk oder auf speziellen →Plattformen, damit andere Anleger diese einsehen, kommentieren, mit ihrem eigenen Vermögen nachbilden oder um eigene oder bereits gemeinsam gesammelte Erfahrungen modifizieren zu können. Im weiteren Sinne bezeichnet Social Trading den Austausch unregulierter Handelsinformationen über soziale Netzwerke zum Zweck der Anlageentscheidung. Typische Handelsarten sind das Copy Trading, wobei Netzwerkteilnehmer A eine Handelstransaktion von Netzwerkteilnehmer B imitiert sowie das Mirror Trading bei dem Netzwerkteilnehmer A automatisch allen Aktivitäten von Netzwerkteilnehmer B folgt, d. h., A bildet vollständig die Anlagestrategie von B nach. Beispiele für Anbieter von Social Trading sind Wikifolio und eToro.

Social Validation
Verhalten, bei dem ein oder mehrere passive Individuen den Handlungen anderer innerhalb einer Gruppe folgen oder sich an diese anpassen. Danach richten beispielsweise Teilnehmer in sozialen Netzwerken ihre Handlungen bewusst darauf aus, von anderen Teilnehmern bewertet oder bestätigt zu werden. Dies kann durch gekaufte, gefälschte, elektronische (→Bot) oder authentische Teilnehmer erfolgen. Das Marketing versteht unter Social Validation eine Art soziale „Kettenreaktion“, die andere Nutzer zu ähnlichen Verhaltensweisen führt, d. h., wenn ein Benutzer eine positive Bewertung für ein Produkt oder eine positive Bewertung für ein Unternehmen hinterlässt, werden andere, selbst nicht angeschlossene Benutzer eher dieses Produkt kaufen oder mit diesem Unternehmen zusammenarbeiten. Diese Art der Werbung ist oftmals kostengünstiger und zielgruppengerechter, weshalb gerade →Start-up-Unternehmen häufig davon Gebrauch machen.

Social Verification
Beschreibt das Bestätigen der Identität von Inhalten und Teilnehmern mittels kollektiver Intelligenz (→Collective Intelligence, →Wisdom of Crowds) anstatt genauer elektronischer Identitäten (→eID). Im Finanzbereich kommt die Analyse dieser Daten auch bei der Kreditbeurteilung zum Einsatz. Ein Beispiel ist Lenddo.com.

Society for Worldwide Interbank Financial Telecommunication (SWIFT)
Für die (Weiter-)Entwicklung und den Betrieb eines elektronischen Kommunikationsnetzes zwischen Banken seit 1973 zuständiger genossenschaftlich organisierter Dienstleister. Dazu besitzt SWIFT drei Rechenzentren (in den Niederlanden, der Schweiz und den USA) und organisiert ein Datennetz zur sicheren Kommunikation zwischen den angeschlossenen Institutionen (sog. SWIFTNet). Für den elektronischen Nachrichtenaustausch (→EDI) hat SWIFT zudem wichtige Daten und Nachrichten im Zahlungsverkehr (z. B. den →BIC-Code) und dem Wertpapierhandel (z. B. ISO 15022) standardisiert bzw. an deren Entwicklung mitgewirkt. Zu den künftigen Entwicklungsfeldern zählt die Verwendung der →Blockchain-Technologie sowie der →ISO 20022-Standards.

Soft Fork
Ein häufig im Bereich offener Software (→Open Source) anzutreffender Begriff, der Veränderungen von Softwaresystemen (→Fork)

bezeichnet, die den kompatiblen Betrieb der neuen mit den älteren Versionen erlauben. Gegenüber →Hard Forks zeichnen sich Soft Forks in Netzwerken wie etwa der →Blockchain durch die Abwärtskompatibilität aus, sodass die Netzwerkknoten (→Nodes) sowohl mit der älteren als auch der neuen Software arbeiten können.

Software Development Kit (SDK)
Bezeichnet eine Softwareentwicklungsumgebung, die aus einer Programmiersprache, einer Laufzeitumgebung und einem Compiler sowie Programmbibliotheken besteht. SDK im →Blockchain-Umfeld existieren etwa für →Corda (z. B. Tokens SDK), →Ethereum (z. B. OpenZeppelin SDK) oder →Hyperledger (z. B. Fabric SDK).

Software-as-a-Service (SaaS)
Webbasierte Methode der Softwarebereitstellung bei der ein Softwareanbieter die Server, Datenbanken und Codes hostet und pflegt. Der Fernzugriff auf die Daten ist dem Kunden von jedem Gerät mit Internetverbindung und Webbrowser möglich. Anders als bei der klassischen →On-Premise-Softwarebereitstellung müssen Unternehmen beim SaaS-Modell nicht in umfangreiche Hardware investieren, um die Software zu hosten. Ebenso entfallen für den Nutzer der Implementierungs- und Wartungsaufwand und Aufgaben wie die Fehlersuche oder das Einspielen von Patches und Updates. SaaS unterscheidet sich zudem durch sein Preismodell von lokal gehosteter Software. Während bei letzterer Kunden eine typischerweise unbefristete Lizenz erwerben, entrichten Kunden beim SaaS-Modell eine jährliche oder monatliche Lizenzgebühr (Abo-Modell). Diese beinhaltet neben der Softwarelizenz in der Regel auch den Support. Bei lokal gehosteter Software hingegen fallen zusätzlich zur initialen Softwarelizenz jährliche Wartungs- und Supportgebühren an. Ein Vorteil von SaaS ist die Möglichkeit, die Kosten über die Nutzungsdauer der Software zu verteilen ohne substanzielle Vorab-Investitionen in Lizenzen und Hardware tätigen zu müssen.

Software-defined Business
Mit der →Digitalisierung von Prozessen (→Smart Process), Produkten (→Smart Product) und →Geschäftsmodellen hat die Bedeutung von Software gegenüber der Hardware zugenommen. In Ergänzung zum technologieorientierten →Software-defined Networking ist der Begriff des Software-defined Business anwendungsorientiert und charakterisiert den gestiegenen Stellenwert der Softwareentwicklung, der sich für Unternehmen im Aufbau eigener Kompetenzen (z. B. →DevOps) und Strukturen (z. B. eigenes Vorstandsressort zur Softwareentwicklung) sowie der Zusammenarbeit mit entsprechenden IT-Dienstleistern niederschlägt. Unternehmen der Finanzbranche sind in besonderem Maße softwaredefiniert, da die Gegenstände und Aktivitäten nur eine geringe physische bzw. materielle Komponente und einen hohen Informationsanteil besitzen. Zahlreiche →Fintech-Unternehmen begreifen sich daher stärker als →IT-Unternehmen als Vertreter der Finanzbranche und →Big-Tech-Unternehmen können viele ihrer Kernkompetenzen in Softwareentwicklung und -betrieb in geeigneter Weise im Finanzbereich zur Geltung bringen.

Software-defined Networking (SDN)
Beschreibt die Entkopplung von Hard- und Software in einer Netzwerkumgebung. Das Konzept beruht auf der →Virtualisierung von Ressourcen und erlaubt die Einbindung unterschiedlicher Endgeräte auf einem Internetprotokoll (→Protokoll), die Bereitstellung ortsunabhängiger virtueller Arbeitsplätze und Datenbestände in der Cloud (→Cloud Computing). Es gilt im Finanzbereich als Ansatz für etablierte Banken (→Incumbent) und →Start-up-Unternehmen gleichermaßen, um kostengünstig und sicher mehrere Endgeräte einzubinden (→Multi-/→Omni-Channel) oder um Dienste wie →Business Analytics über mehrere Systeme hinweg bereitzustellen. Das zentralisierte Management der virtuellen Ressourcen ist auch unter →Compliance-Gesichtspunkten von Bedeutung.

Solidity
Auf JavaScript aufbauende objektorientierte Programmiersprache zur Entwicklung von →Smart

Contracts in →Blockchain-Frameworks wie etwa →Ethereum. Neben Solidity ist mit Clarity eine Programmiersprache entstanden, welche das →Blockchain-System Stacks 2.0 nutzt, um →Bitcoin um die Funktionalität von →Smart Contracts und →DApps zu ergänzen.

Solo Mining
Bezeichnet gegenüber dem →Pool Mining die Teilnahme am →PoW-Konsensmechanismus durch einen einzelnen Akteur, der im Erfolgsfall den →Block Reward vollständig selbst erhält. Dies setzt jedoch seitens des →Miners eine hohe mögliche →Hashrate voraus.

Sourcing
Der Bezug betrieblicher Ressourcen kann nach verschiedenen Dimensionen erfolgen. Nach der Art der Ressourcen (Objekt des Leistungsbezugs) lassen sich der Bezug von technischen →IT-Leistungen (→Cloud Computing) und von Prozessergebnissen (→BPO), nach der Richtung des Leistungsbezugs lassen sich die Auslagerung (→Outsourcing) oder der Aufbau von internen Ressourcen (Insourcing) unterscheiden. Nach dem Standort des Leistungsbezugs sind das On-, Near- und Offshoring (Bezugsquelle im Inland oder im näheren bzw. weiteren Ausland) zu differenzieren und nach dem Grad der Leistungserstellung das minimale, partielle und maximale Outsourcing (< 20 %, 20 bis 80 %, > 80 % bemessen an der Eigenfertigungstiefe). Gerade junge →Fintech-Unternehmen mit einer geringen Ressourcenausstattung sind zur Zusammenarbeit auf externe Partner und Sourcing-Beziehungen angewiesen. Zur Definition und Kontrolle derartiger Kooperationen dienen Service Level Agreements (→SLA).

Special Purpose Acquisition Company (SPAC)
Ein für Anlagezwecke gegründetes Unternehmen, das als einzige eigene Geschäftstätigkeit die Akquisition von Unternehmen besitzt. Dazu sammeln sie an der Börse Gelder ein und investieren diese über einen Zeitraum von maximal zwei Jahren in Unternehmen mit denen sie anschließend verschmelzen. Gegenüber klassischen Börsengängen (→IPO) ist der Prozess weniger komplex und zeiteffizienter. Das Konzept hat auch an Aktualität gewonnen, da sich die Prozesse (etwa die Rückzahlungen an die Investoren falls sich keine geeigneten Investitionsobjekte finden) durch →Smart Contracts automatisieren lassen.

Stable Coin
Die Verbindung aus „Coin" (Münze) und „Stability" bezeichnet →Kryptowährungen, die keinen oder zumindest nur geringen Kursschwankungen unterliegen und damit nur eine geringe (bzw. im Idealfall keine) Volatilität aufweisen. Sie sollen damit einen wesentlichen Nachteil vieler →Kryptowährungen, insbesondere von →Bitcoin, als →virtuelle Währungen vermeiden. Wie im Fall von →Diem erhofft sich der →Issuer davon mehr Vertrauen in die jeweilige Währung, da diese den gesetzlichen Zahlungsmitteln damit ähnlicher wird, insbesondere in der Wertaufbewahrungsfunktion. Um die Wertbestimmung möglichst genau abbilden und ermitteln zu können, ist die →Kryptowährung an eine Referenzwährung gekoppelt. Der Basiswert bzw. das Referenzobjekt des →Tokens kann eine bestehende Landes- bzw. →Fiat-Währung, den Wert eines Rohstoffs wie Gold oder eine andere →Kryptowährungen umfassen. Stable Coins existieren bereits in Ländern wie Brasilien, China, Schweden, Singapur oder Venezuela.

Staking Coin
→Coin, die ein →Kryptowährungssystem mittels des →Proof-of-Stake-Konsensmechanismus generiert hat. Eine Übersicht verbreiteter Staking Coins findet sich in den Tabellen zu Top30-Kryptowährungen im Anhang.

Stapelverarbeitung
Die Sammlung von Verarbeitungsaufträgen in Batches (engl. für Stapel) lässt sich auf lochkartenbasierte →Anwendungssysteme zurückführen. Die Buchungen bzw. Rechenaufträge haben dann erst zu einem bestimmten Zeitpunkt (z. B. am Ende eines Geschäftstages oder eines Geschäftsmonats) stattgefunden, sodass die Bestände im System nur mit Zeitverzögerung dem aktuellen Stand entsprachen bzw. die Ausführung von Aufträgen mit längeren Laufzeiten (z. B. Ver-

buchung erst am nächsten Tag, t+1) verbunden waren. Wenngleich elektronische Speichermedien und Datenverarbeitungsnetze die Lochkarten verdrängt haben, ist insbesondere bei Schnittstellen zwischen →Anwendungssystemen auch heute noch Stapelverarbeitung zu beobachten. Beispielsweise hat erst mit der →Echtzeitüberweisung ein Wechsel von der Stapel- auf die →Echtzeitverarbeitung stattgefunden. Ebenso finden sich Merkmale der Stapelverarbeitung in →Kryptowährungen wie →Bitcoin, bei welchen →Miner Transaktionen bündeln und erst nach Generieren eines neuen Blocks die Transaktionen dorthin schreiben (→Bitcoin-Transaktion).

Start-up
In Anlehnung an die Begriffsdefinition aus dem Finanzmanagement, ein Unternehmen, das sich mit einer innovativen Idee (sog. Smart Capital) in der →Seed- (Entwicklung von Prototypen oder Unternehmenskonzepten), Gründungs- (Klärung der Finanzierung) oder First-Phase (Aufnahme Produktion und Markteinführung) seiner Entwicklung befindet. Eindeutige Merkmale wie etwa das Alter des Unternehmens oder die Mitarbeiterzahl, sind aufgrund der unsicheren Entwicklung der Gründungen nur bedingt zur Charakterisierung geeignet. Häufig kommen daher Metriken wie etwa der Grad an →Innovation, die →Skalierbarkeit des →Geschäftsmodells, Beteiligungen von →Wagniskapital oder →Business-Angels oder die Phase des Lebenszyklus zur Anwendung.

Start-up-Finanzierung
Bezeichnet die Finanzierung in der →Start-up-Phase und damit die zweite Phase der →Wagniskapital-Finanzierung nach der →Seed-Finanzierung. Im Erfolgsfall schließt sich die Phase der →First-Stage-Finanzierung an.

Start-up-Phase
Die Start-up-Phase kennzeichnet die Phase des Unternehmensaufbaus im Lebenszyklus einer Unternehmensgründung (→Start-up). Je nach Stand der →digitalen Transformation und dem technologischem Einsatzfeld finden in dieser Phase umfangreiche F&E-Tätigkeiten statt, etwa der Aufbau der Produktion, die Vorbereitung des Vertriebs oder die Realisierung der Markteinführung.

Stellar
→Kryptowährung, die eine →Open-Source-Lösung für den Zahlungsverkehr bzw. den Austausch von →Token bereitstellt. Als →Konsensmechanismus kommt das →Stellar Consensus Protocol zum Einsatz.

Stellar Consensus Protocol (SCP)
Das Stellar Consensus Protocol bietet die Möglichkeit, einen →Konsens zur Erfassung von Finanztransaktionen zu erreichen, ohne sich auf ein geschlossenes System zu verlassen. Das →Protokoll beruht auf sog. Quoren (eine Reihe von →Nodes), die durch den Austausch von Signaturen einen sicheren →Konsens erzielen. Als Hauptmerkmale von SCP gelten eine dezentrale Steuerung, geringe Latenz, flexibles Vertrauen sowie eine hohe Sicherheit. Das aus ca. 60 Knoten (→Node) bestehende Stellar-Netzwerk ist in der Lage, eine große Anzahl von Transaktionen effizient abzuwickeln, da kein →Mining erforderlich ist.

Stock Exchange Daily Official List (SEDOL)
Ein von der London Stock Exchange vergebener Identifikationsstandard für Wertpapiere, der als nationale Kennnummer für England und Irland in die →ISIN eingeht. Eine SEDOL hat sieben Stellen, davon sechs alphanumerische sowie eine numerische Prüfziffer. Die Umwandlung in die →ISIN erfolgt durch Ergänzen des →ISO-Ländercodes und zweier Nullen sowie einer abschließenden Prüfziffer. Ein Beispiel für einen HSBC-Fonds zeigt Abb. 5.

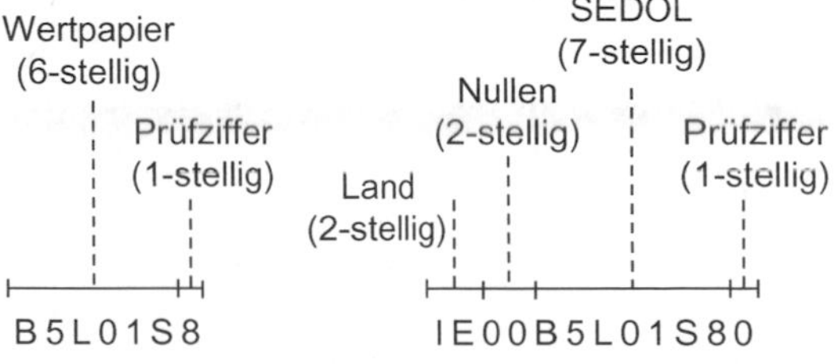

Abb. 5 Aufbau der SEDOL (links) und Überführung in die ISIN (rechts)

Store-of-Value (SoV)
Der Wertaufbewahrungsfunktion von Geld gelten neben physischen und →virtuellen Währungen weitere Anlageobjekte, wie etwa Aktien, Bodenschätze, Kunstgegenstände, Immobilien oder Lebewesen als Store-of-Value. Mit der →Digitalisierung und →digitalen Assets hat sich der Begriff der Digital SoV verbreitet, zu welchen auch →Kryptowährungen und →NFT zählen.

Straight Through Processing (STP)
Bezeichnet die medienbruchfreie (→Medienbruch) direkte Übertragung von elektronisch erfassten Daten bzw. Nachrichten zwischen zwei oder mehreren →Anwendungssystemen. Dieser elektronische Datenaustausch (→EDI) führt neben einer Erhöhung der Verarbeitungsgeschwindigkeit zu einer Reduzierung von manuellen (menschlichen) Fehlern. Entsprechend der Ziele des →Electronic Business bildet STP eine wesentliche Voraussetzung für integrierte und unternehmensübergreifende Prozesse. Teilweise (z. B. in der Versicherungsbranche) findet sich für STP auch der Begriff der Dunkelverarbeitung, da bei einem vollständigen STP die Durchführung vollständig automatisiert bzw. nicht sichtbar erfolgt.

Strong Customer Authentication (SCA)
Mit der Zwei-Faktor-Autorisierung (→2FA) verbundene Anforderung der →PSD2, um die Sicherheit →elektronischer Zahlungen sicherzustellen.

Subchain
Das Konzept der Subchains ist aus der sicheren Bereitstellung von →IoT-Anwendungen auf →Blockchain-Basis entstanden. Ausgangspunkt ist die Annahme, dass die Anwendungsfelder auch unterschiedliche Ausgestaltung der jeweiligen →Blockchain-Infrastruktur erfordern, aber gleichzeitig auch untereinander Daten austauschen sollen. Im Mittelpunkt dieses Konstrukts steht analog der →Mainchain eine sog. →Rootchain, die verschiedene →Sidechains verwaltet und auch bei fehlerhaften Subchains unbetroffen bleibt.

Super Peer-to-Peer
Bezeichnet die Weiterentwicklung des →P2P-Netzwerkes um die Zwischenschaltung leistungsfähiger Peer-Mitglieder als zentrale Server, die das Netzwerk organisieren. Super-Peer-Netzwerke kommen etwa bei VoIP-Diensten wie Skype zum Einsatz. Gespräche laufen dabei nicht über einen zentralen Server, sondern über Knotenpunkte (Supernodes) zwischen den einzelnen Nutzern. In ähnlicher Weise funktionieren die →Masternodes in →Blockchain-Netzwerken.

Sweet Equity
Anreizorientiertes Vergütungssystem für Mitarbeiter eines Unternehmens, wenn sich beispielsweise Investoren an einem Unternehmen beteiligt haben und diese eine Abwanderung von Mitarbeitern vermeiden wollen. Dabei übertragen sie vergünstigte Eigenkapitalanteile an Mitarbeiter, wobei diese Art der Entlohnung gerade für die Führungskräfte eine verbindliche Bonifikationsregelung durch die Investoren bietet. Im Falle eines Management-Buy-out besteht die Möglichkeit, dass das Management zu Vorzugskonditionen von der mitfinanzierenden Beteiligungsgesellschaft Sweet Equity z. B. Kapitalanteile erwerben kann, sofern bestimmte Rahmenbedingungen wie die Sicherstellung der Geschäftskontinuität oder das Einleiten von Maßnahmen zur Vermeidung von Kundenabwanderung, erfüllt sind.

Swiss Interbank Clearing (SIC)
Nationales Clearingsystem der Schweiz, das sowohl als →ACH als auch als →RTGS agiert und die Mehrheit der →elektronischen Zahlungen in der Schweiz verarbeitet. Betreiber ist mit der SIX Group ein Zusammenschluss von Schweizer Banken. Das System unterstützt seit dem Jahr 2018 →ISO 20022 und seit 2019 auch Transaktionen über →Kryptowährungen.

Switch/Switching
Aus der Netzwerktechnik sind Switches sowie Router bekannt und liegen den Aktivitäten des Switchings bzw. des →Routings zugrunde. Während Switches die Ressourcen in einem Netzwerk verbinden, so übernehmen Router die Verbindung von Netzwerken und Switches. Im Kon-

text des Zahlungsverkehrs ist das Switching Teil der Weiterleitung einer Transaktionsinformation (→Routing) an den entsprechenden Empfänger im Rahmen des Zahlungsprozesses. Switching ist notwendig, wenn die →Acquiring Bank die geeignete →Issuing Bank und den geeigneten Clearing- und Abrechnungsmechanismus (→CSM) ermitteln muss. Switching umfasst auch die Datenkonvertierung von Formaten, z. B. wandelt ein →Gateway das externe Format in ein internes (in-house) Format um, um die →Autorisierung und das Settlement zu verarbeiten.

Symmetrische Verschlüsselung
→Advanced Encryption Standard (AES).

Synthetix
→Kryptowährung aus dem Umfeld der →Decentralized Finance, die auf →Ethereum aufbaut und den Handel von synthetischen Finanzprodukten (z. B. Derivative auf Basis von materiellen oder immateriellen Vermögenswerten) unterstützt.

Tablet Advisory
Beschreibt den Einsatz mobiler Geräte wie Tablets oder Smartphones zur Kundenberatung. Derartige Anwendungen bieten zahlreiche Vorteile für Kunden (z. B. örtliche Flexibilität, Einsatz digitaler Werkzeuge) und Finanzdienstleister (u. a. Steigerung der Beraterproduktivität, Senkung der Beratungskosten, Erhöhung der Kundenzufriedenheit). Kern der Tabletberatung ist ein mobiles System mit eingänglich gestalteter Benutzeroberfläche und Tablet-spezifischen Funktionalitäten, das eine direkte Interaktion in der gemeinsamen physischen Situation zwischen Kunde und Bankberater zulässt. Gerade die Verwendung der Lösungen in der physischen Beratungssituation ermöglicht häufig einen intuitiveren Zugang zur entwickelten Finanzlösung, da die Kundenberater das Angebot interaktiv mit dem Kunden entwickeln und diese es dadurch leichter nachvollziehen können.

Tangle
Datenstruktur, die auf dem Konzept gerichteter azyklischer Graphen (→DAG) aufbaut und bei der →Kryptowährung →Iota Verwendung findet.

TARGET Instant Payment Settlement (TIPS)
Seit 2017 angebotener Dienst zur Abwicklung von Echtzeitzahlungen (→Echtzeitverarbeitung) zwischen Zahlungsdienstleistern (→PSP) im Euro-Raum nach dem SEPA-Instant-Credit-Transfer-Verfahren. Zu den Teilnehmern zählen Zentral- und Geschäftsbanken.

Technical Acceptance Provider (TAP)
Unternehmen, welche die technische Anbindung von Infrastruktur oder Abwicklungssystemen im →E-Commerce und im →Mobile Commerce übernehmen. Dazu zählen z. B. →Authentifizierung (z. B. 3DS-Authentification, Risikobewertung bzw. Scoring) oder Anbieter spezifischer Verfahren zur →Identitätsprüfung (z. B. →Video-Ident-Verfahren). TAP ergänzen damit im →Vier-Ecken-Modell die Tätigkeitsbereiche von →Issuern und →Acquirern.

Tendermint
Bezeichnet einen →Konsensmechanismus ohne →Mining. Tendermint ist eine Software zur sicheren und konsistenten Replikation einer Anwendung auf vielen Systemen. Aus Sicherheitsgründen soll Tendermint auch dann funktionieren, wenn bis zu einem Drittel der Systeme ausfallen. Konsequent steht dafür, dass jede nicht fehlerhafte Maschine Zugriff auf das gleiche Transaktionsprotokoll (→Protokoll) hat und den gleichen Sachverhalt berechnet. Sichere und konsistente Replikation bildet eine grundlegende Herausforderung in →DLT-Systemen und gilt als zentral für die Fehlertoleranz in zahlreichen Anwendungsfelder (z. B. Währungen, Wahlen).

Tether
Ähnlich →Bitcoin oder →Ripplecoin ist Tether eine nicht staatlich regulierte →Kryptowährung, die mit →Tether eine 1:1 zum US-Dollar, dem japanischen Yen oder dem Euro gehandelte →Stable Coin unterstützt. Die Gründung von Tether erfolgte im Jahr 2014 unter dem Namen Realcoin, änderte diesen jedoch kurz darauf in Tether und war ab dem Jahr 2015 handelbar (z. B. über die →Kryptobörse →Binance).

Tezos
Tezos ist sowohl eine →Kryptowährung als auch eine →Open-Source-Plattform, welche die Schweizer Tezos Stiftung als gemeinnützige Organisation mit einer globalen Gemeinschaft von →Validatoren, Forschern und Entwicklern unterstützt. Das →Token XTZ ist als →Utility Token klassifiziert und dient als Grundlage für →Tokenisierungsinitiativen sowie für die Entlohnung der →Validatoren für das →Baking. Planungssicherheit für Investoren soll auch dadurch entstehen, dass nur →Validatoren über die Weiterentwicklung von Tezos entscheiden und dadurch keine Abspaltungen (→Hard Fork) stattfinden.

Theta
Auf →Ethereum aufbauende →Kryptowährung, dessen →ERC-20 Theta für Anwendungszwecke im Bereich des Videostreamings und der Computerspiele einsetzt. Beispielsweise können Nutzer über die in zahlreichen Android-Smartphones integrierte →DApp Theta.tv Videos teilen und darüber auch Bezahlprozesse abwickeln.

Thin File
Begriff aus der Kreditwürdigkeitsprüfung, der eine begrenzte Bonität oder eine persönliche sowie juristische Person mit einer kurzen Kredit- bzw. Bonitätshistorie bezeichnet. Thin Files haben erhöhte Schwierigkeiten, die Zusage für ein Darlehen oder andere Finanzierungsarten zu erhalten, da über diese zu wenig Erfahrung im Umgang mit Kreditrückzahlungen vorliegen. Da gerade im →Start-up-Umfeld junge Unternehmer oder Unternehmen diese Problematik haben, verwenden Kreditauskunfteien bei Kreditentscheidungen häufig alternative Daten, z. B. die Zahlungsverkehrshistorie, Vorsorgezahlungen, Mietzahlungen oder Angaben aus Social Media (→Social Data).

Third Party Issuer (TPI)
Diese Drittanbieter (→TPP) geben selbst Zahlungskarten an Kunden aus, ohne aber das je Kartentransaktion belastete Kundenkonto zu verwalten. Das kartenausstellende Institut (→Issuer) wiederum muss nicht dasselbe Institut sein wie das kontoverwaltende Institut.

Third Party Payment Service Providers (TPPSP)
Drittzahlungsdienstleister sind Drittanbieter (→TPP) für Zahlungsverkehrsleistungen, die seit der →PSD2 der bankaufsichtsrechtlichen Regulierung unterliegen. Der Begriff TPPSP umfasst Zahlungsauslösedienste (→PISP) und Kontoinformationsdienste (→AISP). Unter Verwendung der persönlichen Zugangsdaten des Kontoinhabers erhalten beide Arten von Dienstleistern Zugang auf das Zahlungskonto des Kontoinhabers. Zahlungsauslösedienste veranlassen Überweisungen an Dritte, während Kontoinformationsdienste den Kontostand und/oder die Umsätze abfragen.

Third Party Provider (TPP)
Drittanbieter, die etwa in →Outsourcing-Beziehungen und Netzwerken (→Ökosystem) spezialisierte Leistungen anbieten. Zahlreiche Rollen finden sich beispielsweise im Bereich des Zahlungsverkehrs (→Acquirer, →Issuer, →NSP, →PSP, →TPPSP), die im Zusammenhang mit dem →Zahlungsdiensteaufsichtsgesetz Zahlungsauslöse- oder Kontoinformationsdiensten ausführen dürfen. Der Begriff Drittanbieter von →Zahlungsdiensten bezeichnet Anbieter von Kontoinformationen und Zahlungsinitiierungsdiensten, die seit der Umsetzung der zweiten Richtlinie über Zahlungsdienste (→PSD2) einer Genehmigung und Registrierung unterliegen. Es wird auch verwendet, um auf Emittenten von Drittanbietern hinzuweisen. Weitere TPP finden sich im Bereich der Sicherheitsdienstleistungen, die etwa Leistungen für das →Identitätsmanagement oder die Schlüsselverwahrung (→Private Key) anbieten (→TTP).

Third-Stage-Finanzierung
Bezeichnet im Allgemeinen die letzte Phase der →Wagniskapital-Finanzierung. Bei →Start-up-Unternehmen betrifft dies die Bereitstellung von Finanzmitteln, nachdem das Unternehmen die Verlustzone verlassen hat oder kurz vor bzw. bereits in der Gewinnzone steht und zur Marktdurchdringung weitere Finanzmittel benötigt (→Serie A bis F).

Three-Corner Model
→Drei-Ecken-Modell.

Token
Bezeichnet eine nach bestimmten Regeln zusammengestellte Sequenz von Zeichen. Dies findet sich z. B. im Bereich der Wissensverarbeitung, die Texte in Token zur Weiterverarbeitung zerlegt (z. B. Text Mining), im Bereich der Verschlüsselung, wobei Token nicht-sensible Äquivalente von sensiblen Daten darstellen und im Bereich der →Digital Assets eine digitale Abbildung ökonomischer Werte. Im Finanzbereich finden Verfahren des Text Mining etwa im Rahmen des →Social CRM Verwendung und Verschlüsselungsverfahren insbesondere im Zahlungsverkehr. So beinhalten Token etwa verschlüsselte Kreditkartendaten, die bei Online-Zahlungen und mobilen bzw. kontaktlosen Zahlungen (z. B. beim Datenaustausch zwischen Mobilgerät und Händlerterminal sowie zwischen →Acquirer und Zahlungsnetzwerk) zum Einsatz kommen. Die Verwaltung erfolgt auf Token-Servern von Token-Service Providern (z. B. den Kreditkartengesellschaften). Eine weitere Form der Token im Finanzbereich findet sich bei Währungen, wobei bereits physische Münzen eine Art von Token darstellen. Verbreitung hat der Begriff jedoch mit der →Distributed-Ledger- bzw. der →Blockchain-Technologie erfahren, worin Token die getauschten →digitalen Assets repräsentieren. Sie lassen sich als Wertmarke oder Jeton verstehen und finden sich häufig als Synonym für →Coins. Bekannte Ausprägungen sind Payment-Token (Zahlungsmittel wie etwa →Bitcoin, →Ether, die häufig der Geldwäscheregulierung (→AML) unterliegen), →Utility Token (vorausbezahlte Nutzungsgebühr, keine Zahlungsmittel oder Wertpapiere) und →Security bzw. Asset Token (repräsentieren wie ein Wertpapier Anlagewerte bzw. Derivative und sind keine Zahlungsmittel). Die →Utility- und Security-Token beruhen häufig auf den →Payment-Token, die als →Protokoll-Coins wichtige Grundfunktionalitäten liefern. So können auf dem →ERC-20-Token aufbauende →Kryptowährungen dadurch Blockchain-3.0-Funktionalitäten (→Blockchain x.0) nutzen. Der Verkauf von Token erfolgt in Initial Coin Offerings (→ICO) als eine Art der Finanzierung mit Beteiligung der Kunden am künftigen Produkt (z. B. Vorab-Zusicherung von Anteilen/Stück an einer künftig auszugebenen Währung).

Token Economy
Anknüpfend am dritten Begriffsverständnis der →Tokenisierung, bezeichnet das Schlagwort der Token Economy Wirtschaftsabläufe, die auf den Potenzialen digitaler dezentraler Infrastrukturen aufbauen. Indem →DLT-Systeme zahlreiche Objekte digital abbilden und handelbar machen, ermöglichen sie neue Abläufe und →Geschäftsmodelle. Letztere beruhen insbesondere auf der Elimination (→Disintermediation) bestehender Finanzdienstleister (→TTP) wie sie sich bei Formen der dezentralisierten Finanzwirtschaft (→DeFi), etwa dem →Crowdfunding, wiederfinden.

Token Generating Event (TGE)
→Initial Coin Offering (ICO).

Token Launch
Bezeichnet die Phase eines →ICO, in welcher die Suche nach Investoren stattfindet, die sich an von einer Community initiierten →Token beteiligen. Für ihr Investment erhalten sie eine bestimmte Anzahl an →Token.

Token Purchase Agreement (TPA)
Vertrag zur Regelung der Bedingungen beim Kauf von →Token, z. B. von →ERC-20-basierten →Token bei →Ethereum. Enthalten sind etwa die Bezeichnung des →Token, der Kaufpreis, die Lieferbedingungen, Bedingungen an die Käufer (z. B. eine bestimmte Staatsbürgerschaft), Benennung von Risiken, Vertraulichkeitsregelungen oder die Regelung von Ausnahmefällen (z. B. Verlust von Schlüsseln, ungültige →Wallet-Adresse). Damit liefern TPA eine rechtliche Grundlage zur Ausführung von →Smart Contracts.

Token Service Provider (TSP)
Dienstleister für die Verwaltung von →Token auf einem Tokenisierungsserver, die sich primär auf das zweite Begriffsverständnis der →Tokenisie-

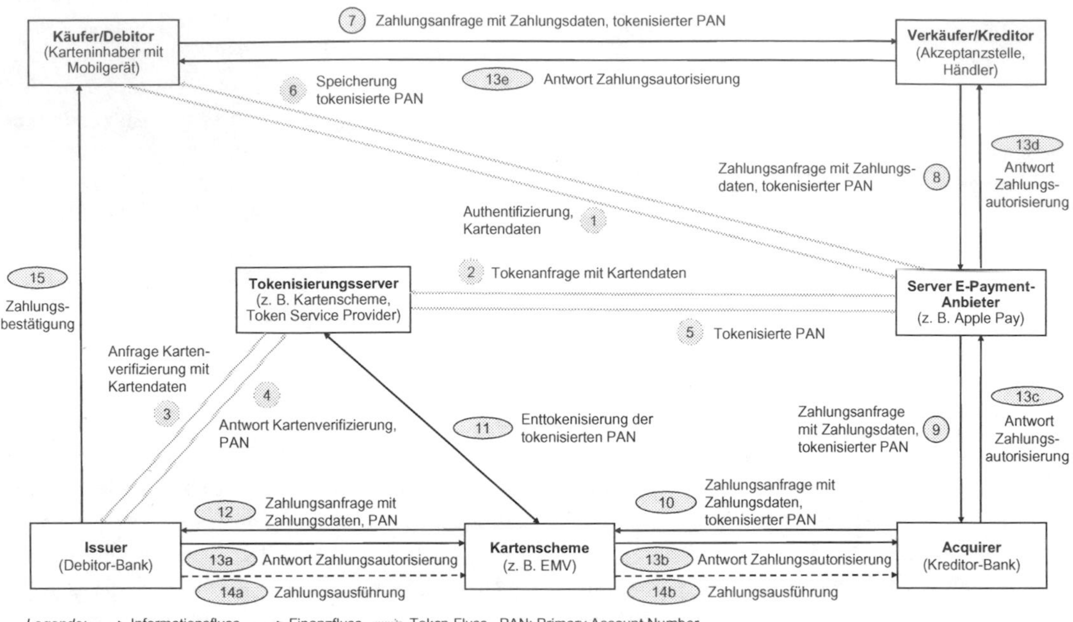

Abb. 6 Einbindung des Token Service Providers mit Tokenisierungsserver im Vier-Ecken-Modell

rung, d. h. die Sicherheits-Token im →Mobile Banking konzentrieren. Bekannte Anbieter sind beispielsweise →Issuer oder Betreiber von Zahlungsnetzwerken wie etwa →EMV. Die Einbindung des TSP im →Vier-Ecken-Modell bei mobilen Kartenzahlungen zeigt Abb. 6. Der Benutzer hinterlegt hierbei auf seinem →NFC-fähigen, mobilen Gerät in der →App des →E-Payment-Anbieters (z. B. Apple Pay) seine Kreditkartendaten. Die →App sendet diese an den Server des →E-Payment-Anbieters (Schritt 1 in Abb. 6), der diese an den Tokenisierungsserver des TSP weiterleitet (Schritt 2). Von dort geht eine Anfrage zur Verifizierung der Kartendaten an die Debitor-Bank (Schritt 3). Nach Verifizierung der Kartendaten, sendet die Debitorbank die zur Kreditkarte gehörende Primary Account Number (→PAN) zurück an den Tokenisierungsserver (Schritt 4), der sie tokenisiert und an den Server des →E-Payment-Anbieters zurück sendet (Schritt 5). Dieser leitet sie wiederum an die App des Benutzers weiter (Schritt 6), in welcher die tokenisierte →PAN dauerhaft gespeichert bleibt, sofern sie der Benutzer nicht löscht. Erkennt das Mobilgerät bei einer Kartenzahlung im Geschäft ein →NFC-Feld, muss sich der Nutzer zunächst in der →App, z. B. via Passwort, Gesichtserkennung oder Fingerabdruck authentisieren (→Authentisierung) und kann dann seine bereits tokenisiert gespeicherte Karte zur Zahlung verwenden. Hierbei sendet die →App die tokenisierte →PAN zusammen mit einem transaktionsspezifischen Sicherheitscode und den Zahlungsdaten an das Händlerterminal (Schritt 7). Es schließt sich die klassische kartenbasierte Abwicklung im →Vier-Ecken-Modell an.

Tokenisierung/Tokenization

Entsprechend dem Begriff des →Token finden sich auch bei der Tokenisierung mehrere Begriffsverständnisse im Finanzbereich. Ein erstes ist das Zerlegen von Texten im Text Mining, das etwa im Bereich von →Social CRM bei der Analyse unstrukturierter Daten (z. B. von Geschäfts- und Analystenberichten oder von Kundenpostings mit der →Sentimentanalyse) zum Einsatz kommt. →Token fassen beispielsweise mehrere Worte zu einer höheren Bedeutung zusammen oder zerlegen Wörter in Grundformen wie etwa den Singular. Ein zweites sind Datensicherheitsverfahren auf

Basis von →Token, wobei ein nicht-sensibles Äquivalent (das →Token) ein sensibles Datenelement ersetzt. So kommen etwa bei der Kreditkartennutzung anstatt der Kreditkartennummer (sensibles Datenelement) derartige Token als nicht-sensible Referenzwerte zum Einsatz. Im Zahlungsverkehr kann das Token dann uneingeschränkt an jeder Infrastruktur weitergegeben und genutzt werden, ohne gesonderte Sicherheitsvorkehrungen oder Zertifikate (z. B. →PCI-Compliance) vorweisen zu müssen. Somit kann der Verkäufer mittels →Token kundenspezifische Daten, etwa die letzten vier Stellen der Kreditkartennummer, in seinen Systemen hinterlegen und diese als Identitätsmerkmal oder bevorzugtes Zahlungsinstrument im →One Click Checkout verwenden. Das dritte Begriffsverständnis knüpft an →Token als →Digital Assets bzw. Vermögenswerte an und bezeichnet damit auf einer →DLT ausgegebene Vermögenswerte. Die Tokenisierung beschreibt dabei den Prozess der Erstellung eines fälschungssicheren digitalen Abbildes eines Vermögenswertes wobei es sich um zahlreiche Güter (z. B. Aktien, Immobilien oder Kunstgegenstände) handeln kann. Entsprechende Tokenisierungs-Dienstleistungen bieten beispielsweise →Krypto-Banken an. Nachdem die →Token prinzipiell alle Arten von Eigentumsrechten – ob nun an materiellen oder immateriellen Objekten, Leistungen oder Rechten – abbilden können, entsteht hier ein über den heutigen Anlagemarkt hinausgehendes Marktsegment, das etwa neue Anlageformen wie das →Crowdfunding erlaubt.

Total Cost of Ownership (TCO)
Umfasst sämtliche mit dem Besitz einer Ressource (z. B. Hard- und Softwaresysteme) verbundenen direkten (z. B. Hardware- und Softwarebeschaffung, Entwicklungs- und Wartungskosten) und indirekten (z. B. Ausfallkosten, →Transaktionskosten) Kosten. Der Besitzprozess reicht von der Beschaffung über den Betrieb zur Wartung sowie Weiterentwicklung (z. B. aufgrund regulatorischer Vorgaben) und betrifft unmittelbar die Kostenbelastung eines Unternehmens. Ziel ist daher neben grundsätzlichen Maßnahmen zur Reduktion der TCO (z. B. die Nutzung von →Open-Source-Lösungen) auch die Variabilisierung der Fixkosten (z. B. durch →Outsourcing und →Services).

Trans-European Automated Real-time Gross Settlement System (TARGET)
Clearing-System, das sämtliche Euro-Zahlungen im Euro-Raum zwischen der Europäischen Zentralbank (→EZB) sowie den Zentralbanken der 19 Euro-Währungsländer abwickelt. Das System agiert sowohl als →ACH als auch als →RTGS und ist seit 2007 als Target2 im Einsatz. Die Banken sind an das System über das →SWIFT-Netzwerk angeschlossen. Ab Ende 2021 ist der Ersatz von TARGET durch die T2-Plattform angekündigt, die sich u. a. durch die Verwendung des →ISO 20022-Standards auszeichnet.

Transaction-based Directed Acyclic Graph (TDAG)
Ausprägung einer →DAG, die auf der graphenbasierten Vernetzung von Transaktionen beruht.

Transactions per Second (TPS)
Diese Kennzahl (→KPI) ist ein Maß für die Leistungsfähigkeit transaktionsorientierter →Anwendungssysteme und Netzwerke. Sie ist relevant für die Transaktionsabwicklung bei →Kernbankensystemen (z. B. im Zahlungsverkehr oder bei Börsenaufträgen) sowie Netzwerken von →SWIFT, Kreditkartenanbietern oder →Kryptowährungen. So nennt etwa Visa für sein Kreditkartensystem eine maximale TPS von 65.000 (Visa 2020), während Internetquellen (Sedgwick 2018) von 1700 TPS für Visa ausgehen. Demgegenüber liegt die TPS der →Bitcoin-Blockchain bei gegenwärtig ca. vier bis sieben und ist daher Gegenstand verschiedener Weiterentwicklungen zur Erhöhung der Leistungsfähigkeit (→Bitcoin Improvement Proposal, →Skalierbarkeit). Letztere erreichen bei →Dash ca. 30 bis 56, bei →Neo ca. 1000 und bei →Eos ca. 5000 (De Kwaasteniet 2018). Eine ähnliche Situation ist bei →Ethereum zu beobachten, die im klassischen Szenario eine TPS von 7–15 besitzt, die mit der Eth2.0-Erweiterung auf bis zu 100.000 ansteigen soll (Grenda 2020).

Transaktionsbank
→Geschäftsmodell von Finanzdienstleistern, das sich auf die Abwicklung von Finanztransaktionen (z. B. Zahlungsverkehrs-, Wertpapier-, Kredit-, Versicherungsaufträge) konzentriert. Das Ziel besteht darin, durch Realisierung von Skalenerträgen, häufig durch die Bündelung von Abwicklungsaktivitäten mehrerer Banken, einen Kostenvorteil im →Backoffice zu erzielen. Infolge der reinen Transaktionsorientierung benötigen Transaktionsbanken nicht zwingend eine Banklizenz, sodass sich auch →IT-Dienstleister hier positionieren können.

Transaktionsfluss
Nach →Autorisierung einer digitalen Zahlung (→Digital Payments elektronische Zahlungen) müssen der Händler und der →Issuer eine Information über die Abwicklung der Transaktion in ihren Systemen hinterlegen, womit die Verfügung eines Zahlungsbetrag vom Konto des Karteninhabers vermerkt ist. Involviert sind in diesen Ablauf der →Issuer, der Händler, der →NSP und die Händlerbank. Zum Einleiten der Verarbeitung besitzt der Händler verschiedene Möglichkeiten, die Information über die autorisierte Transaktion an seine Händlerbank zu kommunizieren. So kann der Händler die Information direkt mittels des Terminals am →Point-of-Sale an den →NSP senden, dieser bereitet die Daten auf und übermittelt sie an die Händlerbank. Ebenso kann der Händler die Zahlungsinformation zu einem mit der Händlerbank vorab festgelegten Zeitpunkt an einem Stichtag direkt übermitteln. Unabhängig davon, wie der Händler den Vorgang handhabt, muss der die Zahlung autorisierende →Issuer gleichzeitig einen Vermerk im Kontoverwaltungssystem bis zur Belastung des Kontos hinterlegen. Mit Vorliegen dieser Information über die Transaktion bei der Händlerbank beginnt anschließend der Prozess des →CSM. Im Rahmen von →ATM-Transaktionen erfolgt eine sofortige Belastung des Kontos des Karteninhabers.

Transaktionskosten
Für Transaktionskosten lassen sich zwei Begriffsinterpretationen unterscheiden. Zunächst bezeichnen sie in einem engeren und einem umgangssprachlichen Gebrauch die monetären Kosten einer ökonomischen Güterübertragung zwischen Wirtschaftssubjekten. Derartige Transaktionsgebühren sind im Finanzbereich beispielsweise die Kosten einer Kreditkartentransaktion, die prozentual bezogen auf den Wert einer Transaktion je Transaktion für den Händler anfallen (→MSC) oder die vom →Acquirer an den →Issuer fließenden →Interchange Fees. Im weiteren und industrieökonomischen Sinne bezeichnen sie sämtliche mit einer ökonomischen Transaktion auf Seiten des Käufers und des Verkäufers verbundenen monetären sowie nicht-monetären Aufwände. Dies beginnt bei den Zeitaufwänden zur Sichtung von Angeboten und Anbietern im Markt und setzt sich über die Aushandlung von Preis- und Vertragskonditionen bis zu möglichen Auseinandersetzungen zur Durchsetzung vereinbarter Klauseln fort. Grundsätzlich ist davon auszugehen, dass die →Digitalisierung mit Vergleichsplattformen (→digitaler Marktplatz) und zahlreichen →Self-Services zu einer Reduktion der Transaktionskosten beiträgt und darüber zu einer Vernetzung von Unternehmen beiträgt. Zu den Beispielen zählen die Zusammenarbeit von Banken (→Incumbent) mit →Fintech-Unternehmen oder die Kooperation in →Ökosystemen (→Open Banking).

Tron
Im Jahr 2017 auf Basis von →Ethereum gegründete und später als eigenständiges →P2P-Netzwerk konstruierte →Kryptowährung, die den →Proof-of-Stake-Konsensmechanismus verwendet und nach dem →DAO-Prinzip organisiert ist. Das System differenziert sich durch die kostenfreie Nutzung und den Anspruch gegenüber klassischen →Blockchain-Frameworks eine hohe Leistungsfähigkeit von etwa 2000 Transaktionen/Sekunde (→TPS) zu erreichen.

Trusted Third Party (TTP)
Eine vertrauenswürdige dritte Partei ist eine Organisation, der die an einer ökonomischen Transaktion beteiligten Akteure vertrauen. TTP haben sich im Bereich elektronischer Identitäten (→Electronic Identity) oder Treuhanddienstleistungen (→Custodian) etabliert. Jüngere Entwicklungen im Bereich der →DLT zielen darauf ab, Intermediäre wie TTP durch das Vertrauen in die technologische Lösung zu ersetzen.

Tumbler
→Mixing Service.

Two-Way-Peg
Verfahren, das eine Bindung von →Coins zwischen →Mainchains und →Sidechains bezeichnet und eine Übertragung der →Coins in beide Richtungen ermöglicht. Es erfolgt eine Zwischenspeicherung der →Coins der →Mainchain, sodass anschließend eine Generierung und Verwendung von →Coins auf der →Sidechain möglich ist. Sind die →Coins der →Sidechain entwertet, können die zwischengespeicherten →Coins wieder aktiviert werden.

Ubiquitous Computing
→Pervasive Computing.

Unbanked
Bezeichnet Personen oder Institutionen, die über kein Bankkonto verfügen und in der Regel in bar bezahlen. Häufig haben Personen ohne Bankverbindung keine anderen Finanzprodukte wie Versicherungen, Pensionen, Beteiligungen oder Kredite und können nicht vom Finanzsystem erfasst werden. Alternative Finanzdienstleistungen (→Alternative Finance), wie Barzahlungsscheck oder Payday Loan (Expresskredit) bestehen in entwickelten Finanzsystemen nur begrenzt, wodurch die Kundengruppe nicht im Fokus der Finanzdienstleister liegt. In Volkswirtschaften mit geringer ausgeprägter Finanzinfrastruktur haben sich digitale Alternativen entwickelt, z. B. mit →Microfinancing für die Kreditaufnahme.

Unbundling
Bezeichnet die Entflechtung bestehender und häufig vertikal integrierter Wertschöpfungsketten, wie sie insbesondere durch den Einsatz innovativer →Informationstechnologien (→Digitalisierung) und dem Aufkommen von →Fintech-Unternehmen im Finanzwesen stattfindet. Sie führt zu einer prinzipiellen Veränderung (→Disruption) traditioneller Dienstleistungen oder Produktangebote, etwa durch das Ersetzen etablierter Zahlungsnetzwerke (→SWIFT) durch →Blockchain-basierte Lösungen, das Ersetzen oder zumindest das Ergänzen von Kundenberatern durch →Robo-Advisory-Systeme oder die Substitution von klassischen Formen der Kreditvergabe durch →Crowdlending. Dabei haben sich Schwerpunkte herausgebildet, die an der Konzentration von Skalen-, Verbund- oder Kompetenzeffekten (Economies of Scale, Scope, Skill) orientierten. So bündeln →Fintech-Unternehmen häufig Leistungen verschiedener Anbieter (→Multi-Bank) aus einer Kundenperspektive (Verbundeffekt) oder konzentrieren sich auf eine fokussierte Dienstleistung (Kompetenzeffekt). Auf hohe Transaktionsvolumina ausgerichtete →Geschäftsmodelle wie etwa im Zahlungsverkehrsbereich (z. B. →Transaktionsbank, →virtuelle Währung) bilden aufgrund der inhärenten Skaleneffekte eine Herausforderung für →Start-up-Unternehmen. Gegenüber bestehenden Anbietern (→Incumbent) mit historisch gewachsenen Strukturen verfügen sie über geringere Verwaltungs- und Gemeinkosten, sind aber häufig auf Partnerschaften mit anderen Anbietern (→Sourcing, →Unternehmensnetzwerk) angewiesen. Die häufig auch →Rebundling genannte Entwicklung schließt auch die intensivierte Kooperation von Banken (→Incumbent) mit →Fintech-Unternehmen, z. B. im Rahmen von →Open-Banking-Lösungen ein.

Underbanked
Bezeichnet Personen oder Institutionen, die keinen oder keinen ausreichenden Zugang zu marktüblichen Bank- oder sonstigen Finanzdienstleistungen haben. Ähnlich zur Gruppe der →Unbanked besteht eine Relevanz zu Finanzierungsformen (→Alternative Finance) und neueren Formen von →Fintech-Geschäftsmodellen (z. B. →Microfinance, →Mobile Banking).

Underwriting
Bezeichnet im Versicherungsbereich die mathematische Risikobewertung, um dadurch die für ein bestimmtes Risiko adäquate Prämie zu bestimmen. Als Digital Underwriting findet sich häufig der Einsatz von künstlicher Intelligenz (→KI), um dadurch auf Basis möglichst umfassender Vergangenheitsdaten möglichst in Echtzeit (→Echtzeitverarbeitung) eine Prämienkalkulation durchführen zu können.

Unified Resource Identifier (URI)
Überbegriff für Bezeichner elektronischer Ressourcen, die einer bestimmten Struktur bzw. einem be-

stimmten Schema folgen. Dazu zählen Funktionsaufrufe von Applikationskomponenten wie sie bei Applikationsschnittstellen (→API) und Konzepten wie →REST sowie →SOA anzutreffen sind, der für Webressourcen verbreitete Unified Resource Locator (URL) oder der für elektronische Dokumente verbreitete Unified Resource Name (URN). Im →Fintech-Umfeld finden sich URI in den Konzepten des →API- und des →Open-Bankings. Den Aufbau eines Schemas des Befehlsaufrufs mit der Syntax- und Datenfelder-Definition für eine Zahlungsanweisung zeigt Abb. 7. Darin zeigt der Funktionsaufruf „payto" den Aufbau des Befehls mit Pfad (→IBAN), Betrag (EUR 200) und einer Nachricht („hello"). Gleichzeitig geht daraus hervor, dass für eine einheitliche Semantik der in einer URI syntaktisch definierten Datenfelder (alphanumerische oder numerische Zeichen) ein zusätzlicher Standard (in diesem Falle die →IBAN) erforderlich ist. Ist diese nicht gegeben, so ist eine eine Abstimmung vor dem Datenaustausch zwischen den Kommunikationspartnern (bzw. -systemen) vorab notwendig.

Unicorn
→Start-up-Unternehmen, dessen Werte noch nicht an der Börse kotiert sind, das jedoch Investoren auf eine Marktkapitalisierung von über einer Milliarde USD einschätzen. Oftmals beruht dieses Wachstum auf →Venture-Capital-Gelder und häufig sind „Einhörner" (noch) nicht profitabel, da sie die Erzielung von Marktanteilen vor die Erwirtschaftung von Renditen stellen. Bekannte Beispiele aus dem →Fintech-Bereich sind Coinbase, Klarna, Lemonade, N26, Revolut, →Ripple oder Transferwise.

Uniswap
Auf der →Ethereum-Plattform bzw. dem →ERC-20-Token aufbauende →Kryptowährung im Bereich der →Decentralized Finance. Uniswap setzt →Smart Contracts zum dezentralen Handel von →Kryptowährungen ein und positioniert sich damit als dezentraler Marktplatz (→DEX) gegenüber zentralen Marktplätzen wie etwa →Binance. Der Tauschcharakter (Swap) ist in der Idee erkennbar, dass Nutzer →Token anbieten können und bei Transaktionsabschluss für die Bereitstellung dieser →Liquidität im Gegenzug eine Gebühr in Form von UNI-Token erhalten (→Liquidity Pool).

Universal Financial Industry Message Scheme (UNIFI)
Spezifikation der →ISO für den elektronischen Datenaustausch (→EDI) in der Finanzwirtschaft auf Basis der XML-Syntax. Auch bekannt als →ISO 20022, definiert UNIFI die Syntax von elektronischen Nachrichten primär zwischen den Akteuren im Zahlungsverkehr (→Vier-Ecken-Modell). Indem sowohl die Anwendungssysteme von Unternehmen, Banken als auch Marktinfrastrukturbetreibern (z. B. →SWIFT, →elektronische Börse) den Standard unterstützen, entfällt zunehmend die Notwendigkeit zur Konvertierung zwischen unterschiedlichen Standards und die Grundlage für einen unternehmensübergreifenden Nachrichtenaustausch zu geringen →Transaktionskosten.

Generische URI	payto-URI = "payto://" authority path-abempty ["?" opts]
Schema-Definition	opts = opt *("&" opt) opt-name = generic-opt / authority-specific-opt opt-value = *pchar opt = opt-name "=" opt-value generic-opt = "amount" / "receiver-name" / "sender-name" / "message" / "instruction" authority-specific-opt = ALPHA *(ALPHA / DIGIT / "-" / ".") authority = ALPHA *(ALPHA / DIGIT / "-" / ".")
Beispiel	payto://iban/DE75512108001245126199?amount=EUR:200.0&message=hello

Abb. 7 Beispiel einer Zahlungsanweisung als URI (s. Dold und Grothoff 2020)

Unspent Transaction Output (UTXO)
Bezeichnet ein Verfahren zur Saldierung, das insbesondere die →Kryptowährung →Bitcoin einsetzt, während →Kryptowährungen wie →Ethereum oder →Eos ein Kontierungsmodell verwenden. UTXO bezeichnen die in weiteren →Bitcoin-Transaktionen einsetzbaren →Coins, die als Ergebnis von Transaktionen entstehen (s. Abb. 8). Danach ist ein Input abzüglich einer Transaktionsgebühr als bereits ausgegebener (Spent) oder als noch nicht ausgegebener Output (Unspent) gekennzeichnet. Um →Double Spending zu vermeiden, können nur nicht ausgegebene →Coins als Input für neue Transaktionen dienen und in jedem Fall muss der Wert der empfangenen Werte jenem der ausgegebenen entsprechen oder diesen übersteigen.

Unternehmensarchitektur
Die Architektur eines Unternehmens ist ein Artefakt, das im Sinne eines systematisch aufgebauten modellgetriebenen Ansatzes, die verschiedenen Gestaltungsaspekte eines Unternehmens in ihrem Zusammenhang darstellt. Dazu unterscheidet sie mehrere Betrachtungsdimensionen (bzw. Sichten oder Ebenen), die gezielt die technologischen, organisatorischen, strategischen und/oder kulturellen Gestaltungselemente abbilden. Zu den klassischen Beiträgen in der Unternehmensarchitektur zählen die methodischen Ansätze von TOGAF und Zachman sowie zahlreiche unterstützende IT-Werkzeuge (z. B. Iteratec, Sparx). Während die Unternehmensarchitektur klassisch auf eine Stimmigkeit der geschäftlichen und technologischen Bereiche eines Unternehmens abzielt (Business-IT-Alignment), ist mit der →Digitalisierung in den vergangenen Jahren eine verstärkte unternehmensübergreifende Orientierung in den Vordergrund gerückt (→Architektur 4.0). Dies ist insbesondere für Anbieter von →Fintech-Lösungen von Bedeutung, da Finanzdienstleistungen als abgeleitete Nachfrage einen Bestandteil primärer Transaktionsprozesse darstellen (→E-Commerce, →Embedded Finance) und →Plattform-basierte →Geschäftsmodelle für finanzwirtschaftliche Anwendungen an Bedeutung gewinnen.

Unternehmensnetzwerk
Die Vernetzung von Unternehmen ist ein Kernmerkmal arbeitsteiliger Wirtschaftsstrukturen und kann sowohl über Märkte als auch über kooperative Organisationsformen erfolgen. Gegenüber den auf atomistische Transaktionen im kompetitiven Umfeld ausgerichteten Marktmechanismen sehen Unternehmensnetzwerke die mittel- bis längerfristige Zusammenarbeit (→Collaborative Business, →Sourcing) zwischen zwei oder mehreren rechtlich selbstständigen Unternehmen vor. In der Finanzwirtschaft hat mit der Reduktion der

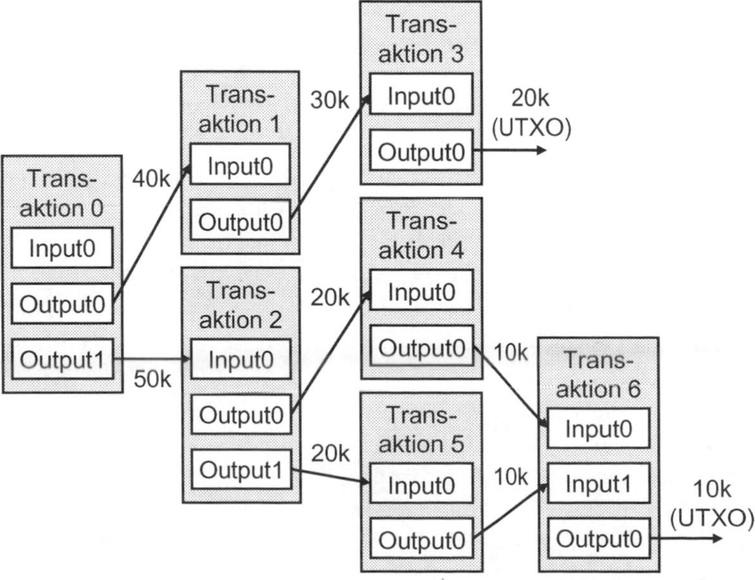

Abb. 8 Kalkulation des UTXO am Beispiel (Hellwig et al. 2020, S. 8)

Fertigungstiefe die Bedeutung von Unternehmensnetzwerken zugenommen und findet sich in Form von →Outsourcing-Partnerschaften als auch in den Konzepten des →Open Banking oder der →Ökosysteme. In der Realität können Unternehmensnetzwerke eine große Vielfalt an Formen annehmen, von bilateralen hin zu multilateralen Lösungen oder von Unternehmensnetzwerken mit einem dominanten Partner (sog. fokale Netzwerke mit einem →Integrator) hin zu eher demokratisch von mehreren Partnern gesteuerten Netzwerken. Infolge der zunehmenden Kooperation von klassischen Finanzdienstleistern (→Incumbent) und →Fintech-Unternehmen eröffnen sich für junge innovative Unternehmen durch die Vernetzung Vorteile wie etwa der Zugang zu einer größeren Zielgruppe oder Verbundeffekte (→Unbundling) durch positive Wechselwirkungen mit anderen Diensten.

Unus Sed Leo
An der →Kryptobörse Bitfinex genutztes →Token auf →ERC-20-Basis, das zur Bezahlung von Gebühren (z. B. für Handel, Verwahrung, Abheben) an dieser Börse dient.

USD Coin
Auf der →ERC-20-Spezifikation aufbauende und als →Stable Coin konstruierte →Kryptowährung. Ziel ist die Nutzung etablierter →Fiat-Währungen in →Blockchain-Anwendungen. Das in der →Kryptowährung verwendete →Token findet in mehreren weiteren →Kryptowährungen Verwendung (z. B. →Eos, →Ethereum, →Tron), weshalb sich USD Coin auch als →Multi-Chain bezeichnet.

User Experience (UX)
Die Gestaltung der Benutzerschnittstelle bei →Anwendungssystemen ist Bestandteil des UX Designs, das auf eine positive Erfahrung des Nutzers bei der Interaktion mit dem System abzielt. Es orientiert sich an den Grundsätzen der Software-Ergonomie zum Entwurf von dem Anwendungszweck angemessen intuitiv und performant gestalteten Benutzerschnittstellen. Als Entwurfsansätze kommen im UX-Design das Service Blueprinting, Customer Journeys (→CJ), Personas und Storyboards sowie zur Beurteilung Methoden wie das Augentracking oder A-/B-Vergleichsgruppentests zum Einsatz. Letztlich ist die UX, insbesondere bei immateriellen Leistungen wie im Finanzbereich, ein wichtiger Faktor für das übergreifende →Kundenerlebnis.

Utility Token
Bezeichnen Rechte zur Nutzung eines Produktes oder zum Erwerb einer Dienstleistung (z. B. auf Rechenleistung bei der Golem-Plattform), die auf →Coins einer →Kryptowährung basieren. Je nach Nutzungszweck kann ein Utility Token auch die Funktion eines Tausch- und Zahlungsmittels sowie eines Wertpapiers einnehmen. Gegenüber →Security bzw. Asset Token, die z. B. Anteile an Unternehmen umfassen, sind die Anwendungsgebiete jedoch breiter und in geringerem Maße reguliert.

Validator
Ähnlich den →Minern in →PoW-Systemen handelt es sich bei den Validatoren um besondere Knoten eines nach dem →Proof-of-Stake-Mechanismus konstruierten →DLT-Systems. Als Miteigentümer (Shareholder) der →Kryptowährung entscheiden Validatoren beispielsweise über die Weiterentwicklung des Systems und übernehmen damit eine wesentliche →Governance-Funktion.

Value-added Service (VAS)
Anbieter von Mehrwertdiensten, die sich insbesondere für Netzwerkdienste (z. B. Mapping von Datenfeldern, Routing von Nachrichten, Verwaltung von Schlüsseln) etabliert haben. Im Finanzsektor existieren VAS etwa im Bereich der Zahlungsnetzwerke (→TPPSP, →TSP) und zahlreiche →Geschäftsmodelle entstehen auch im Bereich der →Kryptowährungen (z. B. bezüglich des →Mining, der →Business Analytics oder der →Interoperabilität).

VeChain
→Kryptowährung, die sich auf den Einsatz von →Blockchain-Lösungen im Bereich des Supply-Chain-Managements konzentriert und die →Token VET und VTHO umfasst. Während die VET-Lösung die Transparenz von Ressourcen durch Integration von Daten aus verschiedenen →Anwendungssystemen und →IoT-Devices in der Supply Chain unterstützen soll und dafür den

→PoW-Konsensmechanismus verwendet, zielt VTHO auf den vertraulichen Handel mittels →Proof-of-Authority im Energiebereich.

Venture
Wirtschaftsunternehmen oder eine spekulative Handlung, die mit einem Risiko verbunden ist. Investoren oder Unternehmensgründer gehen dieses Risiko in der Hoffnung auf Gewinn ein.

Venture Capital (VC)
→Wagniskapital.

Venture Capital Financing
→Wagniskapital- oder Risikokapitalfinanzierung ist eine Art der Finanzierung von Unternehmen, die als besonders risikobehaftet gelten. Die Finanzierungsform umfasst Eigenkapital oder eigenkapitalähnliche Instrumente wie Mezzanine-Kapital oder Wandelanleihen, das sog. Private-Equity. Die Bereitstellung des Kapitals erfolgt in den verschiedenen Phasen oder Finanzierungsrunden eines →Start-up-Unternehmens (→Serie A bis F).

Venture Capitalist
→Wagniskapitalgeber.

Venture Client
Unterstützung von →Start-up-Unternehmen durch den Kauf von dessen Produkten anstatt durch die Bereitstellung von →Wagniskapital. Die Käufer der Produkte werden bereits Kunde eines →Start-ups, wenn sich das Unternehmen noch in einem frühen Entwicklungsstadium (→Venture) befindet und das Produkt noch nicht marktreif ist. Vielfach erhoffen sich die Förderer davon einen künftigen Innovationsvorteil.

Verifiable Credentials
Daten zur Identifikation von Dinge, Personen oder Organisationen, die sich insbesondere im Umfeld dezentraler Identitäten (→DID) finden und sich nach einer Vorgabe des World Wide Web Consortium (W3C) strukturieren lassen.

Verschlüsselung
Die Verschlüsselung bzw. →Encryption beschreibt Rechenvorgänge, die Klartext bzw. unverschlüsselten Text (sog. Dechiffrat) oder jede andere Art von Daten mittels kryptografischer Verfahren (→Kryptografie) in eine verschlüsselte Version umwandeln. Zur Entschlüsselung der Daten und Umwandlung in eine Klartextform ist ein Schlüssel (→symmetrische Verschlüsselung, →asymmetrische Verschlüsslung) erforderlich, der in der Regel einer Zugriffsbeschränkung unterliegt. Die Verschlüsselung trägt zur Gewährleistung der Datensicherheit, insbesondere bei der End-to-End-Datenübertragung über (öffentliche) Netzwerke, bei und bildet ein zentrales Element →virtueller Währungen bzw. →Kryptowährungen.

Versicherungsinformatik
Angewandte Wissenschaftsdisziplin, die sich als Unterbereich der →Wirtschaftsinformatik mit der Anwendung von Technologien zur automatisierten Verarbeitung versicherungsbetrieblicher Daten sowie zur Durchführung von Versicherungsgeschäften befasst.

Video-Ident-Verfahren
Ein von der Aufsichtsbehörde (→BaFin) zugelassenes Verfahren zur →Legitimation von Kunden über Video-Chat. Dabei zeigen Neukunden im Zuge des →Onboarding-Prozesses einem Call-Center-Mitarbeiter über eine Webcam oder ein Smartphone ihr Ausweisdokument, der die Daten prüft und die →Authentisierung unmittelbar vornimmt. Das Verfahren findet aufgrund der ortsunabhängig möglichen Identifizierung insbesondere bei →Fintech-Unternehmen ohne physische Repräsentanz (→Smartphone-Bank) Verwendung. Beispiele für Anbieter von Video-Ident-Verfahren sind IDNow oder WebID.

Video-Legitimation
→Video-Ident-Verfahren.

Vier-Ecken-Modell
Die Architektur bestehender Zahlungssysteme umfasst typischerweise vier Akteure, worin zunächst die beiden Transaktionspartner als Debitor bzw. Käufer und Kreditor bzw. Verkäufer auftreten. Zur Zahlungsabwicklung haben beide jeweils eine Verbindung zu einer Bank, welche die Zahlung jeweils autorisiert und anschließend jeweils durchführt. Als weitere Partei (→TPPSP) kommen Netzwerkanbieter, wie etwa die Kredit-

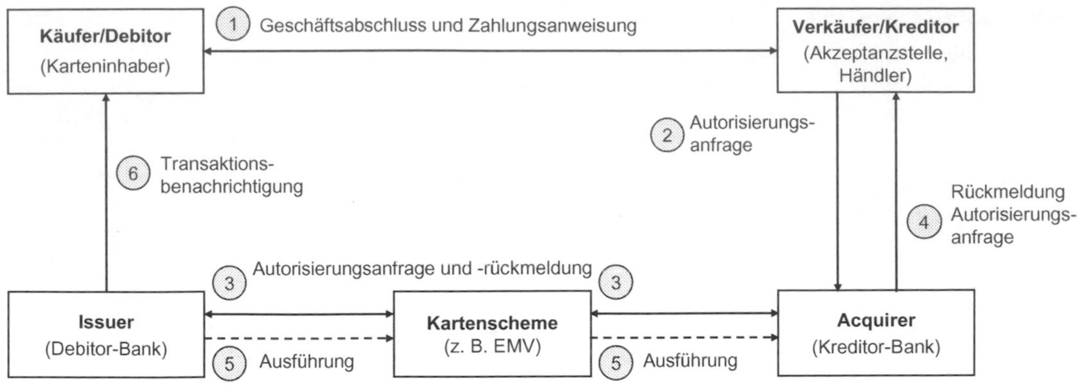

Abb. 9 Akteure und Aktivitäten im Vier-Ecken-Modell (in Anlehnung an Huch 2013, S. 39)

kartenunternehmen, zum Einsatz. Abb. 9 zeigt das Vier-Ecken-Modell am Beispiel einer Kartenzahlung, wobei der →Acquirer als Kreditor-Bank und der →Issuer als Debitor-Bank sowie die Kartenschemes (→Scheme) als Netzwerk auftreten. Neuere Ansätze insbesondere aus dem Umfeld dezentraler Netzwerke (→DLT) versuchen, diese dritte Partei sowie auch die Banken zu ersetzen und damit die Effizienz des Zahlungssystems zu erhöhen. Ein Beispiel ist die Initiative →Diem.

Virtual Assistant

Bezeichnet die Unterstützung bei einer bestimmten Tätigkeit und von einem anderen Standort aus. Dabei kann es sich um Mitarbeiter handeln, die etwa aus dem Home-Office heraus die Support-Leistungen erbringen, aber auch um →Anwendungssysteme, die als →Chatbot oder →Robot eine automatisierte Unterstützung ermöglichen. Erstere sind vor allem bei kleineren und Online-Unternehmen gefragt, die zeitweise Unterstützung benötigen und dafür keine festen Mitarbeiter einstellen wollen. Ihre Aufgaben liegen häufig in den Bereichen Marketing, Öffentlichkeitsarbeit, Social Media Management oder Webdesign. Zweitere eröffnen einen weiteren Interaktionskanal zu den Unternehmensleistungen (z. B. im Bereich Beratung und Kundendienst) und ergänzen etwa die Webseite eines Unternehmens oder sind über eine →App mobil verfügbar. Sie finden sich häufig auch unter dem Begriff des →Personal Assistant.

Virtual Currency

→Virtuelle Währung.

Virtual Reality (VR)

Auch jüngst als →Metaverses bezeichnet, handelt es sich um auf digitalen Medien basierende interaktive virtuelle Umgebungen, in denen sich physikalische Gesetzmäßigkeiten mittels einer computergenerierten Wirklichkeit in Bild (3D) und vielfach auch Ton beeinflussen lassen. Die Darstellung der virtuellen Welt kann sowohl über Leinwände in speziellen Räumen (→CAVE) als auch über Head-up-Displays (HuD) erfolgen. Ebenso unterstützen Formen von HuD →Mixed Reality und zielen auf die Erweiterung der Realität (→Augmented Reality), etwa indem eine →AR-Brille die Umgebung wahrnimmt und Daten dazu darstellt. Im Finanzbereich finden sich VR-Anwendungen vor allem im Bereich der Kundeninteraktion (sowohl zuhause beim Kunden, in der Filiale als auch unterwegs, z. B. durch Finanzierungsberatung beim Einkaufen).

Virtualisierung

Beschreibt die Erstellung einer virtuellen Version von etwas; beispielsweise einem Server, Desktop, →Betriebssystem oder Netzwerk. Üblicherweise erfolgt dadurch eine Trennung von Software und Hardware, indem eine →Emulation der Hardware mittels Software erfolgt. Das Hauptziel ist die Verwaltung von Systemlasten, um Vorteile bezüglich →Skalierbarkeit und Kapazitätsauslastung zu erzielen. Virtualisierung ist die Grundlage des →Cloud Computings, das üblicherweise die →Fintech-Lösungen verwendet. Neben dieser technischen Sicht der Virtualisierung existiert eine organisatorische Sicht, die Unternehmen mit einem hohen →Outsourcing-Anteil als virtuell bezeichnet. So können auch kleine Unternehmen mit wenigen Mitarbeitern durch Auslagern ihrer Aufgaben an Partner eine deutliche höhere virtuelle Größe erzielen.

Virtuelle Währung

Synonym mit digitalen, alternativen und elektronischen Zahlungsmitteln (→alternative Währung, →digitale Währung, →elektronisches Geld) gebrauchter Begriff. Erste Ansätze gehen weit vor heute bekannte →Kryptowährungen wie etwa →Bitcoin zurück als im Jahr 1982 der Wissenschaftler David Chaum das eCash-System entwarf und im Jahr 1990 das heute nicht mehr existierende Unternehmen DigiCash gründete. Gegenüber traditionellen Währungen (→Fiat-Währung) fehlen sowohl eine physische Repräsentationsform des Geldes in Form von Münzen oder Banknoten als auch in den meisten Fällen (eine Ausnahme bilden die Entwicklung von elektronischem Zentralbankgeld, →CBDC) die Kontrolle durch eine staatliche Instanz. Virtuelle Währungen bilden zwar ebenso eine monetäre Forderung gegenüber einem Emittenten, jedoch besitzen sie wichtige Vorteile. So sind →Kryptowährungen oder Prepaid-Guthaben als nicht-physische und elektronisch gespeicherte Guthaben flexibel für große und kleine Beträge sowie für nationale oder internationale Transaktionen einsetzbar. Obgleich sie keine gesetzlichen Zahlungsmittel darstellen, unterliegen sie in landesspezifischen Regulierungspflichten (→E-Money-Richtlinie, →Krypto-Verwahrgeschäft), sodass sie nicht frei von behördlichen Eingriffen sind. Der Erwerb von E-Geld-Guthaben erfolgt meist über traditionelle Verfahren, z. B. durch die Überweisung elektronischer Guthaben auf ein Bankkonto, in eine →Wallet, eine Karte oder andere Speichermedien. Grundsätzlich können virtuelle Währungen ähnliche Funktionen wie physische Währungen erfüllen. So können natürliche und juristische Personen virtuelle Währungen als Tauschmittel verwenden, wobei die Übertragung, Verwahrung oder der Handel vollständig elektronisch und meist in Echtzeit (→Echtzeitverarbeitung) stattfinden. Obgleich sie kein gesetzlich anerkanntes Zahlungsmittel (mit Ausnahme von →Bitcoin in El Salvador) darstellen, können sie in verschiedenen Umgebungen (→E-Commerce, →digitaler Marktplatz) sämtliche oder einige Funktion von Geld (Bezahl-, Anlage-, Wertbemessungsfunktion, →Kryptowährung) übernehmen. Wie in Abb. 10 dargestellt, unterscheiden sich traditionelle und virtuelle

Geldfunktionen	Traditionelle (Fiat-)Währungen	Virtuelle Währungen
Zahlungsmittel Geld ist Medium zur Durchführung von Tauschvorgängen	ja	bedingt
Recheneinheit Geld ist Vergleichsmaßstab für Wirtschaftsgüter	ja	bedingt
Wertaufbewahrung Geld speichert den Gegenwert für andere Güter	ja	nein

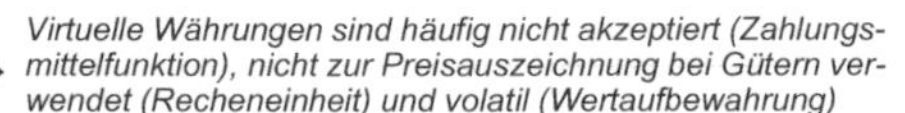

Virtuelle Währungen sind häufig nicht akzeptiert (Zahlungsmittelfunktion), nicht zur Preisauszeichnung bei Gütern verwendet (Recheneinheit) und volatil (Wertaufbewahrung)

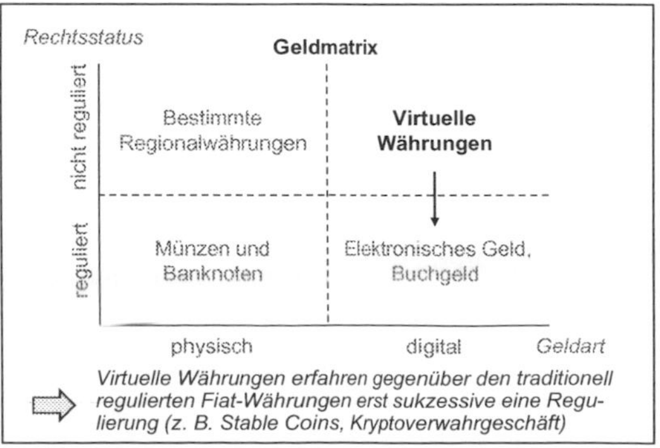

Abb. 10 Abgrenzung traditioneller und virtueller Währungen

Währungen gegenwärtig hinsichtlich der Wertaufbewahrungsfunktion und der zeitlich ihrer Einführung erst nachgelagerten Regulierung. So sind →Kryptowährungen in ihrer Kursentwicklung volatil (→Bitcoin) und aufgrund möglicher Weiterentwicklungen (→Fork) oder der Konkurrenz zwischen den unterschiedlichen →Kryptowährungen und →Blockchain-Frameworks gegenüber klassischen Anlagen in knappen Gütern wie etwa Edelmetallen mit einer deutlich höheren Unsicherheit behaftet. Allerdings bieten sich →Kryptowährungen durch die Begrenzungen der Geldmenge (z. B. 21 Millionen Bitcoins bei →Bitcoin) als komplementäre Anlage zu Edelmetallen wie etwa Gold an und „Krypto-Anlagen" haben eine Aufnahme in zahlreiche Fonds oder Anlageportfolios erfahren. Ebenso dürften mit einer zunehmenden Regulierung der →Kryptobörsen sowie der Unterstützung durch andere Akteure auch als Zahlungsmittel an Bedeutung gewinnen. So unterstützen beispielsweise →Zahlungsdienste wie PayPal oder Klarna bereits Zahlungen über →Kryptowährungen.

Voice Recognition

Als Teil der Computerlinguistik umfasst die Spracherkennung Verfahren (→NLP), die über Ein- und Ausgabegeräte die gesprochene Sprache für die automatische Datenerfassung zugänglich macht. Ebenso wie Verfahren zur Texterkennung setzen Verfahren der Spracherkennung auf Technologien der künstlichen Intelligenz (→KI) und finden sich in der automatisierten Kundeninteraktion (→Chatbot) ebenso wieder wie bei der Interpretation von Kundengesprächen (→Sentimentanalyse).

W – Z

Wagniskapital
Wagnis- oder Risikokapital (Venture Capital) ist eine der Eigen- und Außenfinanzierung zugeordnete Form der Beteiligungsfinanzierung. Es dient der Finanzierung junger Unternehmen (→Start-up) und ist durch ein höheres Risiko-Rendite-Profil gekennzeichnet. Dabei steht die Finanzierung innovativer Ideen gegenüber der kurzfristigen Gewinnerzielung im Vordergrund.

Wagniskapitalgeber
→Venture-Kapitalgeber stellen jungen Unternehmen (→Start-up) →Wagniskapital für das Unternehmenswachstum bereit. Gegenüber anderen Kapitalgebern wie etwa →Business Angels zeichnen sie sich dadurch aus, dass sie mit höheren Investitionssummen agieren und erst zu einem späteren Zeitpunkt investieren. Dabei verfolgen sie primär monetäre Ziele und versuchen das Marktrisiko durch eine Kontrolle am Unternehmen in Form von Besitzanteilen zu reduzieren.

Walled Garden
Eine zugangsbeschränkte Nutzerumgebung, die als „ummauerter Garten" nur Zugriff auf eine definierte Anzahl an Daten bzw. Diensten erlaubt. Sie kann als geschützte Umgebung auf mobilen Geräten realisiert sein, um eine sichere Umgebung zum Schutz von Unternehmensanwendungen vor externen Zugriffen (z. B. bei mobilem Arbeiten) oder zum Schutz von Minderjährigen vor bestimmten Inhalten zu gewährleisten. In einem weiteren Sinne bilden auch →Ökosysteme einen Walled Garden, wenn sie Eintrittsbarrieren gegenüber Wettbewerbern aufbauen und dadurch eine (monetarisierbare) Bindung von Kunden sowie Partnern erzielen können.

Wallet
Bezeichnet im →Fintech-Kontext eine Softwarelösung, die als elektronische Geldbörse die virtuelle Speicherung von elektronischem Geld ermöglicht (→E-Wallet). Den Einsatz einer Wallet zeigt das Beispiel einer →Bitcoin-Transaktion.

Wallet Import Format (WIF)
Ein Datenaustauschformat im →Blockchain-Umfeld für private Schlüssel (→Private Key), das mittels der base58Check-Verschlüsselung den Austausch zwischen verschiedenen →Wallets erlaubt.

Wealthtech
Aus den Wortteilen von Reichtum und Technologie sind Lösungen für eine digitalisierte Vermögensverwaltung und -anlage (Wealth Management) entstanden. Wealthtech lässt sich als Teilbereich von →Fintech als Technologiesegment interpretieren, das Lösungen wie →Robo-Advisory, digitale →Broker, und internetbasierte Investment-Anwendungen umfasst. Gegenüber anderen Bankdienstleistungen, z. B. dem Retail-Banking, ist die dem Private Banking zuzuordnende Vermögensverwaltung jedoch durch enge Be-

R. Alt, S. Huch, *Fintech-Lexikon*, https://doi.org/10.1007/978-3-658-32961-7_6

ziehungen zwischen einem (i. d. R. persönlich bekannten) Bankberater und dem Kunden gekennzeichnet. Wie etwa bei →Family Offices gehen die Leistungen dabei häufig über bankfachliche Leistungen hinaus und beruhen auf einer engen Interaktion zwischen Berater und Kunde. Dies setzt einer vollständigen →Digitalisierung der Vermögensverwaltung Grenzen, da Warteschleifen in Call-Centern oder standardisierte →Chatbot-Interaktionen geringe Akzeptanz bei der auf persönlichen Kontakt ausgerichteten vermögenden Klientel besitzen. Anbieter wie die Quirin-Bank zielen darauf, mittels →Digitalisierung Leistungen der Vermögensberatung auch für kleinere Vermögen zugänglich zu machen.

Wearable
Bezeichnet am Körper tragbare Computer(chips) oder elektronische Miniaturgeräte, die Personen unter, mit oder auf der Kleidung tragen. Dazu zählen Tracker zur Messung von Körperfunktionen wie Puls, Blutdruck oder Herzfrequenz oder intelligente Uhren (z. B. Smartwatches) zur Nutzung elektronischer Dienste (z. B. Telefon, E-Mail, Navigation, →Apps), Brillen oder Kopfhörer. In Verbindung mit →Bots erlauben sie die sprachbasierte Interaktion mit elektronischen Diensten, u. a. im Finanzdienstleistungsbereich.

Web Service
Zur Realisierung flexibler modularer Architekturen von →Anwendungssystemen ist vor dem Hintergrund der Objektorientierung das Konzept der Web Services entstanden, die Applikationskomponenten oder Webressourcen bezeichnen, deren gekapselte Funktionalität über eine definierte Schnittstelle (→API) aufrufbar ist. Dadurch lassen sich etwa die Funktionalitäten der einzelnen Komponenten flexibel zu größeren →Anwendungssystemen verbinden oder Inhalte in Webseiten einbinden. Das Web-Service-Konzept umfasst zwei Kerntechnologien. Dies sind einerseits die zu Beginn der 2000er-Jahre entstandenen Standards des World-Wide-Web-Konsortiums (W3C) im Rahmen der serviceorientierten Architekturen (→SOA), die XML-Datenformate zur Nachrichtenübertragung (sog. SOAP-Protokoll), zur Beschreibung und zum Aufruf der Web Services (Web Service Description Language, WSDL) und zur Katalogisierung von Web Services in Verzeichnissen (Universal Description, Discovery and Integration, UDDI) umfassen. Sie haben sich insbesondere im betrieblichen Anwendungsumfeld etabliert, da sie über definierte Sicherheitsfunktionalitäten (z. B. die Gewährleistung der ACID-Anforderungen im Datenbankbereich) verfügen. Als „leichtgewichtigeres" Konzept hat sich andererseits jenes der →REST-Technologien etabliert, das als weniger aufwändig und performanter, aber auch als weniger sicher gilt. Es liegt zahlreichen →Fintech-Lösungen zugrunde, sowohl im →Frontend-Bereich (z. B. →PFM) als auch im →Backend-Bereich (z. B. Modularbank). Die in diesem Kontext anzutreffende Bezeichnung der →Microservices betont, dass es sich um (fein)granulare Funktionalitäten handelt, die mittels →REST implementiert sind.

WeChat
Der seit dem Jahr 2011 verfügbare und mit WhatsApp vergleichbare Messaging-Dienst hat mit gegenwärtig etwa 1,2 Milliarden Nutzern eine hohe Verbreitung erlangt. Eine zentrale Funktionalität des sukzessive von China auf weitere Länder ausgedehnten Dienstes ist mit WeChat Pay die →Wallet, die sich für die meisten Arten von →elektronischen Zahlungen einsetzen lässt. Der wichtigste Wettbewerber von WeChat Pay ist →Alipay.

Wertpapierkennnummer (WKN)
In Deutschland gebrauchte Identifizierung zur eindeutigen Kennzeichnung von Wertpapieren, die aus sechs alphanumerischen Stellen besteht und seit dem Jahr 2003 auch Großbuchstaben beinhalten kann. Infolge der internationalen Vernetzung etabliert sich neben nationalen Nummerierungssystemen (→NSIN) wie der WKN zunehmend die international eingesetzte →ISIN zu der einfache Umrechnungen existieren. Beispielsweise hat die Deutsche Bank Aktie die WKN 514000 und die →ISIN DE0005140008. Mit dem Aufkommen von →Token als →Digital Assets ist in diesem Bereich mit der →ITIN ein ähnliches System entstanden.

Whitelabel

Aus dem Medienbereich kommend, sind damit Schallplatten mit weißen und damit individuell beschreibbaren Etiketten bezeichnet. In Analogie dazu findet der Begriff auch bei elektronischen Diensten Anwendung, die ein Anbieter standardisiert für mehrere Kunden erbringt, welche sie wiederum unter eigenem Namen vermarkten bzw. einsetzen. Dadurch vermitteln beispielsweise digitale →Services wie →Online-Banking-, →Personal-Finance-Management- oder →Robo-Advisory-Lösungen durch Verwendung von Markenname, Unternehmenslogo und Farbwahl der Bank den Eindruck, sie wären Lösungen dieser Bank, obgleich es sich dabei um eine häufig ohne Programmierung (→No Code) angepasste Standardlösung eines Dienstleisters handelt. Eine Whitelabel-Zahlungslösung für Fintech-Unternehmen ist etwa Mangopay. Durch eine derartige Strategie können Anwender zahlreiche Leistungen aus einem →Ökosystem verwenden und dadurch eine virtuelle Unternehmensgröße (→Virtualisierung) erzielen.

Wirtschaftsinformatik

Wissenschaftsdisziplin, die sich mit dem Verständnis und der Gestaltung der →Informationstechnologie bzw. der →Digitalisierung befasst. Im Vordergrund stehen der Einsatz der Technologien der Informatik und deren Umsetzung mit ingenieurwissenschaftlichen Methoden, sowie die wirtschaftliche und soziologische Betrachtung des Einsatzes der Informations- bzw. →Anwendungssysteme. Abb. 1 zeigt den sich durch das Zusammenwirken mehrerer Wissensgebiete ergebenden Gegenstandsbereich der Wirtschaftsinformatik mit vier charakteristischen Aufgabenfeldern. Dabei liefert die Informatik die technologischen Grundlagen im Bereich der Hard- und Software (z. B. →AI, →Big Data, →Blockchain, →IoT), die Ingenieurwissenschaft Inhalte zur systematischen Konstruktion der Systeme (z. B. Architekturen, Entwicklungsmethoden) und die Wirtschaftswissenschaft den Bezug zur Anwendungsdomäne (z. B. der Finanzwirtschaft). Die in den 1970er-Jahren entstandene Wirtschaftsinformatik versteht sich mittlerweile als eigenständiges Wissenschaftsgebiet, das Informationssysteme als sozio-technische Systeme versteht und gestaltet. Sie betrachtet die Auswirkungen auf neue Geschäftsprozesse, Produkte und →Geschäftsmodelle, die Gestaltung betriebswirtschaftlicher →Anwendungssysteme, die betriebswirtschaftliche Analyse von Kosten und Nutzen sowie aufbauorganisatorische Fragen (z. B. die Organisation des →IT-Bereiches).

Wisdom of Crowds (WoC)

Auch Schwarmintelligenz oder kollektive Intelligenz (→Collective Intelligence) genannt, bezeichnet die Intelligenz der Massen die Gewinnung von Wissen aus einer Vielzahl an Daten (→Big Data). Es ist nicht mit dem Gesetz der großen Zahlen zu vergleichen, wonach sich der Mittelwert einer großen Zahl von Schätzungen dem tatsächlichen Wert annähert, obgleich einzelne Schätzer weit danebenliegen. Im Vordergrund steht, dass mit einer steigenden Anzahl an Meinungen sich die Güte und Aussagekraft der kumulierten Einschätzung verbessern. Die Intelligenz der Masse bedeutet hingegen, dass Individuen, die unabhängig voneinander Informationen

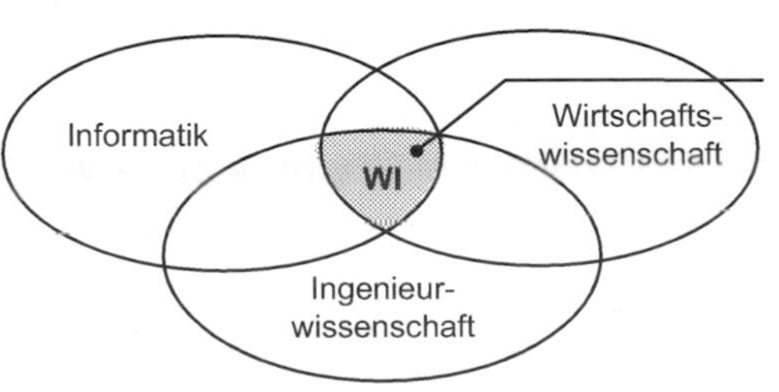

Aufgabenfelder

1. Gestaltung digitalisierter Geschäftsmodelle, Produkte und Geschäftsprozesse
2. Entwurf, Integration und Anpassung von Anwendungssystemen
3. Beurteilung und Erklärung von Nutzen und Nutzung von digitalen Systemen
4. Organisation der digitalen Ressourcen in und zwischen Unternehmen

Abb. 1 Gegenstandsbereich und Aufgabenfelder der Wirtschaftsinformatik

sammeln, diese analysieren, auswerten und individuelle Schlussfolgerungen daraus ziehen, diese zusätzlich in sozialen Interaktionen verarbeiten und gemeinsam zusammenführen, was dazu beiträgt, kognitive Probleme zu lösen. Somit führt die kollektive Meinung einer Gruppe von Individuen im Informationszeitalter dazu, dass wiederum andere Individuen auf →Social Media wie Wikipedia, Yahoo!, Quora, Stack Exchange und andere Webressourcen als Wissensbasis im Sinne vertrauenswürdiger und sogar wissenschaftlicher Quellen zugreifen.

Wrapped Bitcoin (WBTC)
Ein 1:1 von →Bitcoin (BTC) zu gehandeltes →Token, das auf →ERC-20 aufbaut und die Nutzung von BTC in →Wallets, →DApps sowie →Smart Contracts auf der →Ethereum-Blockchain ermöglicht.

Wrapped Ether (WETH)
Ein 1:1 zu →Ether (ETH) gehandeltes →Token, das auf →ERC-20 aufbaut und in einigen →Plattformen (z. B. dem dezentralen →E-Commerce-System Opensea) für →Echtzeitüberweisungen Verwendung findet.

X-Generation
Beschreibt die Bevölkerungsgruppe der zwischen 1965 und 1980 Geborenen. Als Generation zwischen den vorhergehenden „Baby-Boomern" und der anschließenden →Generation Y, sind sie in einer Überflussgesellschaft aufgewachsen, die von Fernsehen sowie Video- und Computerspielen geprägt war. Sie haben damit bereits die frühe Phase der →Digitalisierung in Unternehmen und Gesellschaft erfahren. Gegenüber den →Digital Natives der →Y-Generation und der →Z-Generation waren digitale Medien und deren Nutzung jedoch auf einen bestimmten Personenkreis (z. B. Vertreter der IT-Abteilung und IT-Spezialisten bzw. Nerds) sowie Teilbereiche der Unternehmen und der Gesellschaft beschränkt. Die auch als Twentysomethings oder Slackers bezeichneten Vertreter gelten zudem als eher pessimistisch und entscheidungsschwach sowie wenig zielstrebig und an beruflicher oder materieller Erfüllung interessiert. Für Finanzdienstleister bildet das Gewinnen dieser Kundengruppe eine Herausforderung, da sie einerseits wenig an finanziellen Sachverhalten interessiert ist, gleichzeitig aber zunehmend durch Erbschaften an Wohlstand gewinnt. →Fintech-Unternehmen versuchen, diese Generation u. a. mittels →Gamification für finanzwirtschaftliche Fragestellungen zu gewinnen.

Xetra
→Anwendungssystem der Deutschen Börse zur Durchführung des elektronischen Börsenhandels. Das 1997 eingeführte System erlaubt registrierten Händlern einen ortsunabhängigen Marktzugang und bildet mit elektronischem →Order Book und →Clearing-System den gesamten Transaktionsprozess digital ab. Dies ist insbesondere der Fall, wenn es sich bei den Händlern um →Roboter handelt, wie sie etwa im Hochfrequenzhandel (→HFT) anzutreffen sind. An zentralisierten Börsensystemen wie Xetra sind zahlreiche Produkte von →Fintech-Unternehmen gelistet, z. B. →ETF oder →ETP. Über den Handel von Finanzprodukten kommt Xetra auch für den Handel von Energieprodukten (z. B. an der European Energy Exchange, EEX) zum Einsatz.

Xrp
→Coin der →Kryptowährung →Ripple, die auf das Jahr 2012 zurückgeht und den internationalen Zahlungsverkehr unterstützt. Die Erzeugung von Xrp beruht mit dem XRP Ledger Consensus Protokoll auf einer Variante des →PBFT-Verfahrens, das nur eine geringe Anzahl an →Validatoren vorsieht. Da →Ripple auch einen bedeutenden Anteil an Xrp selbst treuhänderisch hält und über den Zugang zum Netzwerk entscheidet, gilt Xrp auch als →Permissioned Blockchain.

Y-Generation
Beschreibt die Bevölkerungsgruppe der zwischen den Jahren 1981 und 1996 Geborenen sog. Millennials. Diese sind mit der Präsenz digitaler Technologien sowie einem schnellen Wandel aufgewachsen und gelten dadurch als flexibel, weniger markentreu und oftmals immun gegen-

über traditionellen Marketing- und Verkaufsmethoden. Dagegen haben Empfehlungen, Beziehungen und Meinungen aus dem sozialen Netzwerk (→Social Banking, →P2P) sowie nachhaltige Verhaltensweisen (→PAYU) häufig eine höhere Bedeutung.

Z-Generation

Bezeichnet mit den zwischen den Jahren 1997 und 2012 Geborenen eine Gruppe der →Digital Natives, die nicht nur mit Computern, sondern auch mit dem Internet und mobilen Technologien aufgewachsen ist. Angehörige dieser Bevölkerungsgruppe sind nicht nur aktive Nutzer digitaler Dienste (z. B. →Social Media, →E-Commerce), sondern zunehmend auch an der Gründung von →Start-up-Unternehmen im →Fintech-Bereich beteiligt.

Zahlungsdienst

Zu den Zahlungsdiensten zählen nach →Zahlungsdiensteaufsichtsgesetz: (1) das Ein- oder Auszahlungsgeschäft, (2) das Zahlungsgeschäft in Form des Lastschriftgeschäfts, das Überweisungsgeschäft und das Zahlungskartengeschäft ohne Kreditgewährung, (3) das Zahlungsgeschäft mit Kreditgewährung, (4) das Zahlungsauthentifizierungsgeschäft, (5) das digitalisierte Zahlungsgeschäft und (6) das Finanztransfergeschäft. Anbieter von Zahlungsdiensten positionieren sich entlang der Bereiche →elektronischer Zahlungen sowie als →Integratoren mehrerer Zahlungsverfahren. Eine Übersicht von Zahlungsdienstleistern wie →Acquirer, →Issuer, →NSP und →Scheme in der Wertschöpfungskette (grau hinterlegt) zeigt Abb. 2.

Zahlungsdiensteaufsichtsgesetz (ZAG)

Zur Vereinheitlichung der →Zahlungsdienste im europäischen Binnenmarkt ist 2009 auf Grundlage der EU-Richtlinie zu →Zahlungsdiensten im Binnenmarkt von 2007 das erste Zahlungsdiensteaufsichtsgesetz in Deutschland entstanden. Es hat im Jahr 2018 aufgrund der →PSD2 eine Aktualisierung erfahren und regelt, wer als Zahlungsdienstleister (→PSP) gilt und welche Aufgaben zu den →Zahlungsdiensten zählen.

Zahlungsdiensterichtlinie

→Payment Services Directive 2 (PSD2).

Zahlungsverkehrssystem

Für ein Zahlungsverkehrs- oder Payment-System bestehen zwei Interpretationen. Einerseits bezeichnet es die Gesamtheit der Zahlungsinstrumente, Bankverfahren und Interbanken-Überweisungssysteme, die den Geldumlauf in einem Land oder Währungsgebiet erleichtern. Andererseits gilt es als Synonym für Geldtransfersystem und bezeichnet die konkrete Ausprägung eines Zahlungsinstruments, etwa eines bestimmten Verfahrens für →elektronische Zahlungen.

ZCash

Zcash ist eine →Kryptowährung, die auf der ursprünglichen →Bitcoin-Codebasis beruht. Ziel ist es, den Datenschutz für ihre Benutzer im Vergleich zu anderen →Kryptowährungen wie →Bitcoin zu verbessern. Mit Zcash kann der Nutzer selbst bestimmen, welche Daten er transparent machen möchte. So sind verschlüsselte Daten und die dazugehörigen Salden auf der

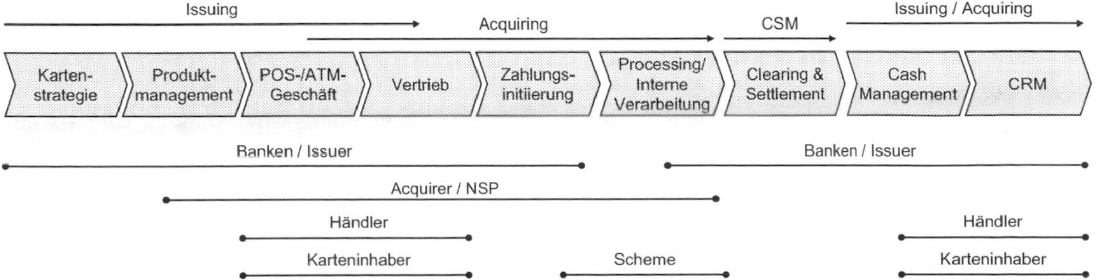

Abb. 2 Zahlungsdienste in der Wertschöpfungskette (s. Huch 2013, S. 83)

Blockkette nicht sichtbar. Die Offenlegung von Zahlungen und spezielle „Ansichtsschlüssel" dienen dazu, Transaktionsdetails mit vertrauenswürdigen Dritten für Zwecke der →Compliance oder für Audits auszutauschen.

Zero Knowledge Proof (ZKP)
Ein Zero-Knowledge-Beweis (kenntnisfreier Beweis oder kenntnisfreies →Protokoll) stammt aus dem Bereich der →Kryptografie. Bei einem Zero-Knowledge-Protokoll kommunizieren mindestens zwei Parteien (der Beweiser und der Verifizierer) miteinander. Der Beweiser überzeugt dabei den Verifizierer mit einer vorher festgelegten Wahrscheinlichkeit davon, dass er ein Geheimnis kennt, ohne dabei Informationen über das Geheimnis selbst bekannt zu geben. Ein verbreitetes Verfahren ist das Feige-Fiat-Shamir-Protokoll.

Zerocoin
Zerocoin ist als →Kryptowährung auf →Bitcoin-Basis entstanden, um die mit der Verkettung von Blöcken verbundene Transaktionshistorie zu löschen. Obwohl ursprünglich für die Verwendung mit dem →Bitcoin-Netzwerk vorgeschlagen, lässt sich Zerocoin in jede →Kryptowährung integrieren.

Zombie-Bank
Bank, die ohne staatliche Hilfe weder in Form von Rettungspaketen noch in Form einer Garantie oder Kreditunterstützung weiterbesteht. Das wirtschaftliche Nettovermögen nach Abzug aller Vermögenswerte und Schulden ist negativ, sodass eine Zombie-Bank de facto insolvent ist.

Zombie-Kredit
Als Zombiekredite oder Zombie Loans gelten Unternehmenskredite, die Schuldner durch günstige Kapitalbeschaffung (z. B. extreme Niedrigzinsen) am Leben erhalten. Solche Unternehmen sind über einen längeren Zeitraum nicht in der Lage, ihre Kapitalkosten selbst zu verdienen, sodass sie bei höheren Kapitalbeschaffungskosten (z. B. in einem normalen Zinsumfeld) insolvent wären. Die Kredite haben somit ein erhöhtes Ausfallrisiko.

Zombie-Start-up
Mit →Wagniskapital finanziertes Unternehmen, das für sein Wachstum weiteres Kapital benötigt, die Mittel aus vorangegangenen Finanzierungen jedoch bereits aufgebraucht hat. Obgleich Umsätze bestehen, reichen diese für eine langfristige Gewinnerwirtschaftung und eine unabhängige Existenz nicht aus. Dies erschwert den Kapitalgebern (→Wagniskapitalgeber) einen profitablen Exit bzw. einen Verkauf ihrer Anteile. Als Folge neigen die Kapitalgeber und das →Start-up-Unternehmen dazu, am →Geschäftsmodell festzuhalten und begünstig durch geringe Kapitalbeschaffungskosten weiterhin zu investieren. Nachdem trotz fehlender eigener Marktfähigkeiten das Unternehmen künstlich am Markt bestehen bleibt, agiert es gewissermaßen als „hirnloses" Zombie-Unternehmen und erschwert damit eine von den Marktkräften getriebene Entstehung neuer →Geschäftsmodelle (→Disruption).

Zwei-Faktor-Authentifizierung (2FA)
Ein Verfahren zur →Authentifizierung, das eine hohe Sicherheit beim Zugriff auf Ressourcen (→Strong Customer Authentication), insbesondere im Bereich von Konten bieten soll. Die Anforderung basiert auf der Zahlungsverkehrsrichtlinie →PSD2 und verlangt, dass mindestens zwei der drei angeführten Merkmale zur eineindeutigen Verifizierung einer Transaktion vorliegen müssen: (1) Wissen: Nur der Nutzer hat Kenntnis darüber (z. B. Benutzernamen, Kennwort, Einmalkennwort, PIN, TAN), (2) Besitz: Nur der Nutzer ist im Besitz einer bestimmten Sache (z. B. Hardware-Token, Bankkarte, Schlüssel) oder (3) Inhärenz/ bzw. Biometrie: Unverwechselbarkeit des Nutzers selbst (z. B. Fingerabdruck, Iris-Erkennung, menschliche Stimme). Zudem müssen die Merkmale voneinander unabhängig sein, d. h., bei Nichterfüllung eines Merkmals ist die Zuverlässigkeit eines anderen Merkmals nicht gefährdet, so dass die Authentifizierungsdaten weiterhin geschützt sind.

Numerische Begriffe

3-D Secure

3-D Secure ist ein XML-basiertes →Protokoll, das als zusätzliche Sicherheitsprüfung für Online-Zahlungskartentransaktionen dient. Das Kreditkartenunternehmen Visa hat das Verfahren erstmals eingesetzt, um die Sicherheit der →Authentisierung von Kartenzahlungen über das Internet zu verbessern und bietet es als Dienstleistung unter der Bezeichnung „Verified by Visa" an.

42

Die Zahl 42 ist im →Fintech- und →Start-up-Umfeld eine häufig anzutreffende Antwort auf die Frage nach dem Sinn des Lebens oder „weshalb man etwas macht, wie man es macht". Sie geht zurück auf den Science-Fiction-Roman von Douglas Adams „Life, the universe and everything" aus dem Jahr 1982.

5G

Mobilfunktechnologie der fünften Generation, welche die Datenübertragungsrate der Vorgänger-Technologie 4G (LTE). von bis zu 100 MBit/s auf bis zu 10 GBit/s erhöhen soll. Diese Geschwindigkeitsverbesserungen bilden die Grundlage von neuen Anwendungsfeldern wie dem →Pervasive Computing und dem Internet der Dinge (→IoT). Wie bei Infrastrukturgütern bekannt, existiert bei der Verbreitung der neuen Netzwerktechnologie ein Zusammenhang zwischen der möglichst deckenden Bereitstellung der Netzwerkinfrastruktur und der Verfügbarkeit 5G-fähiger Endgeräte einerseits sowie der 5G-fähigen Anwendungen bzw. →Services andererseits. Während die technologische Infrastruktur zunehmend gegeben ist, besteht noch ein Engpass bei den Anwendungen, die z. B. im Finanzbereich ortsbezogener →Services (→LBS) sowie →Smart Services, die Nutzung aller Interaktionskanäle (→Omni-Channel) und die →Echtzeitverarbeitung im →Mobile Banking umfassen könnten (z. B. bezüglich Sicherheit und regulatorischer Vorgaben wie im Bereich →AML). Parallel zum Ausbau der 5G-Infrastruktur erfolgt bereits die Forschung zum nachfolgenden 6G-Standard, der Datenraten bis zu einem TBit/s und damit die Vernetzung von Alltagsgegenständen sowie zahlreiche weitere Anwendungsmöglichkeiten auch für die Finanzwirtschaft bieten soll.

R. Alt, S. Huch, *Fintech-Lexikon*, https://doi.org/10.1007/978-3-658-32961-7_7

Anhang

Top30-Kryptowährungen (Stand 28.03.2020)

	Name	Marktkapitalisierung (USD)	Preis (USD)	Coin	Gründung	Konsens
1	Bitcoin	114.045.581.582	6.234,96	BTC	2009	PoW
2	Ethereum	14.241.607.343	129,14	ETH	2015	PoW
3	Xrp	7.422.526.479	0,16	XRP	2012	LCP
4	Tether	4.622.453.283	0,99	USDT	2015	PoW
5	Bitcoin Cash	3.839.716.514	209,19	BCH	2009/17	PoW
6	Bitcoin SV	2.919.933.940	159,11	BSV	2009/11	PoW
7	Litecoin	2.432.945.393	37,79	LTC	2011	PoW
8	Eos	2.020.790.830	2,19	EOS	2017	PoS
9	Binance Coin	1.906.593.681	12,26	BNB	2017	PoS
10	Tezos	1.114.032.217	1,58	XTZ	2018	PoS
11	Unus Sed Leo	1.006.152.432	1,01	LEO	2019	PoW
12	Monero	803.896.573	45,94	XMR	2014	PoW
13	Stellar	797.841.155	0,03	XLM	2016	PoS
14	Cardano	743.542.964	0,02	ADA	2017	PoS
15	Tron	742.262.655	0,01	TRX	2017	PoS
16	Chainlink	740.015.630	2,11	LINK	2017	PoW
17	Huobi Token	735.546.378	3,25	HT	2018	PoS
18	USD Coin	679.007.745	0,99	USDC	2018	PoR
19	Crypto.com Coin	609.761.208	0,04	CRO	2016	PoW
20	Dash	599.553.858	63,76	DASH	2014	PoS
21	Ethereum Classic	556.906.682	4,79	ETC	2015/16	PoW
22	HedgeTrade	458.568.110	1,59	HEDG	2018	PoW
23	Neo	449.425.869	6,37	NEO	2017	PoS
24	Iota	382.629.327	0,13	MIOTA	2016	PoW
25	Cosmos	369.820.962	1,94	ATOM	2019	PoS
26	Nem	328.950.408	0,03	XEM	2015	PoI
27	Maker	299.208.976	298,17	MKR	2017	PoW
28	Zcash	287.167.506	29,96	ZEC	2016	PoW
29	Okb	249.058.247	4,15	OKB	2017	PoS
30	Paxos Standard	248.533.993	0,99	PAX	2018	PoW

Quellen: https://coinmarketcap.com/, https://de.wikipedia.org/wiki/Liste_von_Kryptowährungen, Alt 2022
Legende: PoI: Proof-of-Importance, PoR: Proof-of-Reserve, PoS: Proof-of-Stake, PoW: Proof-of-Work, LCP: Ledger Consensus Protocol (→XRP LCP), grau hinterlegt sind Kryptowährungen, die in der Top30-Auflistung vom 16.01.2021 nicht mehr enthalten sind.

R. Alt, S. Huch, *Fintech-Lexikon*, https://doi.org/10.1007/978-3-658-32961-7

Top30-Kryptowährungen (Stand 16.01.2021)

	Name	Marktkapitalisierung (USD)	Preis (USD)	Coin	Gründung	Konsens
1	Bitcoin	701.221.245.579	37.398,01	BTC	2009	PoW
2	Ethereum	139.355.967.928	1.207,05	ETH	2015	PoW
3	Tether	24.224.535.048	0,99	USDT	2012	LCP
4	Xrp	13.088.842.909	0,28	XRP	2015	PoW
5	Polkadot	12.434.035.045	13,52	DOT	2017	PoS
6	Litecoin	9.830.243.465	147,06	LTC	2009/11	PoW
7	Cardano	9.753.783.605	0,31	ADA	2011	PoW
8	Bitcoin Cash	9.320.740.130	499,73	BCH	2017	PoS
9	Chainlink	7.634.600.544	19,45	LINK	2017	PoS
10	Stellar	6.489.633.019	0,29	XLM	2018	PoS
11	Binance Coin	5.838.908.203	41,02	BNB	2019	PoW
12	USD Coin	4.738.427.961	0,99	USDC	2014	PoW
13	Wrapped Bitcoin	4.172.906.303	37.752,98	WBTC	2016	PoS
14	Bitcoin SV	3.903.986.196	209,85	BSV	2017	PoS
15	Monero	2.850.462.510	160,54	XMR	2017	PoS
16	Eos	2.619.331.021	2,79	EOS	2017	PoW
17	Tron	2.174.345.143	0,03	TRX	2018	PoS
18	Theta	2.104.207.022	2,10	THETA	2018	PoS
19	Tezos	2.017.553.379	2,78	XTZ	2016	PoW
20	Nem	1.957.357.779	0,21	XEM	2014	PoS
21	Uniswap	1.946.150.646	7,05	UNI	2018	PoS
22	Aave	1.920.201.184	157,05	AAVE	2017	PoS
23	Synthetix	1.749.389.506	14,94	SNX	2017	PoS
24	Neo	1.698.328.205	24,07	NEO	2016	PoW
25	Crypto.com Coin	1.660.794.224	0,07	CRO	2019	PoS
26	Cosmos	1.650.125.193	7,76	ATOM	2015	PoI
27	VeChain	1.626.686.091	0,02	VET	2015	PoW
28	Maker	1.533.342.538	1.522,97	MKR	2016	PoW
29	Dai	1.417.108.106	1,00	DAI	2017	PoS
30	Unus Sed Leo	1.333.221.455	1,33	LEO	2018	PoW

Quellen: https://coinmarketcap.com/, https://de.wikipedia.org/wiki/Liste_von_Kryptowährungen, Alt 2022
Legende: PoI: Proof-of-Importance, PoR: Proof-of-Reserve, PoS: Proof-of-Stake, PoW: Proof-of-Work, LCP: Ledger Consensus Protocol (→XRP LCP), grau hinterlegt sind gegenüber der Top30-Auflistung vom 28.03.2020 neu aufgeführte Kryptowährungen.

Literatur

Ackermann, E., Bock, C., Burger, R. (2020). Democratising Entrepreneurial Finance: The Impact of Crowdfunding and Initial Coin Offerings (ICOs), in: Moritz, A., Block, J.H., Golla, S., Werner, A. (Hrsg.), Contemporary Developments in Entrepreneurial Finance, Springer, Cham, S. 277–308. https://doi.org/10.1007/978-3-030-17612-9_11.

Alpar, P., Alt, R., Bensberg, F., Weimann, P. (2019). Anwendungsorientierte Wirtschaftsinformatik – Strategische Planung, Entwicklung und Nutzung von Informationssystemen, 9. Aufl., Springer Vieweg, Wiesbaden. https://doi.org/10.1007/978-3-658-25581-7.

Alt, R. (1997). Interorganisationssysteme in der Logistik: Interaktionsorientierte Gestaltung von Koordinationsinstrumenten, Deutscher Universitätsverlag, Wiesbaden. https://doi.org/10.1007/978-3-322-99547-6.

Alt, R. (2018a). Electronic Markets on Current General Research, in: Electronic Markets 28(2), S. 124–128. https://doi.org/10.1007/s12525-018-0299-0.

Alt, R. (2018b). Electronic Markets on Digitalization, in: Electronic Markets 28(4), S. 397–402. https://doi.org/10.1007/s12525-018-0320-7.

Alt, R. (2020a). Evolution and Perspectives on Electronic Markets, in: Electronic Markets 30(1), S. 1–13. https://doi.org/10.1007/s12525-020-00413-8.

Alt, R. (2020b). Electronic Markets on Blockchain Markets, in: Electronic Markets 30(2), S. 181–188. https://doi.org/10.1007/s12525-020-00428-1.

Alt, R. (2022). Blockchain und Distributed-Ledger-Technologien: Infrastrukturen für die überbetriebliche Vernetzung, in: Corsten, H., Roth, S. (Hrsg.), Handbuch Digitalisierung. München: Vahlen. 2022, S. 361–394.

Alt, R., Auth, G., Kögler, C. (2017). Innovationsorientiertes IT-Management mit DevOps: IT im Zeitalter von Digitalisierung und Software-defined Business. Springer Gabler, Wiesbaden. https://doi.org/10.1007/978-3-658-18704-0.

Alt, R., Ehrenberg, D. (2016). Fintech - Umbruch der Finanzbranche durch IT, in: Wirtschaftsinformatik & Management, 8(3), S. 8–17. https://doi.org/10.1007/s35764-016-0056-0.

Alt, R., Puschmann, T. (2016). Digitalisierung der Finanzindustrie – Grundlagen der Fintech-Evolution, Springer Gabler, Berlin/Heidelberg. https://doi.org/10.1007/978-3-662-50542-7.

Alt, R., Reinhold, O. (2016). Social Customer Relationship Management: Grundlagen, Anwendungen und Technologien auf dem Weg zur Bank 2015. Springer Gabler, Berlin. https://doi.org/10.1007/978-3-662-52790-0.

Alt, R., Sachse, S. (2020). Banking-Innovation, in: Gramlich, L., Gluchowski, P., Horsch, A., Schäfer, K., Waschbusch, G. (Hrsg.), Gabler Banklexikon (A – J), Springer Gabler, Wiesbaden, S. 224–226. https://doi.org/10.1007/978-3-658-20041-1_2.

Alt, R., Zerndt, T. (2020). Bankmodell, in: Gramlich, L., Gluchowski, P., Horsch, A., Schäfer, K., Waschbusch, G. (Hrsg.), Gabler Banklexikon (A – J), Springer Gabler, Wiesbaden, S. 232–234. https://doi.org/10.1007/978-3-658-20041-1_2.

Amazon (2020). Interchange and Merchant Service Fees, Amazon Pay, https://pay.amazon.co.uk/help/H2XKGGV8Z47NHPS, Zugriff am 13.08.20.

Bai, C. (2019). State-of-the-Art and Future Trends of Blockchain Based on DAG Structure, in: Duan, Z., Liu, S., Tian, C., Nagoya, F. (Hrsg.). Proceedings International Workshop on Structured Object-Oriented Formal Language and Method, Springer, Cham, S. 183-196. https://doi.org/10.1007/978-3-030-13651-2_11.

Bons, R.W.H., Alt, R. (2015). e-Commerce Online Payments, in: Mansell, R., Ang, P.-H. (Hrsg.), The International Encyclopedia of Digital Communication and Society, Wiley Blackwell, Malden/Oxford, S. 166–181. https://doi.org/10.1002/9781118767771.wbiedcs062.

Capgemini (2020). Capgemini Analysis. Projektergebnisse. Zusammenfassung von Inhalten und Ergebnissen aus Projekten im Umfeld Digitale Transformation. Hrsg. von Stefan Huch, Capgemini Invent, Frankfurt am Main.

Cusumano, M.A. (2010). Staying Power: Six Enduring Principles for Managing Strategy and Innovation in an Uncertain World, Oxford University Press, Oxford.

De Kwaasteniet, A. (2018). The Nonsense of TPS (transactions-per-second). Medium.com, https://medium.com/@aat.de.kwaasteniet/the-nonsense-of-tps-transactions-per-second-2d7156df5e53, Zugriff am 01.05.20.

Dietzmann, C., Alt, R. (2020). Assessing the Business Impact of Artificial Intelligence, in: Proceedings 53. Hawaii

R. Alt, S. Huch, *Fintech-Lexikon*, https://doi.org/10.1007/978-3-658-32961-7

International Conference on System Sciences (HICSS 2020). https://doi.org/10.24251/HICSS.2020.635.

Dold, F., Grothoff, C. (2020). The 'payto' URI Scheme for Payments, IETF, https://tools.ietf.org/id/draft-dold-payto-14.html, Zugriff am 01.12.20.

EU (2020). The Digital Services Act: Ensuring a Safe and Accountable Online Environment, Europäische Kommission, Brüssel. https://ec.europa.eu/info/strategy/priorities-2019-2024/europe-fit-digital-age/digital-services-act-ensuring-safe-and-accountable-online-environment_en, Zugriff am 16.12.20.

EZB/BOJ (2017). Payment Systems: Liquidity Saving Mechanisms in a Distributed Ledger Environment, Europäische Zentralbank und Bank of Japan, Frankfurt und Tokio, https://www.ecb.europa.eu/paym/intro/news/shared/20170906_stella_report_leaflet.pdf, Zugriff am 03.05.20.

GDV (2020). Zeitreihe: Beiträge, Leistungen, Schaden-Kosten-Quoten (inkl. Kraftfahrt), Gesamtverband der Deutschen Versicherungswirtschaft (GDV), Berlin, https://www.gdv.de/de/zahlen-und-fakten/versicherungsbereiche/ueberblick-24074, Zugriff am 03.05.20.

Gluchowski, P. (2016). Business Analytics – Grundlagen, Methoden und Einsatzpotenziale, in: HMD 53(3), S. 273–286. https://doi.org/10.1365/s40702-015-0206-5.

Grenda, F. (2020). Ethereum Gründer Buterin stellt revolutionäre Skalierungslösung mit bis zu 100.000 TPS für ETH vor, Crypto Monday v. 02.10.20. https://cryptomonday.de/ethereum-gruender-buterin-stellt-revolutionaere-skalierungsloesung-mit-bis-zu-100-000-tps-fuer-eth-vor/, Zugriff am 10.10.20.

Hays, D. (2018). Blockchain 3.0 – The Future of DLT? Crypto Research, https://cryptoresearch.report/crypto-research/blockchain-3-0-future-dlt/, Zugriff am 03.05.20.

Hellwig, D., Karlic, G., Huchzermeier, A. (2020). Build Your Own Blockchain, Springer, Cham. https://doi.org/10.1007/978-3-030-40142-9.

Huch, S. (2013). Die Transformation des europäischen Kartengeschäfts – Inhalte und Auswirkungen der europäischen Liberalisierung und Harmonisierung des Zahlungsverkehrs basierend auf der PSD und SEPA der Europäischen Union im Kartengeschäft. Springer Gabler, Wiesbaden. https://doi.org/10.1007/978-3-658-03165-7.

ISO (2020). The Success of ISO 20022 – Universal Financial Industry Message Scheme, https://www.iso20022.org/about-iso-20022, Zugriff am 03.05.20.

Kaufmann, T., Servatius, H.-G. (2020). Das Internet der Dinge und Künstliche Intelligenz als Game Changer Wege zu einem Management 4.0 und einer digitalen Architektur, Springer, Wiesbaden. https://doi.org/10.1007/978-3-658-28400-8.

Kreutzer, R.T., Neugebauer, T., Pattloch, A. (2018). Digital Business Leadership. Springer, Berlin, Heidelberg. https://doi.org/10.1007/978-3-662-56548-3.

Lanquillon, C. (2019). Grundzüge des maschinellen Lernens, in: Schacht, S., Lanquillon, C. (Hrsg.), Blockchain und maschinelles Lernen, Springer Vieweg, Berlin/Heidelberg, S. 89-142. https://doi.org/10.1007/978-3-662-60408-3_3.

Mühlberger, R., Bachhofner, S., Castelló Ferrer, E., Di Ciccio, C., Weber, I., Wöhrer, M., Zdun, U. (2020). Foundational Oracle Patterns: Connecting Blockchain to the Off-chain World. arXiv:2007.14946. https://arxiv.org/abs/2007.14946, Zugriff am 10.08.20.

Revolut (2020). Business API, Revolut Developer, Revolut Ltd., https://revolut-engineering.github.io/api-docs/business-api, Zugriff am 02.05.20.

Schär, F. (2021). Decentralized Finance: On Blockchain- and Smart Contract-based Financial Markets. Federal Reserve Bank of St. Louis Review, 103(2), S. 153–174. https://doi.org/10.20955/r.103.153-74.

Sedgwick, K. (2018). No, Visa Doesn't Handle 24,000 TPS and Neither Does Your Pet Blockchain, Bitcoin.com, https://news.bitcoin.com/no-visa-doesnt-handle-24000-tps-and-neither-does-your-pet-blockchain/, Zugriff am 01.05.20.

Swisspeers (2019). Kredite in der Ethereum-Blockchain. Swisspeers AG, Winterthur, https://info.swisspeers.ch/blockchain, Zugriff am 06.06.20.

Viens, A. (2019a). Mapping the Major Bitcoin Forks, Visual Capitalist 17.07.19, https://www.visualcapitalist.com/major-bitcoin-forks-subway-map/, Zugriff am 02.05.20.

Viens, A. (2019b). Mapping the Most Important Ethereum Forks, Visual Capitalist, 26.11.19, https://www.visualcapitalist.com/mapping-major-ethereum-forks/, Zugriff am 02.05.20.

Visa (2020). Visa Fact Sheet, https://usa.visa.com/dam/VCOM/download/corporate/media/visanet-technology/aboutvisafactsheet.pdf, Zugriff am 01.05.20.

Stichwortverzeichnis

R. Alt, S. Huch, *Fintech-Lexikon*, https://doi.org/10.1007/978-3-658-32961-7

E

F

S

T

Printed in the United States
by Baker & Taylor Publisher Services